当代葡萄设施栽培

尚泓泉　娄玉穗　吕中伟　主　编

河南科学技术出版社
·郑州·

图书在版编目（ＣＩＰ）数据

当代葡萄设施栽培 / 尚泓泉，娄玉穗，吕中伟主编 . —
郑州 : 河南科学技术出版社，2023.6
ISBN 978-7-5725-1232-2

Ⅰ . ①当… Ⅱ . ①尚… ②娄… ③吕… Ⅲ . ①葡萄栽
培 – 设施农业 Ⅳ . ① S628

中国国家版本馆 CIP 数据核字 (2023) 第 096323 号

出版发行 : 河南科学技术出版社
　　　　　地址 : 郑州市郑东新区祥盛街 27 号　邮编 : 450016
　　　　　电话 : (0371) 65737028　65788613
　　　　　网址 : www.hnstp.cn
策划编辑 : 陈　艳　陈淑芹
责任编辑 : 陈　艳
责任校对 : 崔春娟
整体设计 : 张德琛
责任印制 : 张艳芳
印　　刷 : 河南省邮电科技有限公司
经　　销 : 全国新华书店
开　　本 : 889 mm×1 194 mm　1/16　　印张 : 28.5　　字数 : 660 千字
版　　次 : 2023 年 6 月第 1 版　2023 年 6 月第 1 次印刷
定　　价 : 298.00 元

本书编委会

主　　编：尚泓泉　娄玉穗　吕中伟

副主编：刘崇怀　王　琰　高新菊　樊红杰

参编人员（排名不分先后）：

王　鹏	张晓锋	吴文莹	张　柯
李　政	杜小亮	程大伟	曹向阳
郭红光	王　彬	张　英	王恒亮
杨占平	段罗顺	李　灿	毛如霆
刘军丽	王学明	刘启山	杨　潇
张伟民	孟　霞	王　伟	崔小月

主编简介

尚泓泉，研究员，毕业于华中农业大学农学系，长期从事作物栽培生理研究。先后主持及参与国家、省部级项目 20 余项，获得专利、软件著作权近 20 项，主编专著 6 部；曾获国家科技进步二等奖 2 项，省部级奖 9 项；河南省"四优四化"特色林果专项主持人。现为河南省农业科学院园艺研究所所长，兼任河南省植物生理学会副理事长，河南省葡萄、梨工程研究中心主任，河南省首席科普专家。

娄玉穗，博士，毕业于上海交通大学农业与生物学院，主要从事葡萄栽培生理与技术研究。现为河南省农业科学院园艺研究所浆果（葡萄）研究室副主任。主持及参与国家、省部级等项目 20 余项。在 *Australian Journal of Grape and Wine Research*、《园艺学报》、《果树学报》、《河南农业科学》等期刊上发表论文 20 余篇，获得专利 9 项，主编专著 2 部。

吕中伟，研究员。毕业于河南农业大学园艺系，长期从事葡萄新品种、新技术引进及示范推广工作。现为河南省农业科学院园艺研究所浆果（葡萄）研究室主任，国家葡萄产业技术体系豫东综合试验站站长，河南省葡萄、梨工程研究中心副主任。先后获河南省科技进步奖 3 项，河南省审定葡萄品种 3 个，发表论文 30 余篇，担任主编、副主编的著作 6 部。

前　言

　　葡萄 (*Vitis* L.) 是世界性重要果树，我国葡萄栽培历史悠久，种质资源丰富，是世界葡萄起源中心之一。我国作为世界上鲜食葡萄生产第一大国和葡萄酒主产国，葡萄种植遍布全国。据统计，2019 年我国葡萄种植面积达 1 089.3 万亩，产量为 1 419.5 万吨，分别位居世界第二位和第一位。葡萄因其适应性广、形态美观、多汁味美、营养价值高等特点深受大众喜爱，葡萄产业已经成为消费市场不可缺少、振兴地方经济和提高农民收入的重要产业。

　　近年来，随着人民生活水平的提高，消费者对优质葡萄的需求日益增加，尤其对鲜食葡萄的要求逐步向"新鲜、好吃、好看、安全"转变。葡萄优质优价的现象表明，葡萄产业发展正在从数量增长型向质量效益型转变。黄河故道产区（河南、山东西南地区、江苏北部和安徽北部）同全国葡萄产业形势一样，葡萄产业模式和生产管理方式也在发生着深刻的变革，从过去单纯追逐高产的粗放生产管理模式向高品质、环境友好型、省工型的标准化生产模式转变；葡萄品种和结构逐步优化；栽培方式由传统的露地栽培向避雨栽培、促早或延迟栽培、休闲与观光栽培等多种模式转变。

　　近 20 年来，我国设施葡萄得到迅猛发展。截至 2019 年底，我国设施葡萄栽培面积已超过 300 万亩，产量约 400 万吨，居世界第一位。葡萄设施栽培的发展，不仅扩大了我国葡萄的栽培区域，优化了葡萄产业布局，延长了鲜食葡萄的成熟时间和上市供应期，而且由此产生了巨大的经济效益、社会效益和生态效益。但是我国设施葡萄生产长期处于自然发展状态，缺少种植标准和行业规范。多年来，设施葡萄一直存在适用品种和砧木匮乏、栽培模式落后、生产标准化程度低、优质生产理念尚未普及、果品质量参差不齐、市场竞争力差等突出问题。针对设施葡萄产业存在的上述问题，为更好地推进我国黄河故道葡萄产区产业结构调整，促进该地区葡萄产业的提档升级，河南省农业科学院园艺研究所浆果（葡萄）研究室围绕"产品质量高、产业效益高、生产效率高、市场竞争力强、农民收入高"的产业发展目标，重点开展了设施葡萄品种及砧木筛选和高效栽培技术的科研攻关，通过引进新优葡萄品种，开展葡萄设施栽培、病虫害绿色防控、水肥一体化、花果精细化管理、休闲与观光栽培技术等研究，获得了大量科研成果和生产实践经验。本书是在我们多年的科研成果和栽培实践的基础上，以葡萄优质、高效、绿色生产为主线，根据目前葡萄生产中的实际情况，先后从葡萄产业现状及前景展望、葡萄生物学特性、葡萄种类与品种、设施葡萄高标准建园与定植、葡萄设施栽培、葡萄十二月管理、葡萄主要病虫草害防治到阳光玫瑰葡萄绿色优质高效栽培，分八章进行了重点阐述。文字内容力求通俗易懂，技术操作尽量简便，并配合 1 500 余张原色彩色插图进行了说明，使许多技术更加直观简单、容易掌握。希望本书能为黄河故道产区乃至全国葡萄产业发展和葡萄种植户及广大果农增收起到一定的促进作用，助推葡萄产业布局区域化、生产标准化、经营规模化、发展产业化、方式绿色化、产品品牌化。

在本书的编写过程中，汲取了国内外同行专家的研究成果，参阅并引用了一些研究资料，在此我们向有关同仁及作者表示诚挚的敬意！

由于作者经验不足、水平有限，书中如有不妥之处，恳请广大读者批评指正。

尚泓泉

2023 年 1 月

葡萄设施栽培类型

简易避雨栽培

连栋避雨栽培

单栋大棚栽培

连栋大棚栽培

日光温室栽培（1）

日光温室栽培（2）

葡萄树形架式

高宽垂架式休眠期

高宽垂架式新梢生长期

高宽垂架式结果期（1）

高宽垂架式结果期（2）

高宽平架式休眠期

高宽平架式新梢生长期

高宽平架式结果期（1）　　　　　　　　高宽平架式结果期（2）

厂字形棚架休眠期　　　　　　　　　　厂字形棚架新梢生长期

厂字形棚架结果期（1）　　　　　　　　厂字形棚架结果期（2）

T形棚架休眠期

T形棚架新梢生长期

T形棚架结果期（1）

T形棚架结果期（2）

H形棚架休眠期

H形棚架萌芽期

H 形棚架结果期（1）　　　　　　　　　H 形棚架结果期（2）

王字形棚架休眠期　　　　　　　　　王字形棚架新梢生长期

王字形棚架结果期（1）　　　　　　　　王字形棚架结果期（2）

葡萄根域限制栽培

盆栽

限根器栽培

沟槽式栽培

砖槽式栽培

箱筐式栽培

坑式栽培（树行两侧铺塑料膜）

葡萄设施栽培结果

夏黑葡萄避雨栽培

阳光玫瑰葡萄避雨栽培

新雅葡萄避雨栽培

瑞都红玉葡萄避雨栽培

阳光玫瑰葡萄连栋避雨栽培

阳光玫瑰葡萄单栋大棚栽培

夏黑葡萄单栋大棚栽培

阳光玫瑰葡萄单栋大棚栽培

夏黑葡萄连栋大棚栽培

阳光玫瑰葡萄连栋大棚栽培

夏黑葡萄日光温室栽培

阳光玫瑰葡萄日光温室栽培

专家学者交流

左三：中国农业科学院郑州果树研究所刘三军研究员，左四：河南省经济作物推广站长郑乃福研究员，中间：河南省农业科学院尚泓泉研究员，右四：河南省林业局尚忠海研究员，右三：河南农业大学郑先波教授，右二：河南省农业科学院吕中伟研究员，左二：河南省农业科学院娄玉穗博士

前排：右五：中国农学会葡萄分会会长刘俊研究员，左三：河南省农业科学院副院长卫文星研究员，右四：尚泓泉研究员，左二：中国农业大学王琦教授，后排：右六：中国农业科学院郑州果树研究所刘崇怀研究员，右五：王鹏研究员，左四：河南省农业科学院高新菊博士，中间排：娄玉穗博士

左四：天津市农业科学院张鹤研究员，左三：刘崇怀研究员，右四：尚泓泉研究员，右三：天津市农业科学院黄建全副研究员，右二：张柯博士，右一：张晓锋

中间：福建省农业科学院副院长黄勤楼研究员，右三：尚泓泉研究员，左三：福建省农业科学院许家辉研究员，右二：福建省农业科学院蒋际谋研究员，左二：福建省农业科学院雷龑副研究员，右一：福建省农业科学院苏文炳副研究员，左一：娄玉穗博士

右二：上海交通大学王世平教授，中间：尚泓泉研究员，左二：王鹏研究员，左一：娄玉穗博士，右一：河南杰美农业王书美

左一：上海交通大学卢江教授，右二：王世平教授，中间：尚泓泉研究员，右一：吕中伟研究员，左二：娄玉穗博士

右二：河南省农业科学院院长张新友院士，左二：尚泓泉研究员，左一：王鹏研究员

左二：尚泓泉研究员，右一：刘三军研究员，右二：娄玉穗博士，左一：洛阳农林科学院李灿高工

中间：尚泓泉研究员，左四：姜鸿勋研究员，左一：吕中伟研究员，左二：王鹏研究员，右二：娄玉穗博士，右四：程大伟，右三：杜小亮

百年葡萄树

目　录

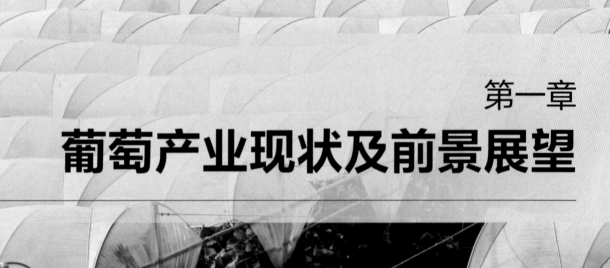

第一章

葡萄产业现状及前景展望

葡萄，又名蒲桃、蒲陶、草龙珠、菩提子、山葫芦和李桃等，为葡萄科（Vitaceae Juss.）葡萄属（*Vitis* Linne）木质落叶藤本植物，与苹果、柑橘、香蕉并称"世界四大水果"，也是地球上最古老的植物之一。葡萄还是栽培历史最悠久的植物之一，在 5 000~7 000 年前，埃及等地中海沿岸国家就已经开始种植葡萄并酿制葡萄酒。约 3 000 年前，葡萄栽培在希腊已相当兴盛，以后向北沿地中海传播至欧洲各地，向东沿丝绸之路传至中国新疆和内地，再传到东亚各国。据考古物证和资料记载，我国新疆引进和栽培葡萄应在公元前 4 世纪至公元前 3 世纪，已有 2 300~2 400 年以上的历史（杨承时，2003）。西汉张骞凿空西域，引进大宛葡萄品种，中原内地葡萄种植范围开始扩大。随着种植范围的扩展，品种不断增加，又形成了诸多各具地区特色的品种群。

葡萄作为世界四大果树之一，种植面积和产量长期位居世界前列。葡萄果实美味多汁，且具有助消化、抗衰老、软化血管等作用，深受广大消费者喜爱；同时，葡萄还具有强大的加工属性，因而对人民生活的影响远超其他水果。葡萄在世界五大洲均有栽培，其中欧洲、亚洲和美洲（包括北美洲和南美洲）是葡萄的主要产地。根据联合国粮农组织（FAO）和国际葡萄酒组织（OIV）数据，近年来，世界葡萄种植面积维持在 7 400 千公顷左右，产量维持在 7 500 万吨左右。以鲜食葡萄为主的生产国中，中国、印度、秘鲁、墨西哥等地，因葡萄品种及栽培技术的创新应用，其种植面积和产量迅速发展，有效扩展了世界葡萄种植的版图。特别是中国自改革开放以来，葡萄产业得到快速发展，鲜食葡萄种植面积稳居世界前列，产量遥遥领先于世界其他国家，葡萄栽培技术不断创新，经济效益不断提高，呈现出蓬勃发展的新形势。

一、世界葡萄产业现状

（一）世界葡萄生产现状

根据联合国粮农组织（FAO）数据，2019 年，世界葡萄园收获面积为 6 925.97 千公顷，葡萄产量为 7 713.70 万吨，单产为 11.14 吨 / 公顷。

2000 年以来，世界葡萄园收获面积维持在 6 900~7 400 千公顷（图 1-1）。2003 年，葡萄园收获面积达到最高值，为 7 389.00 千公顷，此后，基本呈下降趋势，2017 年最低，为 6 831.65 千公顷。而世界葡萄产量整体呈上升趋势，2018 年达到最高值，为 8 004.77 万吨。世界葡萄单产（每公顷产量）也呈上升趋势，在 2018 年达到最高值，为 11.66 吨 / 公顷。

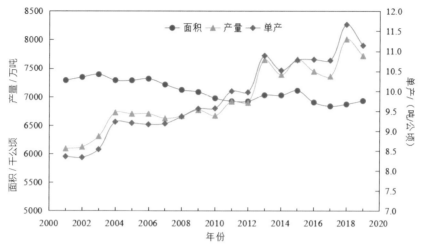

图 1-1 2001~2019 年世界葡萄园收获面积、产量及单产情况

在区域分布上，欧洲葡萄园收获面积最大，其次是亚洲和美洲，再次是非洲和大洋洲。2019 年，欧洲葡萄园收获面积为 3 463.47 千公顷，约占世界葡萄总面积的 50.01%，产量为 2 671.22 万吨，约占世界葡萄总产量的 34.63%；亚洲葡萄园收获面积为 1 990.72 千公顷，约占世界葡萄总面积的 28.74%，产量为 2 915.10 万吨，居世界第一位，约占世界葡萄总产量的 37.79%；美洲葡萄园收获面积为 959.07 千公顷，约占世界葡萄总面积的 13.85%，产量为 1 440.77 万吨，约占世界葡萄总产量的 18.68%；非洲和大洋洲的葡萄园收获面积和总产量相对较小，占比不足 10%（图 1-2）。

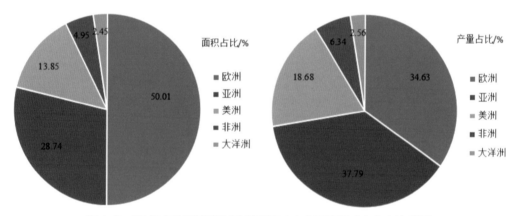

图 1-2 2019 年世界葡萄园收获面积（左）及产量（右）占比情况

近年来，在葡萄生产规模方面，欧洲的葡萄园收获面积呈下降趋势，亚洲的葡萄园收获面积略有增加，美洲、非洲和大洋洲的收获面积趋于稳定（图 1-3）。在产量方面，欧洲的葡萄产量波动较大，亚洲的葡萄产量增长幅度远大于收获面积的增长幅度，因为亚洲的葡萄主要以鲜食为主，单产较高，所以产量增加幅度较大。另外，美洲的葡萄产量有一定的波动，非洲和大洋洲的葡萄产量趋于稳定（图 1-4）。

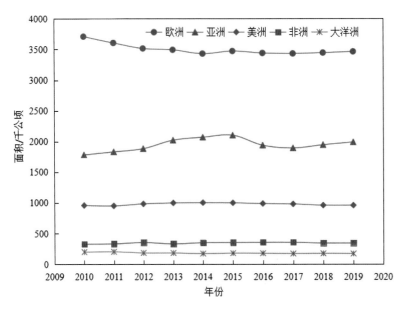

图 1-3　2010~2019 年世界五大洲葡萄园收获面积变化情况

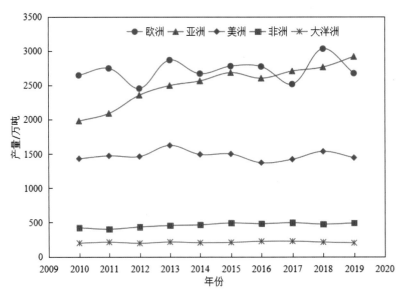

图 1-4　2010~2019 年世界五大洲葡萄产量变化情况

　　欧洲葡萄主要分布在意大利、西班牙、法国、德国、希腊和罗马尼亚，亚洲葡萄主要分布在中国、土耳其、印度、伊朗和乌兹别克斯坦，美洲葡萄主要分布在美国、阿根廷、智利和巴西，非洲葡萄主要分布在南非和埃及，大洋洲葡萄主要分布在澳大利亚。欧洲和大洋洲均以酿酒葡萄生产为主，亚洲以鲜食和制干葡萄为主，美洲是酿酒、鲜食和制干葡萄均有种植。

　　据联合国粮农组织数据显示，2019 年世界葡萄园收获面积位居前十的国家依次是西班牙（936.89 千公顷）、法国（755.47 千公顷）、中国（745.91 千公顷）、意大利（697.91 千公顷）、土耳其（405.44 千公顷）、美国（378.38 千公顷）、阿根廷（215.17 千公顷）、智利（195.36 千公顷）、葡萄牙（178.78 千公顷）和罗马尼亚（176.34 千公顷）。

在生产、加工方面，2016 年，中国以 1 262.90 万吨的葡萄总产量和 1 010.00 万吨的鲜食葡萄产量均居世界葡萄产量及鲜食葡萄产量的第一位，意大利、美国分别以 50.92 亿升和 48.51 亿升的葡萄酒产量分别位居世界葡萄酒产量的第一位和第二位，美国、土耳其分别以 38.6 万吨和 38.4 万吨的葡萄干产量分别位居世界葡萄制干产量的第一位和第二位。具体见表 1-1。

表 1-1　2016 年世界葡萄主要生产国的葡萄产量及加工情况

大洲	国家	葡萄酒产量 /亿升	鲜食葡萄产量 /万吨	葡萄干产量 /万吨	葡萄总产量 /万吨
欧洲	意大利	50.920	105.754 3	0.000 0	839.392 7
	西班牙	39.670	27.160 0	0.048 4	632.020 4
	法国	45.367	4.559 2	0.000 0	625.832 3
	德国	9.013	0.000 0	0.000 0	122.557 4
	希腊	2.490	26.514 7	2.800 0	108.300 0
	罗马尼亚	3.267	4.620 2	0.000 0	82.816 0
亚洲	中国	13.217	1 010.000 0	16.500 0	1 262.900 0
	土耳其	0.496	199.060 4	38.400 0	400.000 0
	印度	0.194	197.648 7	2.475 2	259.000 0
	伊朗	0.000	157.477 0	17.000 0	227.583 0
	乌兹别克斯坦	0.272	123.077 1	7.100 0	156.973 9
美洲	美国	48.512	315.116 6	38.603 6	1 339.728 7
	阿根廷	9.447	3.916 3	0.003 2	187.210 6
	智利	10.143	71.281 0	5.666 9	221.856 7
	巴西	1.257	64.143 6	0.000 0	98.705 9
非洲	南非	10.531	28.350 0	5.460 0	1 966.291 0
	埃及	0.058	158.242 7	0.000 0	169.119 4
大洋洲	澳大利亚	13.100	14.012 8	1.310 0	200.182 5

（二）世界葡萄加工现状

长期以来，世界酿酒葡萄种植面积远大于鲜食葡萄种植面积。近年来，随着中国、印度、秘鲁、墨西哥等以鲜食葡萄生产为主的生产国快速扩大葡萄种植面积，鲜食葡萄在世界葡萄产业中的比重逐渐增加。2002 年，鲜食葡萄产量（1 652.60 万吨）仅占世界葡萄总产量（6 148.26 万吨）的 26.88%，到 2016 年，鲜食葡萄产量（2 763.94 万吨）占比已经达到 37.14%。

葡萄是一种加工性良好、加工产品多样、附加值较高的水果。目前，世界葡萄的加工产品主要以酿酒、制干和制汁为主，少部分用来制作果脯、果醋等特色产品。

据国际葡萄与葡萄酒组织统计数据，2007~2016 年，世界葡萄酒产量基本维持在 2 600~2 950 万吨，在 2013 年达到最大值，为 2 924.14 万吨。2007~2016 年，世界葡萄干产量维持在 120 万吨以上，呈现波动变化（图 1-5）。

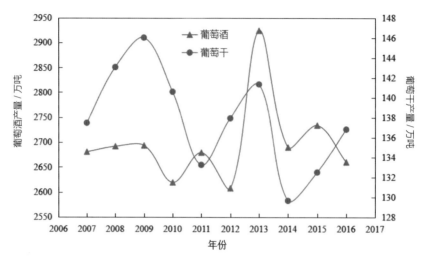

图 1-5　2007~2016 年世界葡萄加工产品的产量变化趋势

（三）世界鲜食葡萄产业现状

根据国际葡萄与葡萄酒组织统计数据，2016 年世界鲜食葡萄总产量约为 2 763.94 万吨，鲜食葡萄主要生产国有中国、土耳其、印度、埃及、美国和伊朗。

目前，世界上葡萄生产国主要分为两类。一类是以日本为代表，属温带季风气候，夏季高温多雨，葡萄病害严重，防治困难，因此，该地区培育的品种大多数抗性较好，如巨峰、夏黑、阳光玫瑰等，栽培模式多使用避雨栽培、促成栽培等设施栽培模式。由于日本人均土地面积小，该地区的葡萄产业经营规模较小，生产上使用耗费人工较多的品质调控技术，如花果精细管理技术等，以生产高档鲜食葡萄为主，产品主要供应高端市场。另一类是以智利、美国为代表，还包括近年来崛起的秘鲁、南非等国家，这些葡萄生产地区多属于地中海气候，冬季湿润、夏季干燥，地广人稀，人均土地面积大，葡萄鲜果大多销售到国外市场，此地区种植的葡萄品种贮运性好，如红地球（Red Globe）、克瑞森无核（Crimson Seedless）、汤姆森无核（Thompson Seedless，也叫汤姆逊无核）、弗雷无核（Flame Seedless，也叫火焰无核）、优无核（Superior Seedless）等。这些国家的鲜食葡萄产业多为规模化经营，田间管理机械化程度较高，虽然单位面积的产量和收益较低，但是规模大，收益可观。

（四）世界鲜食葡萄国际贸易现状

在鲜食葡萄出口方面，智利一直是世界上最大的鲜食葡萄出口国，近年来的出口量呈下降趋势，其出口量约占世界鲜食葡萄总出口量的 13.2%；其次是中国、意大利、美国、秘鲁。近年来，中国的鲜食葡萄出口量一直增加，2019 年达到 57.71 万吨。在鲜食葡萄出口额方面，2019 年，世界鲜食葡萄出口额为 89.13 亿美元，其中，中国的鲜食葡萄出口额最大，为 13.84 亿美元，其次是智利、荷兰和秘鲁。

在鲜食葡萄进口方面，美国是世界上最大的鲜食葡萄进口国，2019 年的进口量为 67.90 万吨，约占世界鲜食葡萄总进口量的 13.9%，其次是中国和荷兰，进口量分别为 52.11 万吨和 42.17 万吨（表 1-2）。

表 1-2　2019 年世界鲜食葡萄进出口情况

排名	国家	出口量 / 万吨	排名	国家	进口量 / 万吨
1	智利	65.14	1	美国	67.90
2	中国	57.71	2	中国	52.11
3	意大利	42.47	3	荷兰	42.17
4	美国	37.70	4	德国	31.79
5	秘鲁	37.60	5	俄罗斯	28.99
	世界	493.97		世界	488.61

（五）世界葡萄设施栽培概况

葡萄树易整形、结果早、适应范围广，与其他果树相比，更适合设施栽培，且经济效益较好，因此，设施葡萄在世界设施果树栽培中占有重要地位。

世界设施葡萄栽培以日本、荷兰等国家起步较早，日本也是亚洲设施葡萄栽培技术最发达的国家。大约在 1886 年，日本开始用玻璃温室栽培葡萄，经过 100 多年的发展，栽培设施逐渐从玻璃温室发展到塑料温室及避雨棚，设施结构也由单栋温室发展到连栋温室。1982 年，日本的塑料大棚和温室葡萄栽培面积约 4 000 公顷，到 1994 年发展到约 7 000 公顷，到 2010 年超过 8 000 公顷，约占日本葡萄栽培面积的 40% 左右。韩国葡萄设施栽培时间较短，1980 年开始实施设施栽培以来，至今已发展设施葡萄约 700 公顷。此外，加拿大、英国、罗马尼亚、美国、西班牙、以色列等国家也有一定面积的设施葡萄栽培。

随着设施葡萄产业的发展，世界上已经形成系列配套的技术措施和相应的设施葡萄研发体系，根据市场和产业需求培育葡萄优良品种，研究配套的综合栽培技术等。其中包括从育种、苗木、栽培、植保、采后贮藏和包装、运输、专业市场的整套服务体系。部分发达国家，设施葡萄栽培管理基本实现了机械化和自动化，特别是在一些大型栽培设施中，通过计算机控制调节设施内的环境因子，逐步做到了葡萄生产的标准化、流程化、工厂化，实现了优质鲜食葡萄周年化供应。

二、中国葡萄产业现状

（一）中国葡萄生产概况

改革开放以来，中国葡萄产业得到快速发展，生产规模及生产水平大幅提高。根据中国农业统计资料（1949~2019），2019年，全国葡萄种植面积为726千公顷，产量为1 419.5万吨，分别位居世界第二位和第一位。与改革开放前（1978年中国葡萄种植面积为26千公顷，产量为10万吨）相比，葡萄种植面积增加了26.9倍，产量增加了141.0倍，中国已经成为世界葡萄生产大国。

1978年以来，我国葡萄种植面积与产量均呈现增长趋势。2015~2019年，我国葡萄种植面积基本趋于稳定，变化幅度较小，产量在2016年略有下降，此后进入缓慢增长阶段（图1-6）。

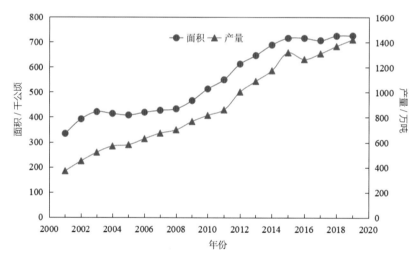

图1-6　2001~2019年中国葡萄种植面积及产量变化

（二）中国葡萄产业地位

长期以来，中国葡萄在世界葡萄生产中处于优势地位。2012年以来，我国葡萄总产量一直位居世界首位；葡萄种植面积仅次于西班牙，位居第二位。2016年，我国鲜食葡萄产量（1 010.00万吨）占世界鲜食葡萄总产量（2 763.94万吨）的36.5%左右；葡萄干产量居世界第四位。

葡萄在我国水果中具有重要地位，改革开放以来，其种植面积和产量一直位于全国水果总面积和总产量的前列。2019年，我国葡萄种植面积和产量仅次于柑橘、苹果和梨，位于第四位（表

1-3）。此外，在我国人均100千克（56.4千克，2019年）的水果中，葡萄贡献了约7.6%的份额，位居柑橘、苹果、梨之后，排列第四位，鲜食葡萄人均约8.67千克（刘俊等，2020）。目前，葡萄已经成为农民增收、区域经济发展、乡村振兴和消费市场不可缺少的大宗水果。

表1-3 2019年中国水果种植面积和产量前四位

排名	种类	种植面积/千公顷	产量/万吨
1	柑橘	2 617	4 584.5
2	苹果	1 978	4 242.5
3	梨	941	1 731.4
4	葡萄	726	1 419.5

葡萄是高效经济作物，适应性强，种植广，易管理，第一年种植，第二年便可丰产，已经成为不少地区农业生产的支柱产业，在精准扶贫、乡村振兴工作中发挥了重要作用。云南建水南庄镇南街村过去是有名的贫困村和脏乱差的代表，经过发展设施葡萄生产，村容村貌发生了翻天覆地的变化，走上了共同富裕的康庄大道。

（三）中国葡萄区域布局

目前，我国葡萄种植主要分为7个优势产区，即东北中北部产区、西北产区、黄土高原产区、环渤海湾产区、黄河故道产区、南方产区和云贵川高原产区。

据国家统计局数据，全国除澳门外，其余省、市、自治区均有葡萄种植。目前，我国葡萄种植区主要集中在新疆、河北、山东、云南、河南、浙江、陕西等省区。2019年，我国葡萄种植面积前10位的省区依次是新疆、陕西、河北、河南、云南、山东、四川、江苏、浙江和广西（图1-7），葡萄产量前10位的省区依次是新疆、河北、山东、云南、河南、辽宁、浙江、陕西、江苏和广西（图1-8）。

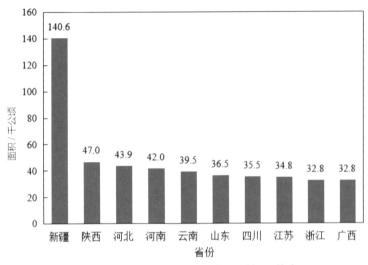

图1-7 2019年我国葡萄种植面积前10位省区

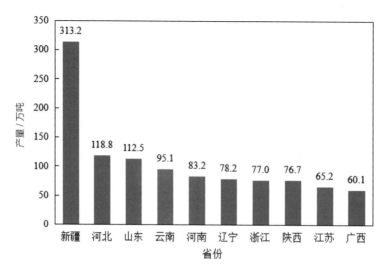

图 1-8　2019 年我国葡萄产量前 10 位省区

按照葡萄用途划分优势区域，我国鲜食葡萄主要集中在新疆、云南、浙江、陕西、广西、山东、河南、江苏、四川等省区，鲜食葡萄种植总面积占全国葡萄总面积的约 80%，而云南、广西、四川种植规模的增加也显示出鲜食葡萄种植区域逐渐向西南扩展。

酿酒葡萄主要集中在河北、甘肃、宁夏、山东、新疆等省区，面积占全国酿酒葡萄总面积的 60% 以上，且品种均为欧亚种。另外，广西、湖南、吉林等省区也有酿酒葡萄种植，占全国酿酒葡萄总面积的 20% 左右，品种以毛葡萄、刺葡萄、山葡萄为主。

制干葡萄主要在新疆种植，约占全国葡萄种植总面积的 5%。

（四）中国葡萄品种结构

改革开放以来，随着优良葡萄品种的引进选育、栽培模式的创新升级，我国葡萄的品种结构不断调整，逐步完善。

20 世纪 80 年代，巨峰葡萄在我国大面积发展，逐渐成为我国葡萄的主栽品种；90 年代末期，巨峰葡萄种植面积达到全国葡萄种植面积的 40% 左右，成为我国第一个时代品种。进入 21 世纪，随着设施栽培在南方的广泛应用，红地球葡萄开始在全国大面积发展，2010 年，其种植面积达到 150 万亩，占全国葡萄种植面积的近 20%，成为全国第二个主栽品种和第二个时代品种。2012 年以来，夏黑、阳光玫瑰逐渐进入发展期，尤其是阳光玫瑰，2017 年开始进入全国发展期，呈现出逐年快速增长趋势，目前，其种植面积已经超过 50 万亩，极有可能成为全国第三个主栽品种和时代品种。

按照葡萄种群划分，我国葡萄栽培品种主要为欧亚种和欧美杂交种，占比基本一致，分别为 50% 左右。

欧亚种葡萄主要用于鲜食和酿酒，其中鲜食欧亚种品种约占葡萄总面积的 42%，酿酒欧亚种品种约占葡萄总面积的 8%。鲜食欧亚种品种主要有红地球、无核白、玫瑰香、克瑞森无核等，其中红地球约占葡萄总面积的 23%，无核白约占葡萄总面积的 11%。红地球是云南、北京种植面积最大的品种，分别占其栽培面积的 40% 左右，也是陕西、甘肃、山西、河北、天津、湖北、福建、四川、浙江、黑龙江等省区主栽品种之一，但红地球的种植面积呈现出逐年下降的趋势；无核白是新疆的主栽品种之一，在内蒙古、甘肃等地也有大面积种植。酿酒欧亚种品种以赤霞珠和蛇龙珠为主，占我国酿酒葡萄的 80% 以上。

欧美杂交种以鲜食为主，包括巨峰、夏黑、阳光玫瑰、藤稔等品种。其中，巨峰是河北、山东、山西、甘肃、陕西、上海、安徽、浙江、江苏、广西、福建、四川、吉林、辽宁等省区栽培面积最大的鲜食品种，在北京、天津、湖北、甘肃、陕西、湖南等地是位列前两名的栽培品种，其他省区均有栽培，但生产中的占比呈下降趋势；夏黑是江苏、云南主栽早熟葡萄品种，也是湖北、四川、广西、安徽、浙江等地的主栽品种之一，在上海、福建、河南等地均有大面积种植，但夏黑的种植面积呈现逐年下降趋势；阳光玫瑰在云南、四川、湖北、浙江、河南等地发展速度很快，且呈现持续快速增长趋势；藤稔是湖北种植面积最大的葡萄品种。

（五）中国葡萄市场情况

我国葡萄产品的种类主要有鲜食葡萄、葡萄酒、葡萄干和葡萄汁。其中，鲜食葡萄产量约占葡萄总产量的 80%，酿酒葡萄产量约占葡萄总产量的 15%，用于制干、制汁或制醋等加工产品的葡萄占比约为 5%（图 1-9）。

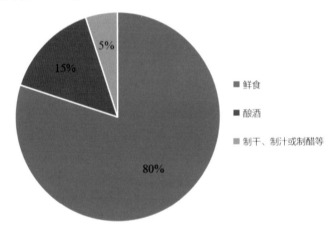

图 1-9 中国葡萄产品占比

在我国鲜食葡萄市场中，以国内自产葡萄为主，进口葡萄占比极低，且总体呈下降趋势。2013~2014 年，进口葡萄在鲜食葡萄供给总量中的占比最高，为 2.78%，之后逐渐下降，2018~2019 年下降到 2.07%。我国进口的鲜食葡萄以美国的红地球和智利的青提为主。进口葡萄多采用单穗包装，品相较好，耐贮运，单价较高。

在葡萄价格方面，两极分化比较明显，不同地区、不同品种之间差异明显。2018 年，葡萄供给质量普遍提高，品种更加丰富，导致葡萄价格产生明显差异，市场整体呈现出明显的优质优价特点，品质较好的葡萄品种价格显著高于品质较差的品种，如阳光玫瑰因品质好、产量有限，持续受到市场热捧，售价明显高于其他品种。

近年来，我国的葡萄酒生产量和消费量分别经历了显著增长和阶段性调整的过程。据 OIV 统计数据，2016 年我国葡萄酒产量为 13.2 亿升，而国内葡萄酒消费量为 19.2 亿升，缺口明显，也预示了我国葡萄酒市场潜力巨大，发展空间广阔。

葡萄干是我国重要的葡萄加工产品。从 2012 年起，我国葡萄干产量逐年持续增长，2016 年达到 16.5 万吨。

（六）中国葡萄设施栽培概况

我国设施葡萄生产起步相对较晚，20 世纪 50 年代，在黑龙江、辽宁、北京、天津、山东等地进行了小规模试验，获得成功，但未发展形成规模化生产。1979 年，黑龙江省齐齐哈尔市园艺试验站利用日光温室栽培葡萄获得成功，取得了较好的经济效益，开创了我国设施葡萄规模化生产的先例，而后该站还采用塑料大棚进行葡萄栽培，同样取得良好效果。

20 世纪 80 年代以后，辽宁、吉林也先后开展设施葡萄栽培，取得了良好的经济效益。随后，北京、河北、山东、宁夏等地区开始进行设施葡萄规模化生产，一批适合设施栽培的优良葡萄品种及配套栽培技术开始在生产上推广应用。同时，随着保护地设施材料的改进、环境调控技术的提高和果品淡季供应的高额利润等因素，我国葡萄设施栽培得到快速发展，成为葡萄生产中不可替代的栽培形式，栽培技术不断改进，栽培体系逐步完善。

进入 21 世纪以来，上海、浙江、江苏、湖南、云南、广西等南方地区开始迅速发展葡萄避雨栽培，部分地区避雨栽培葡萄面积已占到葡萄栽培总面积的 80% 以上，我国葡萄设施栽培进入规模化发展阶段。截至 2019 年，全国葡萄设施栽培面积已达 200 千公顷，产量达 400 万吨，占葡萄栽培总面积的近 30%，主要集中在辽宁、山东、河北、湖南、湖北、江苏、云南、上海、宁夏、浙江、广西、河南、北京、内蒙古、新疆、陕西、山西、甘肃等地，栽培类型包括避雨栽培、促早栽培、延迟栽培等多种形式。目前，我国已经成为世界设施葡萄栽培面积最大、分布范围最广、设施种类和设施栽培品种最多的国家。

三、河南省葡萄产业现状

随着农业产业结构调整，葡萄产业以其见效快、收益高等特点，逐渐成为河南各地市发展特色林果种植的主导产业，而充足的光照、适宜的温度和较为充沛的降水，也为河南省葡萄产业发展创造了良好的气候与生态环境条件。近年来，河南鲜食葡萄的种植面积和产量稳步上升，已经成为我国鲜食葡萄栽培大省和主要栽培产区之一。

（一）河南省葡萄生产情况

长期以来，河南省一直是葡萄较大规模种植区（种植面积在全国占比≥5%）。据国家统计局数据，2009年以来，河南省的葡萄种植面积和产量呈现持续增长趋势（图1-10）。2019年，河南省的葡萄种植面积约为41.99千公顷，占全省水果面积的9.71%，居全国第4位；葡萄产量约83.22万吨，占全省水果产量的8.75%，居全国第5位。

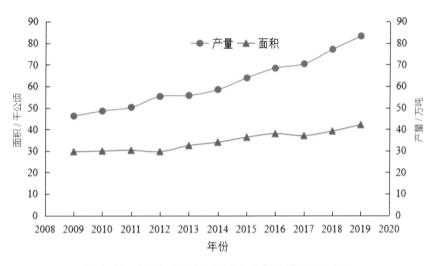

图1-10　2009~2019年河南省葡萄种植面积与产量

（二）河南省葡萄区域布局

河南省发展葡萄产业的地理位置优越，生态条件良好，仅南阳市位于亚热带湿热区，其余地市均位于暖温带半湿润区，活动积温4 000~5 000℃，年均无霜期200天以上，年均降水量500~900毫米。根据河南省统计数据，河南省的18个地市109个市县均有葡萄种植，且98%以上为鲜食葡萄（表1-4）。

表1-4　河南省各地市葡萄种植面积与产量

地市	种植面积/千公顷						产量/万吨					
	2014年	2015年	2016年	2017年	2018年	2019年	2014年	2015年	2016年	2017年	2018年	2019年
郑州市	2.06	2.21	2.21	2.46	2.37	3.66	3.77	4.17	4.13	4.44	4.50	4.30
开封市	2.18	2.01	2.14	2.49	1.51	1.50	3.11	2.83	3.36	4.23	3.81	3.99
洛阳市	4.12	4.25	4.40	4.18	4.17	4.62	9.52	10.70	11.10	10.71	9.70	10.12
平顶山市	1.00	1.27	1.29	1.51	1.64	2.50	1.30	2.14	3.91	4.24	4.70	9.14
安阳市	1.62	1.88	1.76	1.51	1.48	1.02	3.09	4.11	3.95	3.70	3.41	2.60
鹤壁市	0.36	0.29	0.16	0.16	0.14	0.10	0.53	0.47	0.59	0.59	0.57	0.47

地市	种植面积/千公顷						产量/万吨					
	2014年	2015年	2016年	2017年	2018年	2019年	2014年	2015年	2016年	2017年	2018年	2019年
新乡市	1.03	1.17	1.15	1.44	1.39	1.59	1.56	1.69	1.21	1.56	1.80	2.35
焦作市	0.63	0.68	0.63	0.59	0.73	0.67	1.62	1.69	1.53	1.40	1.59	1.54
濮阳市	0.90	0.71	0.61	0.60	0.63	0.56	1.47	1.46	1.39	1.36	1.30	1.45
许昌市	1.72	1.52	1.06	1.10	0.66	0.71	1.40	1.47	1.69	1.67	1.67	1.76
漯河市	1.74	1.70	1.47	1.44	1.39	1.35	6.05	6.19	5.04	4.85	4.99	5.16
三门峡市	2.09	2.12	2.42	2.81	2.48	2.65	3.87	3.96	6.54	7.67	8.68	7.92
南阳市	2.26	2.36	2.34	2.35	3.36	3.95	2.09	2.23	1.93	2.01	2.33	2.82
商丘市	3.65	4.72	6.50	5.20	6.63	6.42	9.65	10.66	10.83	10.11	16.11	17.84
信阳市	3.38	3.71	3.91	3.51	5.01	4.95	2.63	2.77	2.90	2.82	2.90	2.80
周口市	2.66	2.71	3.01	2.48	2.61	2.70	4.74	5.02	6.25	6.39	6.47	6.07
驻马店市	2.48	2.86	2.91	3.05	2.78	2.94	1.84	2.11	2.05	2.41	2.32	2.75
济源市	0.07	0.08	0.08	0.07	0.09	0.10	0.15	0.11	0.12	0.12	0.13	0.15

（三）河南省葡萄品种结构

受当地经济水平、种植户认知度、农业部门推广及获取信息的渠道等因素影响，河南省不同地市在葡萄品种选择上具有多样性（表1-5）。目前，除传统品种红地球、巨峰外，夏黑、阳光玫瑰近年的种植面积较大，也有少量的克瑞森无核、金手指、8611等。其中，阳光玫瑰葡萄种植面积呈现逐年快速增长趋势。2017年以来，河南省新增葡萄种植面积超过7万亩，多为阳光玫瑰，早熟品种以夏黑为主，其他品种只有零星栽培。

表1-5　2019年河南省各地市葡萄栽培品种

地市	主栽品种
郑州市	夏黑、巨峰、红地球、阳光玫瑰
开封市	红地球、夏黑、阳光玫瑰
洛阳市	红地球、夏黑、巨峰、阳光玫瑰
平顶山市	巨峰、夏黑、阳光玫瑰
安阳市	红地球、巨峰、夏黑
鹤壁市	夏黑、阳光玫瑰
新乡市	红地球、巨峰、阳光玫瑰、夏黑
焦作市	红地球、巨峰、阳光玫瑰、克瑞森无核
濮阳市	玫瑰香、巨峰、阳光玫瑰
许昌市	紫甜无核（A17）、阳光玫瑰
漯河市	金手指、8611、阳光玫瑰、夏黑
三门峡市	红地球、巨峰、阳光玫瑰
南阳市	夏黑、玫瑰香、金手指、阳光玫瑰
商丘市	8611、夏黑、阳光玫瑰
信阳市	夏黑、阳光玫瑰

地市	主栽品种
周口市	红地球、夏黑、阳光玫瑰
驻马店市	夏黑、阳光玫瑰、巨玫瑰
济源市	夏黑、阳光玫瑰

（四）河南省葡萄栽培模式

随着技术的发展，河南省葡萄栽培模式趋于多样化，已从露地栽培发展成避雨栽培、设施促早栽培、根域限制栽培等多种模式。设施栽培既扩大了葡萄种植产区，又调整了葡萄产业布局，更显著提升了葡萄产业的经济效益、社会效益和生态效益。因设施栽培模式的广泛应用，自2012年起，豫南地区再次掀起葡萄种植热潮，种植面积快速增加，信阳、南阳、驻马店等地市的葡萄面积均排在河南省前列。

（五）河南省葡萄生产组织形式

随着土地流转推进，一家一户的葡萄生产逐渐被专业种植合作社和农业发展公司所取代。近年来，河南省涌现了一批以葡萄种植为主题的农业发展公司和专业合作社，如河南中远葡萄研究所有限公司、河南杰美农业科技有限公司、长垣河南省宏力高科技农业发展有限公司、商水县绿苑果业专业合作社、兰考安泽种植专业合作社等。同时，城市近郊观光葡萄园建设日趋完善，县级以上城镇近郊观光型果园逐渐形成规模，通过观光采摘、休闲旅游、葡萄文化节等活动，吸引城市（城镇）周边游客，促进葡萄产品销售，引导游客鉴赏葡萄文化。

（六）河南省葡萄市场状况

近年来，河南省已实现鲜食葡萄周年供应，构建了以批发市场为主，其他零售渠道为辅的流通模式。通过对河南省果品市场的调查发现，鲜食葡萄周年供应的品种基本保持稳定，变化不大（表1-6）。自2012年起，河南省已经开始种植阳光玫瑰，但多为观光采摘，2020年以前流入批发市场非常有限，近年来有所增加。目前，本省流入市场的鲜食葡萄品种以红地球、巨峰、夏黑、阳光玫瑰等为主。

表1-6　2021年河南省鲜食葡萄市场供应情况

月份	销售品种	备注
1~3月	红地球、无核白等	外来果品（进口、新疆、辽宁、河北等）
4~5月	夏黑、8611、红地球、维多利亚等	外来果品（云南、广西等）
6~7月	促早栽培早熟品种、中晚熟品种，夏黑、京亚、巨峰、克瑞森无核、藤稔、维多利亚、8611、阳光玫瑰等	本省自产、云南、辽宁、陕西等

月份	销售品种	备注
8~10月	中晚熟葡萄品种，阳光玫瑰、巨峰、红地球、美人指、无核白鸡心等	本省自产、河北、山西、云南、浙江、陕西等
11~12月	无核白、红地球、克瑞森无核等	外来（新疆、辽宁、河北等）

（七）河南省葡萄种植效益

目前，河南省自产的鲜食葡萄品种以红地球、巨峰、夏黑、阳光玫瑰为主，上市时间集中在6~10月。2020年，河南省主栽鲜食葡萄的出园价格如表1-7所示，与红地球、夏黑、巨峰相比，阳光玫瑰的上市时间更长，价格更高，种植效益更好。

表1-7　2020年河南省主栽鲜食葡萄出园价格

品种	露地栽培		避雨栽培		温室促早、温棚促早栽培	
	价格/（元/千克）	上市时间	价格/（元/千克）	上市时间	价格/（元/千克）	上市时间
夏黑	2.6~6	7~8月	4~6	7~9月	10~30	5~6月
阳光玫瑰	14~25	9月	14~30	8~10月	20~60	6~8月
红地球	8~12	8~10月				
巨峰	2~8	8~10月				

由于各地市的种植品种、栽培模式等不同，经济效益差异显著（图1-11）。同样，日本市场的阳光玫瑰葡萄价格差异也很大（图1-12）。驻马店遂平、漯河临颍、驻马店新蔡、周口商水、信阳罗山、信阳固始等地采用避雨栽培，葡萄果实商品性大幅提高，亩均效益在1.0万元以上；商丘宁陵采用多膜覆盖温棚促早栽培，亩均效益在2.0万元以上；郑州、洛阳、驻马店等地的近郊观光果园，主打农业休闲观光，亩均效益可达5.0万元，甚至更高。

图1-11　国内葡萄价格（左：果园，中：超市，右：采摘园）

图 1-12 日本市场阳光玫瑰葡萄价格

四、我国葡萄生产中存在的问题

近年来，尽管我国葡萄在品种结构、设施栽培、标准化管理、精深加工等方面均有较大改善，但我国葡萄发展水平仍处于较低阶段，仍存在总体产量过剩、果品质量整体偏低、优质生产观念淡薄、果品质量安全隐患多、品牌意识薄弱等一系列突出问题。

（一）品种结构及设施结构不合理

长期以来，我国都没有开展过全国性的葡萄种植区划研究，各地的葡萄发展存在较大的盲目性，种植户在选择品种时缺乏明确目标，容易受到自身经验、种苗供应商及周边果农等因素影响；同时，部分科技推广服务人员缺少对种植户在葡萄品种选择上的长远指导，导致多数葡萄产区盲目种植、跟风种植、品种单一且过分集中，经济效益低下等问题严重。如我国露地葡萄多集中在 7~10 月上市，设施葡萄多集中在 5~10 月上市，其余时间成熟上市的鲜食葡萄缺乏。

现阶段，我国栽培的鲜食葡萄仍以中、晚熟的巨峰和红地球为主，面积过大，优良早、中熟品种及无核品种占比较小；酿酒葡萄则以赤霞珠、蛇龙珠为主，导致酒种单一，缺乏典型性，市场竞争力差。

近年来，随着设施葡萄产业迅速发展，品种结构及设施结构不合理的问题进一步凸显。一是我国设施葡萄生产所用品种多是从现有露地栽培品种中筛选，盲目性较大，对品种的设施栽培适应性研究较少，甚至部分不适合设施栽培的品种也被应用于大棚或温室栽培，导致出现树体生长不好、花芽分化和果实品质差等问题。因此，引进和选育适合设施栽培的优良葡萄品种是当前亟待解决的问题。二是我国大多数设施葡萄生产设施（避雨棚除外）仍使用蔬菜大棚的结构，以塑料大棚和日光温室为主，存在操作费时费力、光照不良且分布不均、空间利用率低、抵抗自然灾害能力差等缺点，且生产中缺乏透光、保温、抗老化的设施葡萄生产专用棚膜，传统保温材料如草苫、棉被等沉重，且保温性差、并易损坏棚膜。

（二）优质生产观念淡薄

随着社会经济水平和人民生活水平的提高，消费者对优质果品的需求日益增加。对优质葡萄而言，消费者不仅要求甜，还要求有香味，并且不同的消费者还有不同的香味需求。近年来，鲜食葡萄进口量的快速增长和设施栽培面积的大幅上升都是迎合消费者对优质果品需求的必然结果。

目前，我国葡萄市场上存在较严重的两极分化现象，一方面进口和国产的高端鲜食葡萄供不应求，另一方面国产的低端鲜食葡萄价格持续走低、滞销严重。造成这种状况的主要原因之一就是葡萄种植户的优质生产观念淡薄。多数葡萄种植户通常根据个人的观念及经验进行葡萄生产，没有考虑到市场需求和消费者的意愿。这种忽视市场因素的做法必须加以改变，优质的果实品质才是优质价格和优质品牌的重要基础。

（三）生产标准化程度低

总体上，我国葡萄生产标准化程度偏低，大部分葡萄产区没有根据生产实际需要制定适合当地统一规范的生产操作技术规程及产品标准，葡萄花果管理、土肥水管理、病虫害防控、优质丰产等问题突出。而部分已制定规程和标准的葡萄产区，由于种植模式与生产实际严重脱节，技术规程及操作标准无法得到种植户的认可，无法建立以葡萄优质安全生产为目的的标准化栽培技术与管理体系。

目前，我国大部分葡萄产区的种植观念还停留在产量效益型的阶段，对果品质量认识不足，特别是部分设施葡萄种植户仍然盲目追求产量，导致葡萄成熟期延后、上色差、含糖量低、香味淡甚至没有香味等，进而导致果品质量参差不齐、价格低，效益差。

（四）果品质量安全问题突出

目前，我国葡萄产业的经营主体仍然以数量多、规模小的散户为主，由于生产规模小，为了获取足够的经济效益，过量使用化肥、农药和植物生长调节剂来提高产量的现象突出，主要表现为：

1.乱用化肥 为了追求高产，大量使用化肥，导致土壤肥力、有机质下降，酸化、板结、盐渍化等土壤问题严重。

2.乱用农药 有病乱打药和没病不防的问题普遍存在，预防为主、综合防治的绿色防控理念执行不到位。

3.乱用植物生长调节剂 科学技术普及推广的覆盖面不足,消费群体不成熟,种植户普遍追求果大、好看、早上市,盲目使用植物生长调节剂,致使果品质量安全得不到保证,极易造成植物生长调节剂残留超标等安全隐患。

(五)机械化水平低

葡萄生产属于劳动、资金和技术复合密集型产业,劳动强度大、工作环境差、劳动效率低。近年来,随着人工成本的不断上涨,造成生产投入大幅增加,种植收益相对走低,严重影响了种植户积极性及产业可持续健康发展,急需开展配套自动设备研究,提升机械化作业水平。目前,虽然已经研发出部分机械化生产设备,但这些设备在生产效率、作业性能、可靠性、适应性和使用寿命等方面仍存在亟待解决的问题。

(六)组织化程度低

近年来,发展迅速的设施葡萄生产呈现出高投入、高产出、高技术和高风险的特点,决定了其必须走产业化发展的道路。现阶段,我国葡萄生产,特别是设施葡萄生产仍存在分布范围广而分散、规模化程度低、偏重于生产环节、不重视采后管理、品牌意识薄弱等突出问题,远没有形成产业化基础。同时,龙头企业或专业合作社等新型经营主体规模小、数量少、市场竞争力不足,且未与种植户形成真正的利益共同体,产业带动能力较差。

(七)品牌营销有待提高

目前,我国大多数葡萄生产者只注重生产,没有市场销售意识,缺乏对营销知识的系统了解,造成市场、品牌意识薄弱,影响了经济效益的进一步提高。只有围绕消费者需求开展优质服务,才能让消费者满意,进而影响到其周围消费者的购买意向。只有消费者满意了,葡萄园才能树立良好的口碑,为创建品牌打下基础。

(八)技术推广体系有待创新

现阶段,我国农业科技推广体系急需完善,基层科技队伍不稳定,人员数量下降,技术素质偏低,且缺少稳定的经费来源,严重影响葡萄新品种、新技术、新产品的推广应用。

五、我国葡萄产业前景展望

我国葡萄产业发展要继续依靠管理技术创新、栽培模式升级、设施设备开发等方面的推进,实施规模化、集约化生产,大力提升市场竞争力,促进农民增收、农业增效,从而实现葡萄产业大国到产业强国的转变。

（一）发展优质绿色农业，提高果品质量和安全

随着水果供应日益充足，消费者对果品多样化和质量安全的需求不断提升。现阶段，我国葡萄产业发展的重点是提高果实品质，生产优质果品。一是要加强质量安全控制技术的研发、应用及推广，解决农药残留超标和有毒有害物质问题，如研发推广高效、低毒、低残留农药，生物防治技术和绿色防治技术，研究推广平衡施肥技术和配方施肥技术等。二是加快制定葡萄生产技术规程和果品质量标准，如绿色葡萄及有机葡萄从生产环境、生产过程到产品质量的标准化管理与资格认证等。要把生产绿色、优质果品作为葡萄科研、生产的主攻方向，推动葡萄产业走上规模化、专业化、精准化、机械化、科技化的环保型现代农业之路。

（二）落实现代化农业发展理念

落实新发展理念，要继续依托"品种、品质、品牌"，通过"新品种、新模式、新技术、新设施、新产业"的引领带动，实现品种结构、栽培模式、管理模式、经营模式、产业结构等转变。

1. 由"中、晚熟品种为主"向"早、中、晚熟品种搭配"转变 优良品种既是品种表现最优化的重要保证，又是葡萄产业发展的重要基础，应切实推进葡萄品种优良化，调整品种结构，逐渐实现良种化、砧木化、多元化栽培，使早、中、晚熟品种搭配比例更加合理（早、中、晚熟品种结构比例调整为 3∶2∶5 或 4∶2∶4）。

2. 由"露地栽培"向"露地设施并重、多种栽培模式并举"转变 栽培模式多样化是中国葡萄产业发展的重要特征。避雨栽培、促早栽培、延迟栽培、一年两收栽培等多种模式迅速发展，使葡萄生产效益进一步提升。葡萄设施栽培（包括避雨、单栋大棚、连栋大棚、日光温室栽培等）（图1-13~图1-16）一是可以减少葡萄病虫害发生，二是可以扩大品种种植区域，三是可以延长葡萄供应期，四是可以提升葡萄应对自然灾害的能力，其已经成为我国葡萄发展的主要模式。此外，葡萄设施栽培的经济效益总体高于露地栽培，因此，可以适当增加设施葡萄栽培面积，保持设施葡萄栽培比例平稳上升。

图1-13　葡萄避雨栽培

图1-14　葡萄单栋大棚栽培

图1-15　葡萄连栋大棚栽培

图1-16　葡萄日光温室栽培

3. 由"粗放型管理"向"精细化管理"转变　逐步转变"种多少收多少、结多少留多少"的粗放管理方式，根据葡萄生长特性和土壤性状，通过系统诊断、优化配方、技术集成和科学管理，调动土壤生产力，以最少的或最节约的投入达到同等收入或更高收入，实现精准栽培，取得更好的经济效益和环境效益。如葡萄苗木方面，利用优良砧木进行嫁接栽培；土肥水管理方面，推进土壤有机质提升和水肥一体化管理技术；栽培管理方面，实现省力化、机械化和智能化。

4. 由"数量规模型"向"质量效益型"转变　科学规划和区域化栽培既是地区发挥特色化的必要保证，也是葡萄产业健康持续发展的重要基础。面对全球葡萄市场竞争日益激烈的现实，应以市场为导向，结合地区生态气候和区位优势，根据市场需求调整葡萄产区种植规模，提高果品质量和效益（图1-17）。除部分新产区以外，老产区需要控制面积发展，提高果品质量，向质量要效益。

图1-17　阳光玫瑰葡萄优质高效栽培

5.由"分散种植型"向"规模集约型"转变 通过土地流转,实现从一家一户种植向种植大户、专业合作社、企业规模化经营模式的转变。一般来说,种植大户经营规模20亩以上,年均效益30万元以上;专业合作社经营规模50亩以上,年均效益75万元以上;企业经营规模100亩以上,年均效益150万元以上。如河南苑林农业开发有限公司(图1-18)流转土地600亩,实行规模化经营,年均效益在500万元以上。此外,农民在土地流转中既收获了土地承包金,又可在家门口打工,更可以解决因外出打工导致当地劳动力不足的问题。

图1-18 河南苑林农业开发有限公司

6.由"单一种植"向"三产融合的观光产业"转变 种植业(一产)要主动向附加值高的加工业(二产)和服务业(三产)融合,把葡萄种植、葡萄加工和葡萄采摘打造成"一个产品、一个链条、一个市场、一个产业"的局面,实现产、供、销一体化经营。随着现代都市农业和旅游观光农业的发展,城市近郊葡萄种植地区出现的旅游观光型、庭院型、庄园(酒庄)式葡萄园逐渐发展壮大(图1-19、图1-20)。

图1-19　河南中远葡萄研究所　　　　图1-20　上海马陆葡萄主题公园

7.由"传统种植"向"现代农业管理"转变　利用信息化、良种化、规模化、省力化、机械化（图1-21~图1-24）、智能化（图1-25）、设施化、水肥一体化技术管理葡萄，提高经营效率，实现葡萄栽培管理的规范化和标准化。

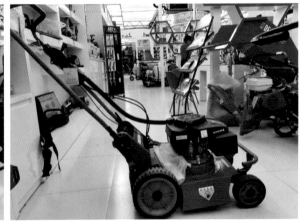

图1-21　割草机

图1-22　枝条粉碎机

图1-23　打药机

开沟机　　　　　　　　　　　　　　　　开沟施肥回填一体机

图1-24　开沟机

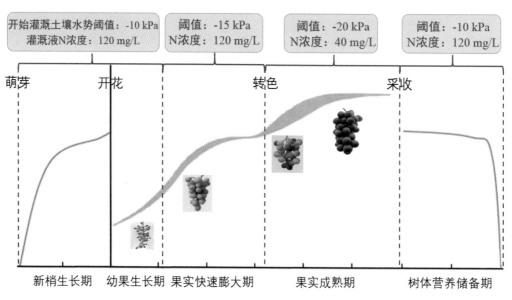

图1-25　智能化肥水供给参数

（三）推进葡萄栽培新技术及配套设备应用

大力推进现代农业科技、计算机技术和材料科学等交叉融合，建立技术密集型的自动化、工程化葡萄生产体系，实现生产全过程自动化，发展葡萄工厂化生产，提高资源利用率和生产效益。一方面，要实现农机农艺的有机融合，发展机械化生产技术。立足于我国葡萄产业发展现状，坚持葡萄生产与机械化相结合的原则，系统全面地开展研究与示范推广工作，如适于果园全程机械化生产配套农艺措施的研究与推广、葡萄园专用机械设备的研发与推广、农机农艺关键技术集成的研究与推广等。另一方面，针对设施葡萄栽培，加强节能型日光温室和大型温室微气候与生态环境研究，并根据不同产区的特点，研究相应温室的结构形式和基本配置。如研究葡萄对环境（光照、温度、湿度、二氧化碳浓度等）变化的反应，制定最有效的设施环境管理策略；研究葡萄生长状态的机器识别与诊断，快速判别葡萄生长状况，实现自动化管理。

（四）开展生态农业和节水农业技术研究与应用

可持续农业是世界农业发展的重要趋势之一，葡萄产业发展必须紧跟世界农业发展方向，努力开发优质安全果品生产技术和环境保护技术，维护生态平衡，实现葡萄产业可持续发展。开展防灾减灾技术研究，提高葡萄生产的抗逆性；构建节本技术生产体系，为葡萄产业可持续发展提供配套技术；探索种养结合，实现自然资源多级转化和多层利用；研发推广土壤改良技术（主要包括生草和土壤覆盖、盐碱地改良技术、酸化土壤改良技术等），提高土壤肥力水平；研发推广节水灌溉技术（主要包括最佳灌溉时间及灌溉量的确定、节水灌溉水肥耦合技术、智能化节水灌溉系统等），提高灌溉水利用率；研发推广高效施肥技术（主要包括研究葡萄主栽砧木嫁接主栽品种的矿质营养吸收运转分配规律、不同土壤和有机肥的供肥规律及不同肥料利用率研究、研制设施葡萄专用肥等），提高肥料利用率；研发推广环境友好型葡萄化控技术，主要是研制高效、低毒、环境友好型植物生长调节剂，对葡萄的休眠、花芽分化、开花、坐果、果实成熟等时期进行调控。

（五）重视科技成果的推广与转化

继续加强农业生产一线科技力量，完善农业技术推广机构，逐步形成适合我国国情的队伍多元化、服务社会化、形式多样化的推广服务体系。

（1）加强葡萄产业技术研究中心与技术推广体系的有效衔接，确保基层技术人员做到与时俱进，掌握现代生产技术，加快葡萄新品种、新技术等信息进村入户，切实提高科技在葡萄产业、农民增收、农业增效中的贡献率。

（2）建立健全知识产权交易平台、专业咨询系统和市场信息服务体系，为葡萄产业提供全方位的信息服务。

（3）引导和鼓励科技人员深入生产一线开展农技开发、技术咨询和技术服务活动。

（4）积极发展农村专业技术协会、合作社及相关企业开展农业技术推广服务。

（5）大力发展葡萄标准化示范基地，使其成为连接科技与生产的纽带，成为科技成果转化与应用推广的桥头堡。

第二章
葡萄生物学特性

一、葡萄的器官

葡萄的器官分为营养器官和生殖器官。根、茎、叶和营养芽属于营养器官，进行营养生长，为生殖器官生长发育创造条件；花、果、种子和生殖芽属于生殖器官，用来结果和繁殖后代（图2-1）。

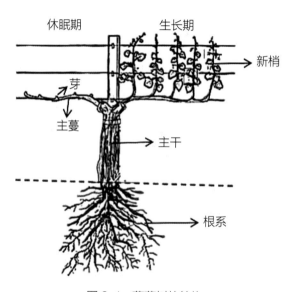

图2-1 葡萄树的结构

（一）根

葡萄的根系发达，为肉质根，髓射线发达，能贮藏大量的有机营养物质，还能合成多种氨基酸和激素类物质，对地上部新梢和果实的生长及花芽分化等起着重要的调节作用。

1. 根的种类 根据不同的繁殖方法，葡萄的根系可以分为实生根系和茎生根系（也叫茎源根系、不定根），生产中栽培的植株一般为茎生根系。

（1）实生根系：由种子播种长成的葡萄根系，由主根、侧根和细根组成。主根是由种子的胚根发育而成，主根发达，根系较深，有明显的根颈（根与茎的交界处），分枝角度小（图2-2）。

（2）茎生根系：采用扦插或压条繁殖形成的葡萄植株的根系，由若干条粗壮的骨干根（侧根）和细根组成（图2-3），通常把扦插（或压条）时插入地表下的一段称为根干。根系分枝角度大，没有主根，侧根发达。骨干根有的是在插条的剪口处形成的愈伤组织逐渐生长而成的，也有的是插条或压条于土壤水分、温度、空气等适宜的条件下，在维管束鞘与髓射线外围细胞的交界处发生的。

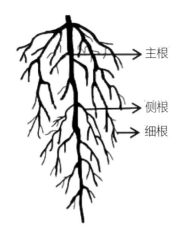

图 2-2　实生根系

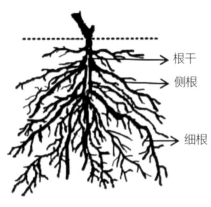

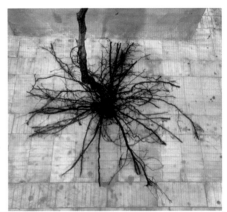

图 2-3　茎生根系

2. 根的形态结构与功能　葡萄根系为肉质根,由根颈、根干、侧根、细根和根毛等部分组成。根干主要起固定植株、贮藏营养、输送水分和养分的作用;侧根、细根将吸收的营养和水分输送至根干,并把从土壤中吸收的无机营养物质转化为有机营养物质。葡萄的吸收作用主要靠刚发生的幼根进行。葡萄幼根通常呈乳白色或嫩黄色,肉质,最尖端为根冠,往后具有 2~4 毫米的生长区和 10~30 毫米的吸收区,再往后逐渐木栓化而成为输导部分(图 2-4)。吸收区内的表皮细胞延伸成为根毛,根毛一般长 200 微米,直径 15 微米,根毛利用根压、渗透压、蒸腾拉力吸收水分和矿质营养物质供给植株生长发育需要。另外,幼根还能与土壤真菌菌丝体共生产生内生菌丝和外生菌丝,这些菌丝具有很强的吸收功能,在新老根系交替之际,根系主要靠菌根吸收水分和养分。幼根在结束第一年生长后,外部受损伤的皮层和内皮层干枯而脱落。第二年形成层恢复分裂能力,向内产生木质部,向外产生韧皮部。外围的木栓形成层继续分裂,向外产生大量木栓细胞,每年形成新的皮层,而老的皮层逐渐干枯脱落,几年后内部的次生韧皮部又能恢复分裂能力形成新的木栓形成层,对根起保护作用。

图 2-4　葡萄的幼根

根系的功能主要有三种，一是吸收和运输作用；二是贮藏作用；三是转化和合成作用。

根系贮藏的营养物质主要有淀粉、糖、水、维生素等各种有机成分和无机成分。由光合作用产生的有机物质运输到根部后，除了满足自身生长需要外，剩余的部分以淀粉的形式贮藏，供葡萄有关器官的生长发育使用。根系冬季贮藏营养物质的多少对植株的抗寒能力具有重要影响，当贮藏营养充足时，植株的抗寒能力增强。另外，春季葡萄发芽时，贮藏在根系及枝干内的营养对发芽后的一段时期的葡萄生长发育起着重要作用。

葡萄的根系会将从土壤中吸收的部分无机营养物质转化合成为有机物质，供根系生长发育需要。此外，葡萄的生长素类物质也是在根尖中合成的。

3. 根的生长特点　葡萄的根系没有休眠期，只要外界温度、湿度、养分含量适宜，就会正常生长，如果土温常年保持在 13℃ 以上、水分适宜的条件下，可终年生长而无休眠期。同时，葡萄根系也易受冻害。一般来说，当地温低于 -5℃ 时，欧亚种葡萄就会发生冻害；当地温低于 -7℃ 时，美洲种葡萄就会发生冻害；欧美杂交种葡萄发生冻害的地温介于二者之间。因此，在我国北方地区，冬季需要埋土防寒，保护根系不受冻害；在中北部的非埋土防寒地区，冬季需要采取灌封冻水等措施，防止低温冻害。

葡萄根系在一年中有两次生长高峰，分别与地上部分的生长高峰交错出现。当土壤温度上升到 5~7℃ 时，葡萄根系开始活动；当土壤温度达到 12~14℃ 时，根系开始生长；当土壤温度达到 20~25℃ 时，根系进入旺盛生长期；当土壤温度超过 28℃ 时，根系生长受到抑制。根系的第一次生长高峰出现在 6 月中下旬，即新梢缓慢生长期，此时，因气温较高，叶片气孔较长时间处于关闭状态，地上部分生长受到抑制，而根系周边的温度适宜，利于生长。夏季天气炎热，根系生长几乎停止。根系的第二次生长高峰出现在 9 月中下旬，即果实采收后，虽然此次根系生长量显著低于第一次，但有利于营养物质向根系运输和贮藏。到 11 月中旬，地温降到 12℃

以下时，根系停止生长。

此外，土壤的水分及养分状况对葡萄根系的生长起决定性作用，适宜根系生长的土壤湿度为田间最大持水量的 60%~80%，土壤根系切忌积水，因此，雨季一定注意及时排水，采用深沟高畦，开好排水沟，使根系不致因淹水缺乏氧气而引起根部腐烂。一般根系淹水不超过 1 周仍能正常生长，但淹水超过 10 天以上，会导致根系缺氧窒息。

4. 根系的分布 葡萄根系在土壤中的分布与品种、土壤环境（质地、温度、湿度等）、栽培方式和措施等因素有关。在土层深厚、疏松、肥沃、地下水位低的条件下，根系分布范围广，深度可达 1~2 米；在土层浅、黏重、肥力低、地下水位高的情况下，根系分布浅窄，一般深度为 20~40 厘米，且根系分枝角度大，细根少，粗根多。

生产管理上，浅耕、浅施肥、覆盖地布均不利于根系向土壤深处生长，造成根系上浮，这样容易受冻和受旱。灌溉方式对葡萄根系的分布有较大影响。与漫灌相比，滴灌的葡萄根系在水平分布和垂直分布上更加集中，根幅较小，但吸收根的比例增加。葡萄架形对根系的分布也有影响，一般情况下，主干两侧葡萄枝蔓分布均匀时（如高宽垂架、高宽平架、T 形棚架、H 形棚架），根系在主干两侧分布均匀；主干两侧葡萄枝蔓分布不均匀时（如厂字形棚架），根系在主干两侧分布也不均匀，此时根系主要集中分布在有枝蔓的一侧。根域限制栽培条件下的葡萄根系细长而稠密，且根系长度比较一致，具有吸收功能的新根较多，二次根的鲜重增加 4.7 倍，中纤维根的鲜重增加 3.7 倍（朱丽娜等，2005）；而传统栽培模式下葡萄根系稀少，大根比例大，各种根系间的长度差别大。

（二）茎

葡萄的茎属于营养器官，是地上部的主要组成部分。葡萄的茎细而长，髓部大，生长迅速，组织较疏松。

1. 茎的类型 葡萄的茎为蔓生，具有细长、坚韧、组织疏松、质地轻柔、生长迅速等特点，通常称为枝蔓或蔓，由主干（也有无主干的）、主蔓、侧蔓、结果母蔓（母枝）和新梢组成（图 2-5）。主干、主蔓、侧蔓和结果母枝共同构成树冠的骨架，称为骨干枝（图 2-6）；结果枝和预备枝构成结果枝组，是获得产量的主要来源。生长健壮、比例适当、分布合理的结果枝组是葡萄丰产稳产的基础。

（1）主干：从植株基部（地面）至茎干上分枝处的树干，支撑树冠的中心。如果植株从地面发出的枝蔓多于 1 个，习惯上均称之为主蔓，栽培上则称为无主干多主蔓树形。

（2）主蔓：着生在主干上的一级分枝，着生结果母枝或新梢的枝。

（3）侧蔓：主蔓上的分枝。侧蔓上的分枝称副侧蔓。

（4）结果母枝：成熟后的一年生枝称为结果母枝，其上的芽眼能在第二年春季抽生结果枝。结果母枝可着生在主蔓、各级侧蔓或多年生枝上。

（5）新梢：各级骨干枝、结果母枝上的芽萌发抽生的新生蔓，在落叶前均称为新梢。着生花序的新梢为结果枝，没有花序的新梢为营养枝或预备枝。

（6）副梢：新梢叶腋处的夏芽或冬芽萌发长成的梢，分别称为夏芽副梢或冬芽副梢。根据副梢抽生的先后，分为一次副梢、二次副梢、三次副梢等。副梢上也可能发生花序，开花结果，这种现象称为多次结果。

（7）一年生枝：新梢自当年秋季落叶后至第二年春季萌芽前称为一年生枝。

T形树形   王字形树形

图2-5　葡萄的枝蔓组成

T形树形   H形树形

图2-6　葡萄的骨干枝

2. 茎的形态结构　葡萄的茎由节和节间组成（图2-7）。新梢上着生叶片的部位为节，节部稍膨大，节上着生芽和叶片，叶片对面着生卷须或花序，节内有横隔，横隔有贮藏养分和加强枝条牢固性的作用。两个节之间为节间，节间长短与品种和树势有关，一般情况下，发育良好，充分成熟的茎，节间较短，且落叶后茎的颜色较深。茎内部的髓部比较发达，具有贮藏水分和养分的功能。

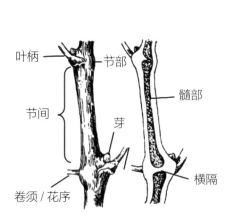 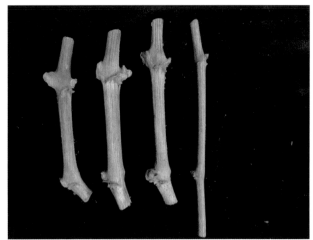

图2-7 葡萄的茎

3. 新梢的生长特点 葡萄新梢生长迅速，一年能多次抽梢，但依品种、气候、土壤和栽培条件而不同。一般情况下，新梢日生长量为2~3厘米，年生长量可达1~2米。一年中新梢有两次生长高峰，第一次是从萌芽展叶至开花前，正常情况下，平均每2~3天长出1片叶，此阶段的新梢生长量占全年新梢生长量的60%左右；第二次是在果实硬核期，一般情况下，此阶段的新梢生长量小于第一次（设施促早栽培条件下，存在补偿性旺长现象，造成新梢第二次生长高峰的生长量超过第一次生长高峰的生长量）。

（三）叶

叶片是葡萄进行光合作用、呼吸作用和蒸腾作用的器官。葡萄的叶为单叶，一般有5条主脉，叶片的大小、形状、裂刻深浅和形状、锯齿形状和色泽、叶柄洼、叶齿及茸毛等特征，因葡萄的种类和品种而有很大差异，是区分和识别品种的重要标志。葡萄叶片温度是影响光合速率的重要因素，一般来说，当叶片温度为28~30℃时，叶片光合速率最大，低于6℃，光合作用几乎停止。

1. 叶的类型与形态结构 葡萄的叶为单叶互生，由叶柄、叶片和托叶组成，着生在新梢节的部位。叶柄支撑叶片、输送养分，叶片制造营养、蒸腾水分、进行呼吸作用，托叶保护幼叶，展叶后自行脱落。

葡萄叶片形状分为心脏形、楔形、五角形、近圆形和肾形（图2-8）。

| 心脏形 | 楔形 | 五角形 | 近圆形 | 肾形 |

图 2-8　成龄叶片形状

成龄叶有明显的裂刻，一般表现为 3 裂、5 裂、7 裂、多于 7 裂或全缘无裂片（图 2-9）。

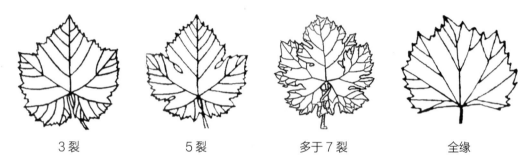

| 3 裂 | 5 裂 | 多于 7 裂 | 全缘 |

图 2-9　成龄叶裂片数

裂片之间的缺口称为裂刻，根据深度不同，裂刻分为极浅、浅、中、深、极深（图 2-10）。

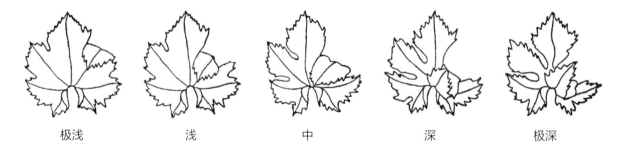

| 极浅 | 浅 | 中 | 深 | 极深 |

图 2-10　成龄叶上裂片深度

叶柄和叶片连接处叫叶柄洼，其形状变化较多，可分为极开张、开张、半开张、轻度开张、闭合、轻度重叠、中度重叠、高度重叠和极度重叠（图 2-11）。

| 极开张 | 开张 | 半开张 |

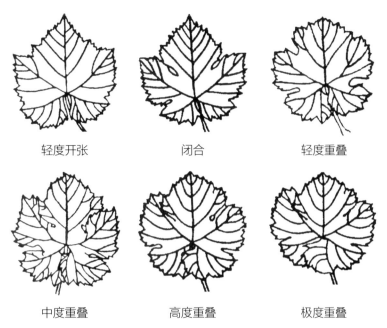

轻度开张　　　　　　　闭合　　　　　　　轻度重叠

中度重叠　　　　　　　高度重叠　　　　　　极度重叠

图 2-11　成龄叶叶柄洼开叠类型

成龄叶的叶柄洼基部形状有两种，分别为 V 形和 U 形（图 2-12）。

V 形　　　　　　　　　　　U 形

图 2-12　叶柄洼基部形状

葡萄叶片叶缘有锯齿，分为双侧凹、双侧直、双侧凸、一侧凹一侧凸、两侧直与两侧凸皆有等形状（图 2-13）。叶背有茸毛，分为丝状毛、刺毛和混合毛。

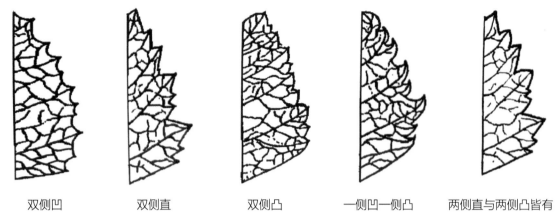

| 双侧凹 | 双侧直 | 双侧凸 | 一侧凹一侧凸 | 两侧直与两侧凸皆有 |

图 2-13　成龄叶锯齿形状

裂片数量、裂刻深浅、叶柄洼形状、锯齿形状、茸毛类型等均是识别和鉴定葡萄种和品种的重要标志与特征。

2. 叶的生长特性　葡萄的叶片来源于冬芽或夏芽，是进行光合作用制造有机养分的主要器官，树体内 90%~95% 的干物质是由叶片合成的。叶片的正常生长是葡萄生长发育和形成产量的基础。在实际生产中，采取有效措施增加叶片数、扩大叶片面积、提高叶片质量，对葡萄优质高产和持续稳产具有重要意义。

葡萄叶片的生长为单 S 形曲线，一般来说，单叶的生长周期为 2~6 周，快速生长期为 7~9 天，比相应的节间生长期长 1~3 周。一般来说，叶片的生长因在新梢上的位置不同而处于不同的发育时期，从梢尖分离后的第 6~9 天内，叶片生长非常缓慢；15 天后，当叶片处于新梢顶端第 6~8 节时，叶片生长最快，叶片可达到最大面积的 50% 以上；处于新梢第 13~15 节时，叶片停止生长。一般情况下，新梢基部 1~2 片叶的膨大生长期最短（15 天左右），其迅速生长强度较小，长成后的叶面积最小；新梢中部叶片的膨大生长期为 25 天左右，发育充分，叶面积最大；新梢顶部叶片膨大生长期最长，需要 30 天左右。

同一植株的叶片因形成的时期及形成时的环境条件不同，其叶龄也不同。生长初期，新梢基部的叶片因早春气温低，叶片较小，叶龄较短，为 120~150 天；新梢旺长期形成的叶片最大，光合作用最强，叶龄为 160~170 天；生长末期形成的叶片最小，光合能力最弱，叶龄最短，为 120~140 天。不同部位叶片生理功能上的差异直接影响芽的形成及其充实程度，对下一年的新梢生长和开花结果也有重要影响。

（四）芽

葡萄的芽实际上是缩短的枝，是葡萄茎、叶、花的过渡性器官，它位于叶腋处。葡萄的芽为混合芽，分冬芽、夏芽和隐芽三种。

1.芽的类型

（1）冬芽。冬芽着生在结果母枝各节上，外被鳞片，体形较大（图2-14）。冬芽具有晚熟性，当年形成，经休眠越冬后，于翌年春季萌发形成新梢。发育良好的冬芽，包括1个主芽和2~6个副芽（预备芽），主芽位于中心，副芽在周围。一般情况下，只有主芽萌发。若主芽受损或修剪过重，副芽也能萌发抽出新梢（图2-15）。

生长季节的葡萄冬芽　　　　　　　　　休眠期的葡萄冬芽

图2-14　冬芽

图2-15　冬芽萌发

　　一般来说，冬芽当年不萌发，若受到重摘心、药剂处理等强刺激后，也可在当年抽枝（图2-16）。冬芽抽枝通常带有花序，因此，生产中可利用冬芽二次梢增加产量、延迟成熟期及采收期。

图 2-16　冬芽当年抽枝（冬芽二次梢）

（2）夏芽。夏芽着生在叶腋中，体形较小，无鳞片。夏芽具有早熟性，当年形成，当年萌发。夏芽萌发长成的梢称为夏芽副梢（一次副梢）（图 2-17），夏芽副梢上的夏芽萌发可形成二次副梢，二次副梢上的夏芽萌发可长出三次副梢。夏芽可分化形成花芽，生产中可利用夏芽副梢结二茬果甚至三茬果。

图 2-17　夏芽副梢

（3）隐芽。隐芽位于枝梢基部，也称休眠芽，一般不萌发。若枝蔓受伤或重剪刺激时，隐芽也可萌发成梢，生产中可利用隐芽更新枝蔓，复壮树势（图 2-18）。

| 多年生主干上的隐芽萌发 | 多年生主蔓上的隐芽萌发 | 三年生结果母枝上的隐芽萌发 |

图 2-18　多年生枝干上的隐芽萌发

2. 花芽分化　葡萄的花芽分化分为生理分化和形态分化两个阶段。待芽的生长点分裂出 4~5 个叶原基时，生长点转入形态分化期。花芽是在叶芽的基础上形成的，由叶芽的生理状态和形态转为花芽的生理状态和形态的过程叫花芽分化。花芽形成的最适温度为 20~30℃，当光照充足、新梢生长健壮、叶面积大、叶片质量好时，葡萄花芽分化的强度和质量也高。在树体营养条件良好的情况下，新梢的冬芽大部分都能形成花芽。

葡萄的冬花芽分化和发育时间较长，从当年开花前后开始至第二年花序显现结束，历时 10~11 个月。葡萄的花芽分化可分为两个阶段。第一阶段：葡萄在生长结果的当年，同时在叶腋处分化形成下一年的花芽，分化形成圆锥花序，这是翌年葡萄产量的基础，这个阶段为花序形态分化阶段，分化时间较长并与新梢的生长同时进行。从开花开始分化，一般经历 2 个月的时间，至葡萄果实硬核终期分化结束，进入休眠状态。第二阶段：花器官分化阶段。这个阶段分化集中且时间短，在翌年春天花序显现前后完成，是决定花芽继续分化还是退化的时期。从伤流、萌芽开始至展 10 叶期，先后形成花托、花萼、花瓣、雌蕊、雄蕊、花粉等，花芽分化全部完成。

葡萄的夏花芽在夏芽萌发时开始分化，分化时间短，发育较快，一般在夏芽形成后 10 天内即可完成花芽分化。需要注意的是，葡萄在自然生长状态下，夏芽萌发的副梢一般不形成花穗结果，当对主梢进行摘心时，则能促进夏芽进行花芽分化，从而形成花穗。

葡萄的花芽分化是高度复杂的生理生化和形态变化过程，既受内因（品种特性、生化因素、器官效应、激素等）影响，又受外因（光照、温度、湿度、矿物质营养、树势、摘心、抹梢等栽培管理措施等）制约，葡萄花芽分化的数量和质量直接影响葡萄产量的高低，影响经济效益。随着新梢生长，新梢上各节的冬芽由下而上逐渐开始分化，但基部 1~3 节上的冬芽分化较迟，通过主梢摘心、控制夏芽副梢生长等措施可促进冬花芽分化。

（五）花序、卷须和花

1. 花序　葡萄的花序属于复总状花序，呈圆锥形，由花序梗、花序轴、支梗、花梗和花蕾组成，部分花序上还有副穗。葡萄的花序一般有 3~5 级分枝，基部的分枝级数多，顶部的分枝级数少，通常末级的分枝端着生 3 个花蕾。发育完全的花序一般着生 200~1 500 个花蕾（图 2-19）。

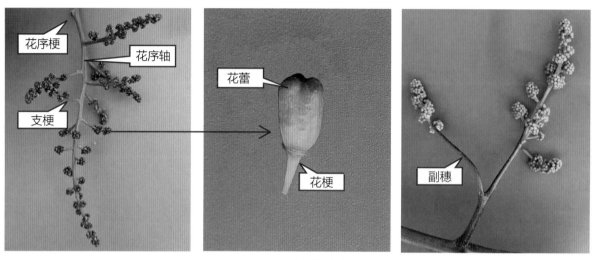

图 2-19　葡萄的花序

欧亚种葡萄的第一个花序一般着生在新梢的第 5~6 节，一个结果枝有 1~2 个花序。美洲种和欧美杂交种葡萄的第一个花序一般着生在新梢的第 3~5 节，一个结果枝有 2~3 个或 3 个以上花序（图 2-20）。

第 4 节　　　　　　　　　　第 5 节　　　　　　　　　　第 4、5 节

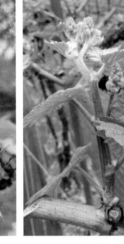

第3、4、6节　　　　　　　　　第3、5、6节　　　　　　　　第3、4、6、8节

图2-20　花序的着生位置

2.卷须　卷须与花序是同源器官，均着生于叶片对面。主梢上的卷须一般从第3~6节起开始着生，副梢的卷须一般从第2节开始着生。花芽分化过程中，营养充足时分化成花序，营养不足时分化成卷须。卷须着生情况依葡萄品种而不同，欧亚种和欧美杂交种的卷须一般为间歇性着生，即连续出现2节，间断1节（图2-21），美洲种的卷须则为连续性着生，欧美杂交种的卷须在节位上呈不规律出现。卷须的形态有不分杈、分杈（双杈、三杈等）、多分枝和带花蕾，有些卷须的分杈处带有叶片，也有些卷须发育成新梢（图2-22）。生产中，为了减少养分消耗和避免管理上的困难，常将卷须摘除。

图2-21　卷须间歇性着生

分权卷须　　　　　　带花蕾卷须　　　　发育成新梢　　　　　发育成新梢
　　　　　　　　　　　　　　　　　　（带花序）的卷须　　（不带花序）的卷须

图 2-22　葡萄卷须形态

3. 花　葡萄的花有三种类型，分别为两性花、雌能花和雄能花（图 2-23）。两性花的雌蕊和雄蕊发育正常，可以自花结实，生产中，绝大部分品种都是两性花，如巨峰、红地球等；雌能花的雌蕊发育正常，有雄蕊但花粉败育，必须使用其他品种授粉才能结实，如白鸡心、黑鸡心等；雄能花的雌蕊退化，不能结实，此类花仅见于野生种，如山葡萄、刺葡萄等。

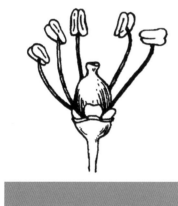

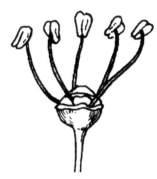

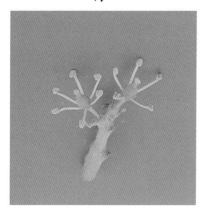

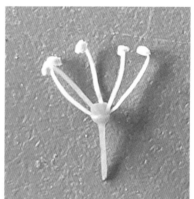

两性花　　　　　　　　　雌能花　　　　　　　　　雄能花

图 2-23　葡萄的花的类型

葡萄的花很小，完全花由花梗、花托、花萼、蜜腺、雄蕊和雌蕊等组成（图 2-24），雌蕊由子房、花柱和柱头组成，雄蕊由花丝和花药组成。5~6 个萼片合生，包围在花的基部，5 个花瓣从顶部合生，形成帽状花冠；每朵花有 1 个雌蕊，上位子房，2 个心室，每室 2 个胚珠，子房下部有 5 个蜜腺；雄蕊一般为 5~7 个，由花丝与花药组成，环列在子房四周。

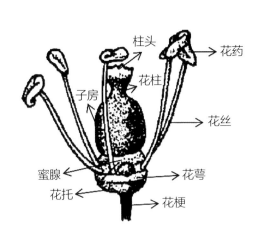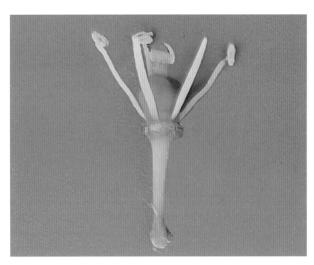

图 2-24　葡萄的花的结构

一般来说，一个花序 4~5 天便可完成开放过程，但依品种和管理水平的不同，开放时间存在一定差异。通常花序中部的花质量最好，最早开放，花序尖端的花最晚开放。

葡萄开花时，花冠呈片状裂开，由下向上卷起而脱落（图 2-25）。葡萄开花的时间早晚、速度主要受温度的影响，气温过高或过低都不利于开花，一般在昼夜平均气温达到 20℃时开始开花，15℃以下时开花较少。大多数葡萄品种在花冠脱落后才进行授粉受精。

花蕾　　　　　　　花冠裂开　　　　　　花冠向上卷起　　　　　花冠脱落

图 2-25　开花过程

　　葡萄的大多数品种需要经过授粉受精才能发育成果实，这些果实大都是有籽的，称有核葡萄；有些品种的种子败育形成无核葡萄；有些品种可以不经过受精，子房直接膨大发育成果实，这种现象叫作单性结实，发育成无核葡萄；也有一些品种开花时，部分花朵的花冠不脱落，而在花朵内进行自花受精，这种方式叫作闭花受精。

（六）果穗、果粒和种子

　　1. 果穗　葡萄受精、坐果后，子房发育成果粒，花序形成果穗。果穗由穗梗、穗轴和果粒组成。果穗与新梢连接部分称为穗梗，果穗的分枝称为穗轴。果穗中常带有副穗和歧肩。

　　果穗的基本形状有圆柱形、圆锥形和分枝形（图2-26），带有歧肩和副穗的果穗形状有单歧肩、双歧肩、多歧肩和带副穗等（图2-27）。

圆柱形　　　　　　　　圆锥形　　　　　　　　分枝形

图2-26　果穗形状

| 单歧肩 | 双歧肩 | 多歧肩 | 副穗 |

图 2-27　果穗的歧肩和副穗

2. 果粒　葡萄的果实称为果粒，葡萄的果粒是浆果，所以葡萄果实又常称为葡萄浆果。葡萄的果实是由子房发育而成，子房壁形成果皮，共分三层，分别为外果皮、中果皮和内果皮。心室位于果实中心，一至数个，每室有一至多个胚珠，发育形成种子。葡萄外果皮较薄，与中果皮有明显的界线，由表皮或与其邻近的某些组织构成，外被果粉。葡萄中果皮与内果皮无明显界限，成熟时内果皮细胞分离成浆状，形成果肉。

葡萄的果实由果梗（柄）、果蒂、果刷、外果皮、果肉和种子等组成（图 2-28）。

葡萄果粒的颜色由果皮中花青素和叶绿素含量比决定，常见的果皮颜色有黄绿色、黄色、粉红色、红色、紫红色、蓝黑色等（图 2-29）。

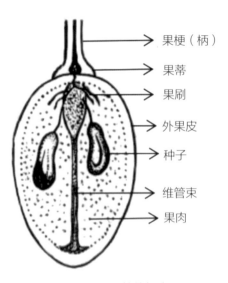

图 2-28　果粒的组成

黄绿色　　　　　　黄色　　　　　　粉红色

红色　　　　　　紫红色　　　　　　蓝黑色

图 2-29　常见的葡萄果皮颜色

葡萄果粒的大小与品种、栽培条件及种子数量有关。一个葡萄果粒中通常有 1~5 粒种子，2~3 粒比较常见（图 2-30）。同一葡萄品种，种子含量较多时，果粒较大，种子含量较少时，果粒较小。无核果是没有完成授粉受精的果粒，通常较小，生产中需要使用植物生长调节剂处理来促进果粒膨大。

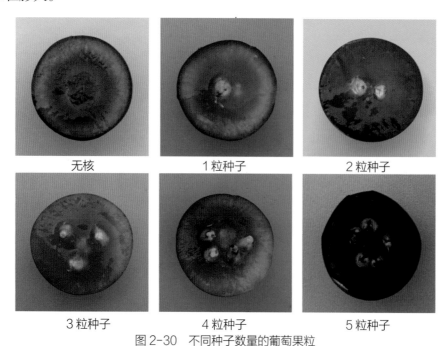

无核　　　　　　1 粒种子　　　　　　2 粒种子

3 粒种子　　　　　　4 粒种子　　　　　　5 粒种子

图 2-30　不同种子数量的葡萄果粒

　　果粒形状因品种不同而差异较大，可以分为长圆形、长椭圆形、椭圆形、圆形、扁圆形、束腰形、弯形、鸡心形、钝卵圆形、倒卵形等（图2-31）。

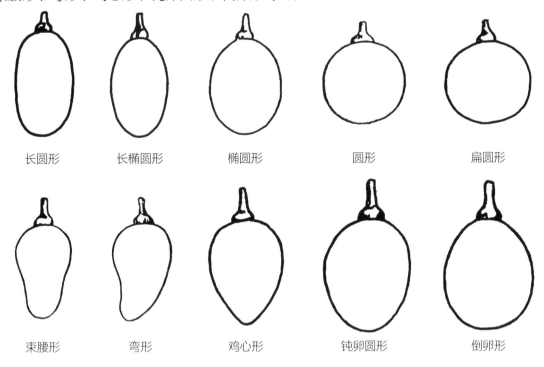

| 长圆形 | 长椭圆形 | 椭圆形 | 圆形 | 扁圆形 |

| 束腰形 | 弯形 | 鸡心形 | 钝卵圆形 | 倒卵形 |

图2-31　果粒形状示意图

　　果刷是葡萄果蒂延伸到果粒内部的输导组织，起养分和水分输送的作用。根据果刷拔出后果刷粘连果肉情况的不同，可以将果刷分为完整和不完整两类，一般情况下欧亚种葡萄的果刷与果肉粘连程度高于欧美杂交种（图2-32）。

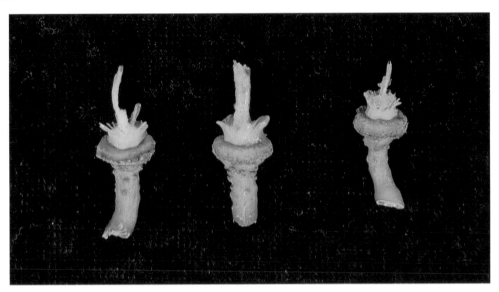

图2-32　果刷

葡萄果刷耐拉力是影响葡萄品种耐贮性的重要因素之一。左倩倩等（2018）的研究发现欧亚种葡萄的果刷耐拉力与果刷长度、果刷粗度之间均呈极显著正相关；而欧美杂交种葡萄的果刷耐拉力与果刷长度之间相关性不显著，与果刷粗度之间呈极显著正相关；且欧亚种葡萄耐拉力明显大于欧美杂交种葡萄耐拉力。

葡萄果粒的大小、形状、颜色、果皮的厚薄、皮肉分离的难易、肉核分离的难易、肉质的软硬及风味品质，均是鉴别种和品种的重要依据。

葡萄从受精坐果到果实充分成熟，一般需要2~4个月，依品种不同存在一定差异。早熟品种为60~100天，中熟品种为80~120天，晚熟品种为100~130天。一般在开花后7天左右，果粒约绿豆粒大小时，因子房发育异常或授粉不良，出现生理性落果。落果后留下的果粒，经历快速生长期、缓慢生长期（硬核期）和成熟期三个阶段后，达到成熟可采收状态。

3.种子 葡萄的种子呈梨形，由种皮、胚乳和胚组成，约占果实重量的10%。种皮厚而坚硬，上被蜡质，胚乳为白色，含有丰富的脂肪和蛋白质。种子的外形分腹面和背面。种子的尖端部分突起，为核嘴；种子腹面左右有小沟，为核洼，核洼之间有中脊，为缝合线；种子背面中央有合点（维管束通入胚珠的地方）（图2-33）。

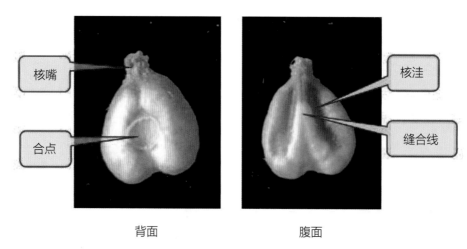

背面　　　　腹面

图2-33　种子的结构

二、葡萄的物候期

葡萄年生长周期的每一个阶段都与季节性气候相关联，葡萄的年生长阶段与季节性气候相对应的时期，称为物候期。物候现象可以作为环境因素影响的指标，也可以用来评价环境因素对植物影响的总体效果。因此，葡萄的物候期能够指导农业生产中的农事操作，可以为葡萄生物学观察提供一定的依据。根据物候期观察与分析葡萄生长发育状况，不但能对当年生长状况做出判断，而且还能对季节和许多物候现象的发生日期进行预测预报，做到对当年的葡萄物候季节动态未卜先知。葡萄的物候期与栽培管理、病虫害的发生与防治措施有直接的关系，通常我们把葡萄的物候期分为 8 个阶段，即伤流期、萌芽期、新梢生长期（包括新梢快速生长期、花序分离期）、开花坐果期、浆果生长期（包括浆果第一次快速膨大期、硬核期）、浆果成熟期（包括转色期、成熟期）、采收后至落叶、休眠期。

（一）伤流期

春季土壤温度达到 4~9℃时，葡萄根系开始吸收水分、养分，树液开始流动，从枝蔓的剪口或伤口处流出透明的液体，这种现象称为伤流（图 2-34）。伤流期从树液开始流动起至萌芽展叶时止。伤流期持续时间的长短及流量的多少因地区、土壤温度和湿度、品种、树势而存在差异。

葡萄的伤流液主要是水分，也含有糖、氨基酸、酰胺等有机物，钾、钙、磷等矿质元素和微量的植物激素。少量的伤流对树势几乎没有影响，但伤流量过大就会削弱树势。因此，葡萄的冬季修剪应在早春伤流期到来之前完成，以免伤流过大消耗树体水分和营养。

枝蔓在伤流期变得柔软，可以上架、压条；在露地越冬地区必要时还可以继续修剪，埋土防寒区可以出土后再修剪。

图 2-34 伤流期

（二）萌芽期

当春季日平均气温稳定在 10℃以上时，葡萄冬芽开始萌发，芽体膨大、鳞片裂开，进而芽体开绽、露出绿色（图 2-35）。芽的萌发除了取决于气温条件外，还与品种、树势、土壤有关。一般来说，在相同栽培条件下，同一品种，越往南，萌芽越早。如果萌芽期营养不足，则花序原始体只能发育成带卷须的小花穗，甚至会使已形成的花穗原始体在芽内萎缩。

| 芽体膨大期 | 绒球期 | 吐绿期 | 发芽期 |

图 2-35 萌芽期

（三）新梢生长期

葡萄萌芽后，幼嫩新梢出现并开始快速生长。新梢顶端交替产生叶原基和卷须原基，并伴随着叶片和节间伸长，不断产生新的叶片和节间（图2-36）。新梢生长初期的营养供应主要来源于上年树体的养分积累，生长势的强弱也受养分积累程度的影响。在养分积累充足、芽眼饱满的情况下，新梢生长速度较快。一般情况下，新梢每天的生长量可达2~3厘米，平均2~3天即可长出一片叶。从萌芽至开花前后是新梢一年中生长速度最快的时期。葡萄开花前后，由于器官间对水分及营养物质的竞争，新梢的生长速度开始减慢。葡萄新梢不形成顶芽，只要气温、水分条件适宜，可一直生长至秋末，单枝年生长量可达5~6米。新梢生长过程中，大多数夏芽会自然萌发抽生副梢。

葡萄开花前15天左右进入花序分离期，此时，花序明显伸长，花梗变长，簇生花序的每朵小花彼此分离（图2-37）。

图 2-36 新梢快速生长期

图 2-37 花序分离期

（四）开花坐果期

葡萄萌芽后 40 天左右，日平均温度达到 20℃时，进入开花期。葡萄开花期可以分为始花期（初花期）、盛花期和落花期（末花期）。始花期指有 5% 左右的花开放；盛花期指有 60%~70% 的花开放；落花期指开始落花，仅剩 5% 左右的花尚待开放。同一个结果枝上，开花从基部的花序开始，依次向上开放；同一个花序上，中部的花最早开放，接着是基部分枝的花开放，最后是顶端的花开放。

在一天中，葡萄开花时间基本集中在 7~10 时，单朵花开放时间一般持续 15~30 分钟。当日开放的花序，早晨可以在花的柱头上见到水珠，花粉落在水珠上很快便会萌发（图 2-38）。柱头上水珠的多少与品种有关，如夏黑比阳光玫瑰柱头上的水珠多。

图 2-38 开花时的柱头

葡萄开花期的早晚、时间长短与当地气候条件和栽培品种有关。气温高，葡萄开花就早，花期也短；气温低或阴雨天多，开花迟，花期也随之延长。一般品种花期为7~10天，在始花后2~3天，进入盛花期。若花期遇到低温和阴雨天气，花期可延长到15天左右。气温低于15℃时，花粉不萌发，极少开花，18~25℃时开花量迅速增加，27~32℃时花粉萌发率最高，35℃以上时，受高温抑制，开花减少。

不同葡萄品种花序的开放时间有早有晚，开花持续时间的长短不同。按照开花时间早晚，葡萄花序可以分为早开花型和晚开花型。2017年中国农业科学院郑州果树研究所对205个葡萄品种的开花期进行调查发现，郑州地区葡萄开花期在4月21日至5月16日，每个品种从始花期到盛花期约为2天，从盛花期到谢花期则为4天，整个花期为6~8天。其中，野生种开花最早，平均开花日期为5月1日，多为早开花型。欧美杂交种开花较早，开花期在4月27日至5月10日，绝大部分欧美杂交种品种盛花期集中在5月4~7日，多为早开花型。欧亚种开花较晚，不同品种的开花期在5月4~13日，绝大多数欧亚种品种盛花期集中在5月7~11日，多为晚开花型。

葡萄的花粉落在柱头上到幼果坐稳称为坐果期（图2-39）。此时期葡萄的花完成授粉受精后，然后子房膨大、发育成幼果。葡萄授粉可以通过昆虫进行，也可以借助风力来完成。花粉落到柱头上，温度适宜时，30~60分钟即可发芽。盛花后7天左右，当幼果发育到直径为3~4毫米时，常会有一部分果实因营养不足等原因停止发育而脱落，称为生理落果期。树势强弱、天气状况、土壤营养及品种特性等均对葡萄生理落果有重要影响。当浆果直径达到5毫米以上时，浆果不再脱落。

| 始花期（初花期） | 盛花期 | 落花期（末花期） | 坐果期 |

图2-39 开花坐果期

（五）浆果生长期

从子房开始膨大到浆果开始成熟（转色、软化）称为浆果生长期。受精后，种子的发育促进浆果生长，初期子房壁迅速膨大，接着胚开始迅速发育，浆果生长减缓。当果实快速膨大时，也是果实对养分需求的最大时期，此时新梢的加长生长减缓而加粗生长加快，枝条不断增粗，冬芽开始旺盛的花芽分化（图2-40、图2-41）。

图2-40 夏黑葡萄浆果生长期

图2-41 阳光玫瑰葡萄浆果生长期

（六）浆果成熟期

从浆果开始成熟至完全成熟为浆果成熟期。葡萄成熟期开始的标志：绿色品种的果粒绿色变浅、变黄，具有弹性；红色品种开始着色，果肉变软。此时期，果实的含糖量急剧上升，酸及单宁含量不断下降，种子由绿色变为棕褐色，种皮变硬，最后表现出品种特有的色泽和风味。浆果成熟期的长短因品种而异，一般为20~30天或30天以上。

在浆果成熟期，新梢生长缓慢，枝条成熟加快，枝梢从基部向上逐渐木质化，皮色由绿色转变为黄褐色，花芽分化主要在新梢的中上部进行（图2-42~图2-47）。

图 2-42　夏黑葡萄从转色到成熟

图 2-43　浪漫红颜葡萄从转色到成熟

图 2-44　阳光玫瑰葡萄从软化到成熟

图2-45　夏黑葡萄成熟、新梢木质化逐渐变成黄褐色

图2-46　阳光玫瑰葡萄成熟、新梢木质化变成黄褐色

图2-47　新雅葡萄成熟、新梢木质化变成黄褐色

（七）采收后至落叶

此时期，葡萄叶片仍进行光合作用，其产物转运到枝蔓及根内积累，植株体内淀粉含量增加、水分减少、细胞液浓度提高，新梢自下而上逐渐变色老化。新梢老熟开始时间因品种和栽培措施而异，多数品种与浆果开始成熟同步或稍晚。另外，生产上早施钾肥会促使新梢木质化提前。在枝蔓老熟初期，多数新梢和副梢的加长生长停止，花芽分化也不再进行，而此时根系进入全年的第二次生长高峰（图2-48）。

枝梢的成熟情况与抗寒能力及翌年产量有密切关系。枝梢越成熟，其抗寒能力越强，反之，抗寒能力越弱。另外，枝梢的抗寒能力与越冬前的锻炼也有关，枝梢的锻炼主要分为两个阶段，且在地上部的生长完全停止和外界降温时进行。在第一个阶段中，枝梢积累的淀粉分解为糖，糖积累在细胞内成为御寒的保护物质，此阶段所需的外界温度大于0℃；在第二个阶段中，枝梢细胞脱水，原生质具有高度的抗寒力，此阶段所需的外界温度在0℃以下。因此，冬季低温来临前的稳定逐渐降温是枝梢良好的锻炼环境，如果外界从高温突然降温，枝梢没有完成抗寒锻炼，则枝梢很容易发生冻害。

随着气温下降，在叶柄基部逐渐形成离层，叶片逐渐老化、变黄而脱落，即进入落叶期（图2-49）。

图2-48　葡萄采收后

图2-49　葡萄落叶期

（八）休眠期

从落叶至翌年伤流出现前（也有定义为春季萌芽前）为休眠期（图 2-50）。葡萄要经过一段时间的低温期，次年才能正常萌芽。葡萄休眠分为自然休眠（也叫生理休眠）和被迫休眠两个阶段。通常我们把落叶作为自然休眠开始的标志，到次年伤流期前结束；被迫休眠是自然休眠之后的一段时间。葡萄进入休眠后，一般需要在低于 7.2℃ 的低温下待上一定时间才能够打破休眠，开始萌芽生长，这段时间叫作低温需冷量。大多数葡萄品种的低温需冷量为 500~1 200 小时。南方的部分葡萄产区，因休眠期低温积累不足，需要使用破眠剂打破休眠，促进发芽。

图 2-50　葡萄休眠期

三、葡萄生长的环境条件

葡萄生长的环境条件包括气候（光照、温度、水分、大气）条件和土壤条件。气候条件对葡萄的生长发育、开花结果起着决定性作用，其次是土壤条件，它们不但决定了葡萄能否在一个地区正常生长与结实，而且还决定了葡萄浆果的产量和品质。

（一）光照

葡萄是喜光植物，对光照非常敏感。光照充足时，枝叶生长健壮，树体的生理活动增强，营养状况改善，有利于新梢的成熟和贮藏养分的积累，有利于花芽分化和果实成熟，有利于果实产量和品质的提高、色香味增加。光照不足时，新梢生长减弱，节间细长；叶片大、薄且颜色淡，光合能力下降，导致枝条成熟不良，越冬能力差；花序瘦弱，花蕾瘦小，花器官分化不良，落花、落果严重，冬芽分化不好，甚至不能形成花芽，果实小，成熟晚，着色差，味酸和失去香味等，产生一系列不良后果。

光照与地势密切相关，山坡地比平原光照好，向阳山坡比阴坡光照好，平原比山谷地光照好。

光照的反射可以提高葡萄植株的光照与温度，如白色房屋附近的反射光较强，气温也高，葡萄植株的物候期比大田要早。

葡萄不同的种和品种对光周期的响应不同，如欧洲种葡萄对光周期不敏感，而美洲种葡萄在短日照条件下的新梢生长和花芽分化受到抑制，枝条成熟快，但对果实的成熟和品质无明显的影响。另外，不同品种着色对光照的要求不同，一般情况下，红色品种比黑色品种着色对光照要求高，如新雅、克瑞森无核等品种转色需要较强光照，生产上常采用去袋、去老叶、铺反光膜等方法增加光照强度来促进转色，而夏黑可以在套袋的情况下转成黑色。

（二）温度

热量是植物生存的必要条件，葡萄是喜温植物，对热量要求高。葡萄生长和结果的最适温度为 20~25℃。葡萄的生育期不同对温度的要求也不同，开花期的适宜温度为 20~25℃，低于 14℃将影响开花，引起受精不良，子房大量脱落；如果温度高于 30℃，葡萄光合作用则迅速下降，如果温度达到 35~40℃，容易造成热害，引起花序干枯脱落。浆果生长期的适宜温度为 25~28℃，不宜低于 20℃，此时期的积温对浆果发育的速度影响较大，积温少的地区葡萄成熟慢。浆果成熟期的适宜温度为 28~32℃，低于 14℃时浆果不能正常成熟，昼夜温差对浆果糖分积累影响很大，当温差大于 10℃时，浆果含糖量显著提高。另外，在高温和强光下，叶绿素被破坏，叶片变黄，甚至坏死。

低温不仅延迟植株的生长发育进程，而且会造成植株冷害甚至冻害。在冬季极端气温低于 -14℃的地区种植葡萄，需要下架埋土或覆盖防寒越冬。充分成熟的新梢，在冬季休眠时可忍受短时间 -20℃的低温。因此，在南方栽培葡萄时很少遇到低温为害，枝蔓不必埋土防寒。另外，昼夜温差小，不利于营养物质的积累，这是因为夜间温度高，促使葡萄植株进行强烈的呼吸作用，将白天进行光合作用所积累的养分大部分消耗，致使浆果的糖度不能提高。这是江南地区葡萄品质不如北方的主要原因之一。

温度对浆果着色有显著影响。在寒冷地区，着色不良往往是由于浆果不能正常成熟；在较冷凉地区，葡萄颜色变深，如红地球和克瑞森无核等品种会变成深红色；在南方酷热地区，很多红色及黑色品种色素的形成受到抑制，果实上色困难。

（三）水分

水分是植物生存的重要因子，又是组成植物体的重要成分。葡萄的一切生理活动都是在水的参与下进行的。土壤或空气中的水分不足或过多，对葡萄的生长发育都是不利的，葡萄的不同生长时期对水分的需求也不同。

发芽前，土壤水分和空气湿度不足，不仅会延迟发芽和开花，而且造成花器官发育不良，小型花和畸形花增多。发芽后到开花前（新梢生长期），土壤水分充足，新梢生长快，有利于叶面积的扩大和叶幕的形成，为花芽分化和开花结果提供充足的营养。临近开花期，应适当干旱，抑制新梢生长，促进营养生长向生殖生长转变，有利于开花坐果。开花期，土壤和空气湿度过高或过低均不利于开花坐果。土壤湿度过高，新梢生长过旺，不利于坐果；土壤湿度过低，新梢生长缓慢或停止，光合速率下降，影响授粉和坐果。空气湿度过高，花药开裂慢，花粉散不出去，病害蔓延；空气湿度过低，柱头易干燥，有效授粉时间缩短，影响授粉和坐果。浆果快速生长期，充足的水分供应有利于浆果细胞分裂和膨大。浆果成熟期，适当的水分胁迫有利于浆果的糖分积累和促进浆果成熟，而过度的干旱也会影响浆果的糖分积累和膨大。

地下水位直接影响土壤的湿度、根系分布和吸水功能。一般栽培葡萄地区的地下水位以2米以下为宜。地下水位在80~100厘米的情况下，葡萄生长好，产量高，但品质表现不稳定。地下水位在50~70厘米时，常会引起根系的窒息或死亡。如果要在高地下水位地区栽培葡萄，必须设法降低地下水位，采取深沟高畦，改善排水条件。

葡萄种群之间对降水量的要求亦不同。欧洲种葡萄喜干燥少雨气候，美洲种和欧美杂交种葡萄在夏湿地带生长良好。这是因为欧洲种的原产地在地中海沿岸，降水量仅200毫米，为夏干地带，故发展欧洲种葡萄的地区要求降水量少；美洲种葡萄原产美国东南部，属夏湿地带，适宜在降水量较多的地区栽培。因此，降水量的多少也是影响葡萄生长的主要因素之一。

（四）二氧化碳

二氧化碳是光合作用必需的原料，其浓度的增高对植物光合作用的影响受光照、温度、湿度、营养状况等环境条件的影响。在环境条件适宜、二氧化碳浓度达到饱和点之前，随着二氧化碳浓度的增加，光合速率也逐渐增加。在密闭的设施栽培条件下，经常出现二氧化碳饥饿现象，此时应进行二氧化碳施肥。

（五）土壤

葡萄对土壤的适应性强，除了较黏重的土壤、沼泽地和重盐碱土不适宜于葡萄的生长发育外，其余如砂土、砂壤土、壤土、轻黏土，甚至含有大量砂砾的壤土或半风化的成土母质均可种植葡萄，但要逐步改良，才能丰产。

种植葡萄最理想的土壤是土质肥沃、疏松的砂壤土，在这类土壤上栽培葡萄可获得丰产和优质的葡萄。黏土的特点是土质黏、土块坚硬，如有机质含量少，则会发生土壤板结现象，根系扎不深，土性冷，萌芽迟，浆果成熟晚，着色差。

葡萄对土壤酸碱度的适应范围广，在pH值为5.5~8.3时均能生长，但在pH值为6~7的土壤中生长最好，酸性土壤可以通过掺石灰、碱性土壤掺石膏的方法进行改良。

（六）大气污染

葡萄对二氧化硫、硫化氢、氟化氢、氯气等气体非常敏感，其中，氟化氢的毒性比二氧化硫高1 000倍，对葡萄的为害很大。

四、植物生长调节剂

葡萄的生长发育除了需要大量营养物质外，还需要一些对其生长起特殊作用但含量甚微的物质，即植物激素。这种物质可以促进或控制葡萄的生长发育如休眠、生根、生长、花芽分化、坐果、果实发育、成熟期、果实品质及抗逆性。植物激素包括内源激素和外源激素。内源激素是由植物新陈代谢自然产生，具有强烈的生理活性，可以从合成部位运输到各个部位，并以极低的浓度发生作用。目前，在植物体内发现的植物内源激素有九大类，即生长素、赤霉素、细胞分裂素、脱落酸、乙烯利、油菜素内酯、水杨酸、茉莉素和独脚金内酯。外源激素也称为植物生长调节剂，是从生物中提取的天然植物激素和仿天然人工合成的生长物质的总称，其生理作用和内源激素相似，能通过调控植物开花、休眠、生长、萌发等过程中植物内源激素的表达水平，促使植物生长发育进程向预期目标或方向发展，起到"提质增效"的作用。植物生长调节剂在葡萄生产中的应用较为广泛，如促根、控旺、保花保果、无核化、着色、调控成熟期、打破或延长休眠、提高抗逆性等。植物生长调节剂的使用应遵循"慎重使用、规范使用、适度使用"三个原则。

（一）葡萄常用的植物生长调节剂

目前，在葡萄生产中应用较多的植物生长调节剂包括赤霉素（GAs）、细胞分裂素（CTK）【包括氯吡苯脲（CPPU）和噻苯隆（TDZ）等】、脱落酸（ABA）、乙烯利（ETH）和单氰胺（HC）等五大类，详述如下：

1. 赤霉素类（Gibberellins，GAs）

其他名称：九二零、奇宝。

理化性状：活性强的赤霉素有 GA_1、GA_3、GA_7、GA_{30}、GA_{32}、GA_{38} 等，生产中应用较多的赤霉素有赤霉酸（GA_3）。纯品为无色结晶，熔点223~237℃，难溶于水，易溶于醇类、丙酮、醋酸乙酯、醋酸丁酯、冰醋酸和pH值为6.2的磷酸缓冲液，不溶于石油醚、苯和氯仿等。遇碱、热易分解，应贮存于低温干燥处。

生理作用：促进细胞分裂和伸长；诱导 α - 淀粉酶合成；促进蛋白质和核酸合成；促进同化产物运转；促进单性结实；与脱落酸有拮抗作用。赤霉酸处理后，在最初几天，加快生长不明显，一般在经过一段时期后，才呈现出明显的生长高峰，其生长高峰的出现一般在处理后5~15天。赤霉酸的有效期一般在两周左右。赤霉酸处理后，其作用时间的长短受环境条件的影响，特别是与气温密切相关，气温低，生长高峰向后推迟，有效期延长；气温较高，生长高峰提前，有效期缩短。

主要用途：打破休眠，促进种子萌发；促进节间伸长和新梢生长；拉长花序；促进坐果；促进无籽果实形成，果实提早成熟；防止裂果；抑制花芽分化等。

2. 氯吡苯脲（Forchlorfenuron，CPPU）

化学名称：1-（2-氯-4-吡啶基）-3-苯基脲。

其他名称：氯吡脲、吡效隆、调吡脲、脲动素、施特优、膨果龙、KT-30。

理化性状：白色晶体粉末，有微弱吡啶味，熔点171℃。易溶于甲醇、乙醇、丙酮等有机溶剂，难溶于水，在热、酸、碱条件下稳定，易贮存。

生理作用：其活性是6-苄基氨基腺嘌呤（6-BA）的几十倍，具有加速细胞有丝分裂，对器官的横向生长和纵向生长都有促进作用，可以起到膨大果实的作用；促进叶绿素合成，使叶色加深变绿，提高光合作用；促进蛋白质合成。

主要用途：促进果实膨大；延缓叶片衰老，防止落叶；诱导芽的分化，打破顶端优势，促进侧芽萌发和侧枝生成，增加枝数；防止落花落果；提高含糖量，改善品质，提高商品性等。膨大果实效果显著，但副作用较大，主要表现为果皮涩味加重、果柄增粗等。优质化栽培促进坐果处理时，使用的有效浓度建议控制在百万分之五以内，以促进坐果为主要目标。

3. 噻苯隆（Thidiazuron，TDZ）

化学名称：1-苯基-3-（1，2，3，-噻二唑-5-基）脲。

其他名称：脱叶灵、脱叶脲、Dropp。

理化性状：无色无味晶体，熔点213℃。23℃时，在水中溶解度为200毫克/升。

主要用途：坐果、膨大效果显著，经其处理后的果实偏圆形，果粒基本都会坐稳，但副作用较大，果实成熟期推迟。当使用浓度偏高或树势较旺时，果实颜色偏红。以追求优质生产为主要目标时，使用的有效浓度应控制在百万分之三以内，以坐稳果为主要目标，不追求膨大效果。

4. 脱落酸（Abscisic Acid，ABA）

化学名称：(S)-5-(1-羟基-4-氧代-2，6，6-三甲基-2-环己烯-1-基)-3-甲基-(2Z，4E)-戊二烯酸。

其他名称：脱落素、休眠素。

理化性状：白色粉末，熔点163℃，在水中溶解度为3~5克/升。

生理作用：引起器官细胞过早衰老，随后刺激乙烯含量的上升而引起脱落；抑制整株植物或离体器官的生长；促进休眠；引起气孔关闭；调节种子胚的发育；增加抗逆性；影响性分化。

主要用途：抑制种子萌发；促进种子、果实的贮藏物质的积累；增强植物抗寒抗冻的能力；提高植物的抗旱力和耐盐力。

5. 乙烯利（Ethylene，ETH）

化学名称：2-氯乙基磷酸。

其他名称：一试灵、乙烯磷、乙烯灵。

理化性状：纯品为长针状无色结晶，熔点74~75℃。易溶于水、乙醇、乙醚，微溶于苯、二氯乙烷，不溶于石油醚。水溶液 pH 值在 3 以下比较稳定，pH 值在 4 以上逐渐分解，释放乙烯，且随着溶液温度和 pH 值升高，乙烯释放速度加快，在碱性沸水浴中 40 分钟即可全部分解，因此，不能与碱性农药混用，不能用热水配制。乙烯利在空气中极易潮解，水溶液呈强酸性，对皮肤和眼睛有刺激作用，使用时应佩戴眼镜及口罩。乙烯利使用时，温度应在 20℃以上，温度过低时将缓慢分解，建议随配随用，久置会降低效果。乙烯利原液不能用金属容器存放，可发生反应腐蚀金属容器。

生理作用：乙烯利被植物器官吸收后，若植物体内 pH 值 > 4 时，分解释放乙烯，抑制细胞分裂和伸长，控制顶端优势。

主要用途：抑制新梢生长；疏花疏果；松动果梗，利于采收；促进成熟等。

6. 单氰胺（Cyanamide，HC）

化学名称：氨基氰。

其他名称：氢氰胺、氨基腈、氰胺。

理化性状：一种化学物质，分子式是 NH_2CN。易溶于水、乙醇、乙醚、苯、三氯甲烷、丙酮等，微溶于二硫化碳，有毒。在 122℃时转变成二氰胺，是碳二亚胺（$H_2NCNHN=C=NH$）的异构体。易聚合，三个相同氨基氰分子可以化合形成一个三聚体化合物三聚氰胺。

主要用途：用作破眠剂，打破休眠，促进葡萄提早萌芽，果实提前成熟。

主要植物生长调节剂种类及用途见表 2-1。

表 2-1　主要植物生长调节剂种类及用途

名称	用途
青鲜素、萘乙酸钠盐、萘乙酸甲酯	延长贮藏器官休眠
赤霉素、激动素、硫脲、氯乙醇、过氧化氢	打破休眠促进萌发
赤霉素、6-苄基氨基嘌呤、油菜素内酯、三十烷醇	促进茎叶生长
吲哚丁酸、萘乙酸、2,4-D、比久、多效唑、乙烯利、6-苄基氨基嘌呤	促进生根
多效唑、优康唑、矮壮素、比久、皮克斯、三碘苯甲酸、青鲜素、粉锈宁	抑制茎叶芽的生长
乙烯利、比久、6-苄基氨基嘌呤、萘乙酸、2,4-D、矮壮素	促进花芽形成
赤霉素、调节膦	抑制花芽形成
萘乙酸、甲萘威、乙烯利、赤霉素、吲熟酯、6-苄基氨基嘌呤	疏花疏果
2,4-D、萘乙酸、防落素、赤霉素、矮壮素、比久、6-苄基氨基嘌呤	保花保果
多效唑、矮壮素、乙烯利、比久	延长花期
乙烯利、萘乙酸、吲哚丁酸、矮壮素	诱导产生雌花
赤霉素	诱导产生雄花
氨氧乙基乙烯基甘氨酸、氨氧乙酸、硝酸银、硫代硫酸银	切花保鲜
赤霉素、2,4-D、防落素、萘乙酸、6-苄基氨基嘌呤	形成无籽果实
乙烯利、比久	促进果实成熟
2,4-D、赤霉素、比久、激动素、萘乙酸、6-苄基氨基嘌呤	延缓果实成熟
6-苄基氨基嘌呤、赤霉素、2,4-D、激动素	延缓衰老

名称	用途
多效唑、防落素、吲熟酯	提高氨基酸含量
防落素、西玛津、莠去津、萘乙酸	提高蛋白质含量
增甘膦、调节膦、皮克斯	提高含糖量
比久、吲熟酯、多效唑	促进果实着色
萘乙酸、青鲜素、整形素	增加脂肪含量
脱落酸、多效唑、比久、矮壮素	提高抗逆性

（二）植物生长调节剂的配制及使用

1. 配制方法　一般情况下，植物生长调节剂的使用浓度较低，生产中，常用下列公式进行配制：稀释剂用量 × 配制药剂浓度 = 原药剂重量 × 原药剂浓度

例 1：用 10 克 3% 的赤霉酸药剂稀释成 20 毫克 / 千克，需要加水多少？

解：先将 3% 的赤霉酸换算成百万分比浓度 =3 × 10 000=30 000 毫克 / 千克

用水量 =10 × 30 000 ÷ 20=15 000 克

例 2：用 10 克 0.1% 的氯吡脲药剂，稀释成 3 毫克 / 千克，需要加水多少？

解：先将 0.1% 的氯吡脲换算成百万分比浓度 =0.1 × 10 000=1 000 毫克 / 千克

用水量 =10 × 1 000 ÷ 3=3 333 克

2. 使用方法　葡萄生产中生长调节剂的使用方法主要有浸蘸法、涂抹法、喷布法等。

（1）浸蘸法：常用于促进生根、拉长花序、无核处理、保果膨大等。

（2）涂抹法：常用于打破休眠。

（3）喷布法：常用于控制枝梢旺长、提早 / 延迟成熟等。

3. 使用注意事项　植物生长调节剂一般现配现用，不要将配好的药液存放，会降低药效。在使用植物生长调节剂时，要注意气象条件对处理效果的影响。一般情况下，温度在 20℃左右、相对湿度在 80% 以上最好；早、晚湿度大时处理为好，30℃以上或 10℃以下处理会影响药剂吸收。高温和正午时不宜使用。

为了保证药剂的吸收，喷药后最好有 8 小时以上的晴天，如果遇到下雨，会降低药效。如果喷药后 3~4 小时下雨，可以不用进行补喷，否则易发生药害；如果喷药后 1~2 小时即下雨，可考虑补喷，但需要降低浓度，具体降低的浓度范围应视葡萄的物候期和生长调节剂的种类而定，最好根据试验结果进行补喷，否则易发生药害。

（三）植物生长调节剂在应用中存在的问题

1. 药剂选择不当　植物生长调节剂种类多，结构和商品名繁杂，其理化性质、作用机制及用途各不相同。目前，新型职业农民培育工程尚处于起步阶段，职业农民文化知识结构和专业技能综合水平均较低，无法正确地认知和选择合适的植物生长调节剂。加之，不同厂家生产的植物生长调节剂有效活性成分和质量水平参差不齐，加大了种植户选择的难度和风险。植物生

长调节剂的效果受气候、温度、立地条件、水肥管理及综合管理水平影响，无法形成固定的方案和成熟的模式，致使经营植物生长调节剂的经销商数量有限，也在一定程度上加大了种植户选择的难度。

2. 使用时期不当　葡萄植株不同生长进程中，不同时期对植物生长调节剂的敏感程度不同。以葡萄无核化、保果和膨大为例，GA$_3$处理效果与处理时间密切相关，自花前14天至花后14天，随着时间的推延，无核化和保果作用效果递减，膨果作用效果显著递增。不同品种、栽培方式和管理水平的葡萄使用时期均存在一定差异。

3. 使用浓度不当　植物生长调节剂属于激素类物质，使用浓度要求比较严格，浓度过小，达不到预期效果，随意加大浓度，增加使用次数，容易造成药害。研究表明，一定范围浓度的乙烯利、脱落酸和茉莉酸可以提高巨玫瑰葡萄果实的可溶性固形物含量，而超过浓度范围的处理会降低可溶性固形物含量。另外，乙烯利微量时具有良好的生理调节功能，个别地区果农擅自扩大使用范围、浓度和次数，造成果品质量下降，植株落叶、早衰、裂果、脱落等不良反应。植物生长调节剂使用浓度与温度、品种、树势和使用方法等密切相关，需因地制宜。

4. 使用方法不当　植物生长调节剂的使用方法也是至关重要的。大部分生长调节剂在高温、强光下易挥发、分解，在生产中要灵活掌握适时调整。在用GA$_3$、CPPU等处理葡萄花序、果穗时，要根据花穗的发育程度，进行分批分时段处理，每次处理后及时进行标记，避免重复处理；选择浸蘸的处理方式，避免喷施不到位、不均匀产生的大小粒和畸形果出现。

第三章

葡萄种类与品种

一、葡萄的种类

（一）植物学分类

葡萄属于葡萄科（Vitaceae Juss.）葡萄属（*Vitis* L.）。葡萄属又分为 2 个亚属，即圆叶葡萄亚属（也叫麝香葡萄亚属，Subgen. *Muscadinia* Planch.）和真葡萄亚属（Subgen. *Euvitis* Planch.）。

1. 圆叶葡萄亚属 圆叶葡萄亚属有 3 个种，分别为圆叶葡萄（*V. rotundifolia* Michaux）、乌葡萄（也叫鸟葡萄，孟松葡萄，*V. munsoniana* Simposon）和波葡萄（也叫墨西哥葡萄，*V. popenoei* Fennel），染色体数为 2*n*=40，全部分布在美国的东南部地区。圆叶葡萄枝条有皮孔，枝蔓节部无横隔，生长势强，对根瘤蚜完全免疫，对真菌病害和线虫高抗，是抗病育种的优良种质资源。

2. 真葡萄亚属 真葡萄亚属有 70 多个种，染色体数为 2*n*=38，亚属内种间容易杂交，主要分布在北半球的温带地区，集中起源于西亚、北美和东亚三个起源中心，即欧洲—西亚中心、北美分布中心和东亚分布中心。根据地理分布不同，真葡萄亚属可以分为三个种群，即欧亚种群、东亚种群和北美种群。

（1）欧亚种群。起源于欧洲—西亚中心，即欧洲、亚洲西部和北非，现仅存 1 个种，即欧洲种（也叫欧亚种），是葡萄属植物中的唯一栽培种，目前世界上 90% 以上的葡萄产品来自该种，80% 以上的葡萄品种由该种演化而来。欧亚种葡萄卷须间隔着生，果实品质好，风味纯正，但抗寒性、抗病性差，不抗根瘤蚜，抗石灰质能力较强，不同品种在抗旱、抗盐及对土壤的适应性等方面有差异，适宜在气候比较温暖、阳光充足和较干燥的地区种植。

欧亚种葡萄品种众多，按照起源又分为三个品种群，即东方品种群、西欧品种群和黑海品种群。东方品种群起源于西亚，果粒大或中大，肉质脆，少香味，抗旱力强，但抗寒、抗湿、抗病性弱，适于鲜食或制干；西欧品种群起源于德国、意大利、西班牙等西欧国家，果粒小或中大、多汁，抗寒及抗病性较东方品种群略强，多数适于酿酒，少数适于鲜食；黑海品种群起源于黑海沿岸及巴尔干半岛各国，果粒中大，抗寒、抗病性较东方品种群强，但抗旱力较弱，多数适于酿酒，少数适于鲜食。

（2）东亚种群。起源于中国、朝鲜、日本、韩国、俄罗斯的远东地区和东南亚的北部地区等地，有 40 多个种，形态多样，抗性丰富，主要用于砧木及育种材料。东亚种群的所有种在中国均有分布，其中起源于中国的有 27 个种，如山葡萄、毛葡萄、复叶葡萄、刺葡萄、秋葡萄、华东葡萄、华北葡萄、紫葛等。山葡萄原产我国东北及华北地区，多用于酿酒或作为酿酒加色剂，也可作为抗寒、抗病的育种材料；刺葡萄原产于我国华中、华南地区，果实可鲜食或酿酒，可作为抗病、抗湿的育种材料。

（3）北美种群。起源于北美大西洋沿岸，分布在美国、加拿大和墨西哥，有 30 多个种，如美洲葡萄、河岸葡萄、沙地葡萄、冬葡萄、夏葡萄、霜葡萄、林氏葡萄等，育种及栽培中常用的种有美洲葡萄、河岸葡萄、山地葡萄、伯兰氏葡萄。美洲葡萄原产于加拿大南部及美国东北部，抗寒、抗病、耐湿；河岸葡萄原产于北美东部，可作抗寒、抗病、抗根瘤蚜砧木品种的育种材料，河岸葡萄与美洲葡萄的杂交品种贝达可用作抗寒砧木；沙地葡萄原产于美国中南部，可作抗旱、抗病、抗根瘤蚜砧木品种的育种材料；冬葡萄原产于美国南部和墨西哥北部，可用于抗根瘤蚜砧木品种的育种材料，5BB、SO4 等砧木品种为冬葡萄与河岸葡萄的杂交后代。

圆叶葡萄亚属与真葡萄亚属的性状对比见表 3-1。

表 3-1　圆叶葡萄亚属与真葡萄亚属的性状对比

性状	圆叶葡萄亚属	真葡萄亚属
染色体数目	40	38
枝条表皮	块状，不剥离，有皮孔	条状剥落，无皮孔
枝蔓节部	无横隔	有横隔
卷须	不分杈	分杈
每穗果粒数	2~12 粒	15 粒以上
种子形状	卵圆形	梨形

（二）杂交种群

杂交种群是葡萄种间进行杂交培育成的杂交后代，如欧洲种和美洲种杂交后代称为欧美杂交种，欧洲种和山葡萄杂交后代称为欧山杂种。目前，欧美杂交种在葡萄栽培品种中占有较多数量，其显著特点是果实具有美洲种的浓郁香味，且具有良好的抗病、抗寒、抗潮湿性和丰产性。

（三）葡萄栽培种的来源与特点

葡萄栽培品种来源于 5 个品种群，即欧洲葡萄品种群、北美种群品种群、欧美杂交种品种群、欧亚杂交品种群和圆叶葡萄品种群。

1. 欧洲葡萄品种群　本品种是葡萄属中最重要的一个种。特点：卷须间隔性，成熟果实的果皮与果肉不易分离，种子与果肉易分离，丰产、含糖量高、含酸量低，风味优美。抗寒、抗病性差，绝大多数对根瘤蚜无抗性。分为东方品种群、黑海品种群和西欧品种群。

2. 北美种群品种群　在栽培品种中起源于纯种美洲葡萄的不多，其特点是卷须连续性，叶片下面常被白色或棕色茸毛，果皮与果肉易分离，种子与果肉不易分离，具有特殊的草莓香味或狐臭味，如康可（Concord）。

3. 欧美杂交种品种群　本品种是欧洲葡萄与北美种群通过杂交、回交或多亲杂交育成的品种，具有含糖量高、抗病、抗寒、抗根瘤蚜等特点。

4. 欧亚杂交品种群　我国各地进行抗寒酿酒葡萄新品种的培育时多选用抗寒性强的东亚种群（如山葡萄）与品质优良的欧洲品种（如玫瑰香）进行杂交，选出了一批抗寒、丰产、糖酸比高的新品种。如北玫、北红、北醇。

5. 圆叶葡萄品种群　只在美国东南部的一些地方栽培，果实具有特殊的芳香和风味，但是其香味会在采收后很快损失掉，因此鲜果一般仅在本地销售。如斯卡珀农（Scuppernong）、汉特（Hunt）、托马斯（Thomas）。

（四）鲜食葡萄栽培品种与特点

目前，鲜食葡萄的栽培品种主要为欧亚种和欧美杂交种。欧亚种有代表性的品种有红地球、无核白、玫瑰香、无核白鸡心、美人指等，我国自育的欧亚种品种有新雅、瑞都红玉、无核翠宝等；欧美杂交种有代表性的品种有巨峰、夏黑、藤稔、阳光玫瑰、金手指等，我国自育的欧美杂交种品种有京亚、户太8号、蜜光等。两种葡萄在形态、品质、适应性和抗病性等方面均有较显著的差异。

1. 形态特征

（1）欧亚种。叶片近圆形，常3~5裂，背面常有茸毛或刺毛；叶片较薄，栅状组织占叶片厚度的1/5，叶绿素含量较少，色泽较浅；第1个花序多着生于新梢的第5、第6节，1个结果枝上有1~2个花序（图3-1）。

叶片正面　　　　　　　　　　叶片背面　　　　　　　　　花序着生位置

图3-1　欧亚种葡萄的形态特征

（2）欧美杂交种。卷须连续性，叶背茸毛锈色；叶片较厚，栅状组织占叶片厚度的1/3，叶绿素含量较多，叶色深；第1个花序一般着生于新梢的第3、第4节（图3-2）。

| 叶片正面 | 叶片背面 | 花序着生位置 |

图 3-2　欧美杂交种葡萄的形态特征

2.果实特征

（1）欧亚种。葡萄果肉与果皮难分离，但果肉与种子易分离，具有令人喜爱的玫瑰香味（图 3-3）。

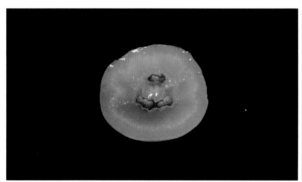
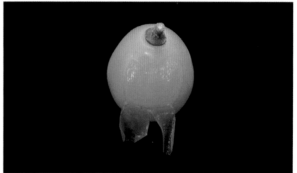

果肉与种子易分离　　　　　　　　　　　　　　果肉与果皮难分离

图 3-3　欧亚种葡萄的果实特征

（2）欧美杂交种。葡萄果肉与果皮易分离，但果肉与种子难分离，具有强烈的草莓香味（图 3-4）。

果肉与种子难分离　　　　　　　　　　　　果肉与果皮易分离

图 3-4　欧美杂交种葡萄的果实特征

3. 适应性

（1）欧亚种。抗寒能力差，成熟枝条仅能抗 -15℃低温，根系在 -5~-3℃时即会遭受冻害；对光照周期不敏感，在生长季节短的地区，欧亚种葡萄枝蔓不易成熟。

（2）欧美杂交种。落叶期较欧亚种早，抗寒性较欧亚种强，成熟枝条可抗 -20℃低温，根系可抗 -7~-4℃低温；对光照周期变化比欧亚种敏感，日照变短时，欧美杂交种葡萄枝条成熟加快，成熟度更好。

4. 抗病性　一般来说，欧亚种葡萄易感病，欧美杂交种葡萄较抗病。

二、葡萄的品种

据统计，世界上已经登记的葡萄品种有 16 000 多个，其中具有商品栽培价值的品种有 7 000~8 000 个。不同品种的葡萄果粒形状有长圆形、椭圆形、圆形、鸡心形、弯形等，颜色有黄绿色、黄色、红色、紫色、黑色等。因此，葡萄既是栽培植物中品种最多的植物之一，也是植物中形状、颜色最丰富的植物之一。

按照用途，葡萄可以分为鲜食品种、酿酒品种、制干品种、制汁品种、制罐品种和砧木品种等。实际生产中，品种类别很难截然分开，往往一个品种可以兼用。

按照成熟期，葡萄可以分为早熟品种、中熟品种和晚熟品种。早熟品种指从萌芽到果实成熟需要 115~130 天、≥10℃年活动积温需要 2 300~2 700℃的葡萄品种。中熟品种指从萌芽到果实成熟需要 130~145 天、≥10℃年活动积温需要 2 700~3 200℃的葡萄品种。晚熟品种指从萌芽到果实成熟需要 145~160 天、≥10℃年活动积温需要 3 200~3 500℃的葡萄品种。另外，在实际生产中，通常把从萌芽到果实成熟需要 100~115 天、≥10℃年活动积温需要 2 000~2 300℃的葡萄品种称为极早熟品种；把从萌芽到果实成熟在 160 天以上、≥10℃年活动积温需要 3 500℃以上的葡萄品种称为极晚熟品种。

尽管葡萄品种有很多，但是生产上栽培比较优良的品种却不多。目前，我国葡萄生产上表现比较优良且种植面积较大的品种只有数十个。下面简单介绍一下我国葡萄的主栽品种及具有发展前景的品种。

（一）鲜食品种

1. 早熟品种

（1）夏黑（图 3-5）。早熟，欧美杂交种，三倍体，别名黑夏、夏黑无核。由日本山梨县果树试验场于 1968 年通过杂交选育而成，天然无核，亲本为巨峰 × 无核白。

果穗圆锥形或圆柱形，间或有双歧肩，平均单穗重 500.0~600.0 克，最大果穗重可达

1 000.0 克左右。果粒近圆形，着生紧密，自然坐果条件下，果粒小（粒重 2.0~3.5 克）且易落粒，没有商品价值。经植物生长调节剂处理后，平均单粒重 7.5 克左右，最大果粒重可达 15.0 克左右；果肉硬脆，可溶性固形物含量高，充分成熟时可达 20% 以上，且具有淡淡的草莓香味；果汁呈紫黑色，味浓甜；果皮紫黑色或蓝黑色，较厚，果粉多。鲜食品质上等。

植株生长势旺，发枝力强，丰产、稳产性好。嫩梢黄绿色，梢尖闭合，乳黄色，有茸毛，无光泽。幼叶乳黄色至浅绿色，带淡紫色晕，上表面有光泽，下表面密生丝毛；成龄叶近圆形，大，下表面疏生丝状茸毛，3 或 5 裂。花芽分化好，若挂果过量，则会影响花芽分化，每个结果枝带花序 1~3 个，一般着生于新梢的第 4~6 节。通常情况下，每个结果枝只留一个果穗，若结果枝生长强旺，可留两个果穗，控制旺长。两年生植株亩产量可达 500.0~600.0 千克，三年生树亩产量可达 1 200.0~1 500.0 千克，建议亩产量控制在 1 000.0 千克左右，单穗重 500.0~600.0 克，单粒重 6.0~8.0 克（图 3-6）。若产量过高，果实呈红色，且糖度低，口感淡，成熟期推迟。该品种抗病性较强，但栽培过程中应注意灰霉病、霜霉病和炭疽病等病害的防治。建议采用避雨栽培，将病害发生降到最低。因遇到雨水天气容易裂果，故成熟后应及时采收。

在河南郑州地区避雨栽培条件下，该品种于 3 月底至 4 月初萌芽，5 月上旬开花，6 月下旬枝条开始成熟，且果实进入转色期，7 月中下旬至 8 月初果实成熟，从萌芽到果实成熟需要 110 天左右。单栋大棚等促早栽培条件下，各物候期较避雨栽培提前。

图 3-5　夏黑

图 3-6　单栋大棚夏黑葡萄结果状

（2）瑞都红玉（图 3-7）。早熟，欧亚种，二倍体。由北京市农林科学院林业果树研究所于 2005 年在瑞都香玉（母本为京秀、父本为香妃）高接时发现的红色芽变品种，2014 年经过审定。

果穗圆锥形，个别有副穗，单或双歧肩，松紧度适中，平均单穗重 404.0 克。果粒长椭圆形或卵圆形，大小较整齐，平均单粒重 5.2 克，最大果粒重 7.5 克；果皮紫红色或红色，易着色，色泽较一致，果粉中等厚，果皮较脆，薄至中等厚，无或稍有涩味；果肉脆甜，酸甜多汁，硬度中等，无色，有浓郁的玫瑰香味。每粒果实含 2~4 粒种子，可溶性固形物含量为 19.5% 左右，品质上等。果梗抗拉力中或大。

植株生长势中庸偏弱。枝条中等粗，成熟度良好；新梢半直立，节间背侧绿色具红条纹，节间腹侧绿色，无茸毛；嫩梢梢尖开张，茸毛中等；卷须间断，长度中等。幼叶黄绿色，表面有光泽，上表面茸毛密度中等，下表面茸毛密，叶脉花青素着色中等，叶片厚度中等；成龄叶心脏形，绿色，中等大，中等厚，5 裂，叶缘上卷，上裂刻稍重叠，下裂刻开张，锯齿形状为双侧凸，叶柄比主脉短，叶柄洼形状为矢形，叶背茸毛密度中等，上、下表面叶脉花青素着色弱。冬芽花青素着色弱，花芽分化好，萌芽率较高，结果枝率较高。平均每个结果枝上有 1.2 个花序，着生于结果枝的第 3~4 节。定植当年需加强肥水供应，使树体尽快成形，枝条健壮，为来年的结果奠定基础。该品种开花前需整理花序，疏除密集的果粒，保证果穗松散，粒粒均匀。在华北及类似气候区可栽培，雨量过大地区建议采用避雨栽培，第二年开花结果，丰产性好，盛果期亩产量控制在 1 500.0 千克左右（图 3-8）。该品种抗病能力中等，易感染霜霉病、炭疽病等病害，建议采用避雨栽培，减少叶片、果实及枝蔓上的真菌病害，减少农药使用，提高果实安全性。

在河南郑州地区避雨栽培条件下，该品种于 3 月底至 4 月初萌芽，5 月上中旬开花，7 月中下旬果实成熟，从萌芽到果实成熟需要 110 天左右。

图 3-7　瑞都红玉

图 3-8　瑞都红玉葡萄结果状

（3）无核翠宝（图 3-9）。早熟，欧亚种，二倍体。由山西省农业科学院果树研究所于 1999 年通过杂交选育而成，亲本为瑰宝 × 无核白鸡心，2011 年 5 月通过山西省农作物品种审定委员会审定并定名。

果穗小，圆锥形，带歧肩，穗形整齐，中等大小，平均单穗重 345.0 克，最大果穗重 570.0

克左右。果粒小，倒卵圆形或鸡心形，黄绿色，着生中等紧密，大小均匀，平均单粒重 3.6 克左右，最大果粒重 5.7 克左右；果皮薄，黄绿色；果肉脆、味甜，具有玫瑰香味，可溶性固形物含量为 17.2% 以上，延迟采收可溶性固形物含量可达 20% 以上，品质上等，无核或有 1~2 粒残核。

植株生长势较强。嫩梢黄绿色带紫红，具有稀疏茸毛。幼叶浅紫红色，有光泽，上、下表面具有稀疏茸毛；成龄叶近圆形，中等大小，上表面无茸毛、光滑，下表面有稀疏刚状茸毛，5 裂。萌芽率为 56.0%，篱架中梢修剪结果枝占萌发芽眼总数的 53.5%，V 形架单主蔓水平整枝结果枝占萌发芽眼总数的 52.9%。自然授粉花序平均坐果率为 33.6%。该品种适于在西北、华北及以南无霜期在 120 天以上的地区推广种植。宜大棚架、水平棚架、V 形架栽培。成花容易，对修剪反应不敏感，长、中、短梢及极短梢修剪均可，亩产量一般应控制在 1 000.0 千克左右（图 3-10）。施肥以秋施有机肥为主，一般萌芽及开花前以氮肥为主，花后以磷肥为主，转色期以后以钾肥为主。该品种抗性中等，对霜霉病和白腐病抗性能力较强，对白粉病较为敏感，在干旱年份要注意白粉病的防治。

在河南郑州地区，该品种于 3 月底至 4 月初萌芽，5 月上中旬开花，7 月下旬果实成熟，从萌芽到果实充分成熟需要 105 天左右。果实挂树时间长，上市供应期长。易成花，早果性好。

图 3-9　无核翠宝

图 3-10　无核翠宝葡萄结果状

（4）爱神玫瑰（图 3-11）。早熟，欧亚种，二倍体。由北京市农林科学院林业果树研究所通过杂交选育而成，亲本为玫瑰香 × 京早晶。

果穗圆锥形，带副穗，平均单穗重 220.3 克。果粒椭圆形，天然无核，紫红色或紫黑色，果粒小，平均单粒重 2.3 克。果皮中等厚。果肉中等脆。汁中等多，味酸甜，有玫瑰香味，可溶性固形物含量为 17%~19%，可滴定酸含量为 0.71% 左右，鲜食品质上等，无种子。

植株长势较强。嫩梢绿色，带红褐色，梢尖半开张，茸毛少；新梢生长直立。幼叶绿色，带浅褐色，上表面无光泽，下表面有少量茸毛；成龄叶片中等大，心脏形，上表面平滑无光泽，下表面茸毛少，5裂，上裂刻深，下裂刻开张。两性花。早果性好，极早熟。喜微酸性砂壤土，要求钾肥充足。棚、篱架栽培均可，长、中、短梢混合修剪。花序大，开花前应进行花序整理，以提高坐果率。开花期至花后两周用赤霉酸处理膨大果粒，同时消除残核。该品种抗病性中等，雨季应注意防治霜霉病，抗灰霉病、穗轴褐枯病能力较强，抗白腐病、炭疽病、黑痘病和白粉病能力中等。

在河南郑州地区避雨栽培条件下，该品种于3月底至4月初萌芽，5月上中旬开花，6月底转色，8月初果实成熟。从萌芽到浆果成熟需要103天左右。

（5）早黑宝（图3-12）。早熟，欧亚种，四倍体。由山西省农业科学院果树研究所于1993年以瑰宝与早玫瑰的杂交种子用秋水仙素进行诱变选育而成，2001年3月通过山西省农作物品种审定委员会审定。

图3-11 爱神玫瑰

果穗圆锥形带歧肩，果穗大，平均单穗重430.0克，最大果穗重可达1 300.0克。果粒大，平均单粒重7.5克，最大果粒重10.0克。果粉厚，果皮紫黑色，着色好，较厚。果肉软，完熟时有浓郁的玫瑰香味，味甜，可溶性固形物含量为17.0%以上，品质上等。种子较大，每个果粒含种子1~3粒。

树势中庸。嫩梢黄绿色带紫红色，有稀疏茸毛；成熟枝条暗红色，节间中等长。幼叶浅紫红色，表面有光泽，叶面、叶背具有稀疏茸毛；成龄叶片小，心脏形，5裂，裂刻浅，叶缘向上，叶厚，叶缘锯齿中等锐，叶柄洼呈U形，叶面绿色，较粗糙，叶背有稀疏茸毛。平均萌芽率为66.7%，平均果枝率为56.0%，每个结果枝上平均花序数为1.37，花序多着生在结果枝的第3~5节。两性花，平均坐果率为31.2%。副梢结实力中等，丰产性强。成熟后需及时采摘，不宜挂树，易裂果，建议设施栽培。该品种抗性中等，对白腐病和霜霉病的抗性能力较强，成熟期遇到雨水天气容易裂果。

在河南郑州地区避雨栽培条件下，该品种于3月底至4月初萌芽，5月上中旬开花，7月下旬果实成熟。从萌芽至浆果成熟需要110天左右。

图3-12 早黑宝

（6）郑艳无核（图3-13）。早熟，欧亚种，二倍体。由中国农业科学院郑州果树研究所于2003年以京秀为母本、布朗无核为父本通过杂交选育而成，2014年3月通过河南省林木品种审定委员会审定。

果穗圆锥形，带副穗，无歧肩，平均单穗重为618.3克左右，最大果穗重可达988.6克。果粒椭圆形，粉红色，平均单粒重3.1克，最大果粒重4.6克，无核，果粒成熟一致、着生中等；果粒与果柄难分离，果粉薄，果皮无涩味；果肉硬度中等，汁液中多，有草莓香味，可溶性固形物含量达19.9%左右。

植株生长势中等。成龄叶三角形，3裂，叶上表面叶脉着色无或极浅，叶下表面主要叶脉间匍匐茸毛，密度极疏，无直立茸毛。隐芽和副芽萌发力中等。每个结果枝着生果穗1~2个。花序大，开花前应进行花序整理，以改善果穗外观，喜微酸性砂壤土，要求钾肥充足。适宜中国华北及中东部地区种植，篱架和棚架栽培均可。冬季修剪原则是强枝长留，弱枝短留，以短梢修剪为主；棚架前段长留，下部短留；剪除密集枝、细弱枝和病虫害枝。夏季修剪时将果穗以下的副梢从基部除去，果穗以上的副梢留2叶摘心，主梢顶端的副梢留3~5片叶反复摘心。该品种抗病性强，且抗寒，尤其是抗霜霉病、炭疽病和白腐病。多雨季节应注意防治果实裂果。

在河南郑州地区，该品种于3月底至4月初萌芽，5月上旬开花，6月下旬果实开始成熟，7月中下旬充分成熟，从萌芽到果实成熟需要120天左右。

图3-13 郑艳无核

（7）春光（图3-14）。早熟，欧美杂交种，四倍体。由河北省农林科学院昌黎果树研究所通过杂交选育而成，亲本为巨峰×早黑宝。2020年1月完成农业农村部非主要农作物品种登记。

果穗圆锥形，紧密，平均单穗重650.6克，最大果穗重可达1 260.0克。果粒中等大，椭圆形，大小均匀一致，平均单粒重9.5克，最大果粒重19.3克；果皮厚，紫黑色至蓝黑色，色泽美观，着色均匀一致，果粉厚；果肉较脆，有种子1~3粒，有草莓香味，可溶性固形物含量达17.5%以上，风味甜，品质佳。

生长势较强。嫩梢梢尖开张，茸毛着深色，花青素分布条带状，匍匐茸毛密，直立茸毛无或极疏；成熟枝条光滑，红褐色。幼叶绿色，有黄斑，叶面有光泽，叶背主要叶脉间

图3-14 春光

匍匐茸毛中；成龄叶大，楔形，绿色，中等厚，叶面有光泽，叶面茸毛无或极疏，上裂刻深，轻度重叠，基部 U 形，下裂刻基部 V 形；叶柄洼开叠类型半开张，基部形状 V 形。两性花，花序着生在第 3~5 节。该品种自然坐果好，坐果适中，易管理。丰产性强，副梢的结实力强，容易结二次果。果穗中等大，不需要花穗整形和植物生长调节剂处理。适应性强，栽培管理技术简单。该品种抗病性较强，花前花后注意防治灰霉病、炭疽病、绿盲蝽和蓟马，雨季前注意预防霜霉病。

在河南郑州地区避雨栽培条件下，该品种于 3 月底至 4 月初萌芽，5 月上旬开花，7 月中下旬至 8 月初果实成熟。从萌芽至果实完全成熟需要 115 天左右。

（8）早霞玫瑰（图 3-15）。早熟，欧亚种，二倍体。由大连市农业科学研究院培育，亲本为白玫瑰香 × 秋黑，2012 年通过辽宁省种子管理局品种备案。

果穗圆锥形，有副穗，平均单穗重 650.0 克，最大果穗重可达 1 500.0 克以上。果粒圆形，平均单粒重 6.0~7.0 克，最大果粒重 8.0 克左右；果皮中等厚，着色初期为鲜红色，逐渐变为紫红色至紫黑色，果粉中多；果肉硬脆，无肉囊，汁液中多，具有浓郁的玫瑰香味，可溶性固形物含量可达 19.5% 左右，品质佳。每个果粒含种子 1~3 粒。

生长势中庸偏弱。嫩梢绿色，略带红晕，无茸毛，节间色泽为红褐色至绿色，卷须隔 1 节互生；成熟枝条红褐色。幼叶绿色，叶尖略带有红褐色，叶背密生白色絮状茸毛；成龄叶心脏形，深绿色，较小，较硬，叶背密生灰白色絮状茸毛，叶片边缘向背面卷筒状；叶缘锯齿多，锯齿为锐齿；叶柄洼宽拱形，叶柄红色。两性花，第 1 花序多着生在结果枝的第 4 节。该品种抗性中等，对霜霉病、白腐病抗性比白玫瑰香和秋黑强，生产上应重点防治黑痘病，成熟期应注意防治金龟子和鸟害。

图 3-15　早霞玫瑰

在河南郑州地区避雨栽培条件下，该品种于 3 月底至 4 月初萌芽，5 月上旬开花，7 月中下旬果实成熟。从萌芽至果实充分成熟需要 105 天左右。

（9）申爱（图 3-16）。早熟，欧美杂交种，二倍体。由上海市农业科学院以金星无核和郑州早红为亲本通过杂交选育而成，2013 年 7 月通过上海市农作物新品种认定。

果穗圆锥形，果穗偏小，平均单穗重 228.0 克左右。果粒着生中等紧密，鸡心形，平均单粒重 3.5 克。果皮中等厚，玫瑰红色，果粉中等；果肉中软，肉质致密，可溶性固形物含量为 18%~22%；风味浓郁，品质佳。每个果粒含种子 1~2 粒。

植株长势中庸。嫩梢绿色，有明显的紫红色条纹；成熟枝条为红褐色，节间中等长度。幼叶呈紫色条纹，背面密被白色茸毛；成龄叶片中等大、色泽淡、心脏形，浅 3 裂；叶面平，叶缘略向上，背面茸毛中等，叶缘锯齿锐。叶柄浅红色，叶柄洼拱形开展。卷须间隔性，花穗小，两性花，种子1粒，种子不完全发育。成熟后需及时采收，不耐挂树。该品种抗病性较强，连续多年的栽培均没有发现特殊病害，栽培适应范围广。

在河南郑州地区避雨栽培条件下，该品种于3月底至4月初萌芽，5月上旬开花，7月中下旬果实成熟，比夏黑早成熟一周左右时间。

（10）火州黑玉（SP528）（图3-17）。早熟，欧亚种，二倍体。由新疆维吾尔自治区葡萄瓜果研究所以红地球为母本、火焰无核为父本通过有性杂交选育而成。2011年在新疆取得新品种登记。

果穗圆锥形，紧凑，平均单穗重500.0克左右。果粒近圆形，紫黑色，皮薄，着生紧密，果粒偏小，单粒重2.0~3.0克。果皮中等厚，稍涩；果肉较脆，天然无核或有残核，无香味，可溶性固形物含量为18%左右，耐贮运。

植株长势较旺。嫩梢黄绿色，无茸毛。幼叶绿色，成龄叶片深绿色、掌状、表面光滑。叶柄绿色或淡紫红色。枝条成熟时为褐色，节间长度较短。该品种抗性中等，常见病害有白粉病、霜霉病、酸腐病、日灼病，成熟后有裂果现象。

在河南郑州地区避雨栽培条件下，该品种于3月底至4月初萌芽，5月上旬开花，7月底果实成熟。

（11）沈农金皇后（图3-18）。早熟，欧亚种，二倍体。由沈阳农业大学从沈87-1（鞍山早红）自交后代中选育而成，2009年12月通过辽宁省农作物品种审定委员会审定。

果穗圆锥形，穗形整齐，平均单穗重856.0克，最大单穗重1 367.0克。果粒着生紧密，大小均匀，椭圆形，果皮金黄色，平均单粒重7.6克，最大单粒重11.6克。果皮薄，肉脆，爽口，具有玫瑰香味，成熟期果实可溶性固形物含量为17%以上，味甜，品质上等。每果粒含种子1~2粒。

植株生长势较旺。成熟枝条为红褐色，嫩梢绿色。幼叶有光泽，绿色带红褐色，上表面无茸毛，有光泽，下表面茸毛中等；成龄叶近圆形，大，上、下表面无茸毛，锯齿钝；3~5裂，裂刻较深，叶柄洼为闭合椭圆形。两性花，早果性好，

图3-16　申爱

图3-17　火州黑玉

图3-18　沈农金皇后

丰产。该品种抗病性较强，黑痘病、霜霉病、炭疽病和白腐病发生较轻，果实成熟期不易裂果。

在河南郑州地区避雨栽培条件下，该品种于3月底至4月初萌芽，5月上旬开花，7月底果实成熟。从萌芽到果实充分成熟需要120天左右。

（12）郑州早玉（图3-19）。早熟，欧亚种，二倍体。由中国农业科学院郑州果树研究所于1978年通过杂交选育而成，亲本为葡萄园皇后 × 意大利，2003年通过河南省林木果树品种审定委员会审定。

果穗圆锥形，无副穗，果穗大，穗长15~20厘米，宽10~13厘米，平均单穗重500.0~650.0克，最大果穗重可达1 000.0克以上，果穗上果粒着生中等紧密，果穗大小整齐。果粒椭圆形，黄绿色，着色一致，成熟一致，果粒大，平均单粒重8.0~10.0克，最大果粒重可达15.0克，果粒整齐；果皮黄绿色，薄，果粉少，无涩味；果肉脆，无肉囊，果汁绿色，汁液中，硬度中，风味清甜可口，具有玫瑰香味，品质上等，可溶性固形物含量为15.5%~18.0%。每个果粒中有种子1~3粒，平均种子数为1.4粒。果梗较短，抗拉力强，不脱粒。

植株生长势中等。幼嫩枝条紫红色，成熟枝条白褐色，枝条圆，表面有细条纹，表皮上有皮孔，节上和节间无茸毛，节间长度中等。新梢上茸毛少，顶部嫩梢形态半开张，生长势中庸，卷须分布间断；副梢萌发力、生长力中等偏强。幼叶表面颜色浅黄色，有光泽，茸毛少；成熟叶片为心脏形，叶形较小，黄绿色，叶片上卷，较薄；叶片五裂，裂刻中等，上裂刻稍重叠，基部形状为U形，下裂刻重叠，叶柄短，叶柄凹半闭合；叶背具刺毛，少。两性花，第一花序一般着生枝条的第3~4节，每个新梢着生1~2个花序。一般每个结果枝条上留一穗果，亩产量控制在1 500.0~2 000.0千克。芽眼萌发率高，达到80%以上；结果性好，每个结果母枝有1.5个果穗，平均结果系数为1.6，坐果率高，达到60%以上；副芽萌发率高，结实率较差；隐芽萌发率中强，结实率中等；副梢结实率低。果实成熟度一致，果实成熟后，不脱粒。该品种抗病性较弱，果实不抗炭疽病，叶片易感染黑痘病，成熟期遇雨易出现裂果现象。

图3-19 郑州早玉

在河南郑州地区，该品种于4月初萌芽，5月中旬开花，7月中旬浆果成熟，从萌芽到果实成熟需要105天左右。

2. 中熟品种

（1）巨峰（图3-20）。中熟，欧美杂交种，四倍体。由日本大井上康通过杂交选育而成，亲本为石原早生 × 森田尼，是目前我国栽培面积最大的葡萄品种。

果穗圆锥形，带副穗，平均单穗重400.0克左右，果粒着生中等紧密。果粒椭圆形，红色至紫黑色，单粒重8.0~10.0克；果皮较厚有涩味，果粉厚，果肉较软，有肉囊，汁多，味酸甜，具有草莓香味，可溶性固形物含量为 18% 以上，品质中上等。每个果粒含种子多为 1 粒。

生长势强。嫩梢绿色，梢尖半张开微带紫红色，茸毛中等密。幼叶浅绿色，下表面有中等密白色茸毛；成龄叶近圆形，大，上表面有网状皱褶，下表面茸毛中等密；叶片 3 或 5 裂，上裂刻浅，开张或闭合，下裂刻浅，开张。两性花，但落花落果严重，生产上应控制花前肥水，并及时摘心。该品种抗病性较强，在多雨的地区和年份，应注意病害的防治，尤其是对霜霉病、黑痘病、穗轴褐枯病等病害的防治。

在河南郑州地区，该品种于 3 月底至 4 月初萌芽，5 月上旬开花，8 月中旬至下旬果实成熟。

图 3-20　巨峰

（2）巨玫瑰（图 3-21）。中熟，欧美杂交种，四倍体。由大连市农业科学研究院以沈阳玫瑰为母本、巨峰为父本通过杂交选育而成，2002 年通过品种鉴定并命名。

果穗圆锥形，带副穗，果粒着生中等紧密，平均单穗重 400.0~550.0 克。果粒椭圆形或卵圆形，果粒大，平均单粒重 9.0 克左右；果皮中等厚，紫红色，可着至紫黑色，稍有涩味，果粉中等多；果肉柔软多汁，可溶性固形物含量在 18% 以上，具有浓郁的玫瑰香味，品质佳；每个果粒含有 2~3 粒种子。成熟后应及时采收，完熟后易掉粒，需引起重视。

生长势较旺。嫩梢绿色，带紫红色条纹，有中等密度白色茸毛；成熟枝条红褐色，伴有褐色条纹，节间中长、粗壮。幼叶绿色，带紫褐色，上表面有光泽，下表面密生白色茸毛，叶缘桃红色；成龄叶心脏形，大，较厚，叶缘波浪状，上表面光滑无光泽，下表面有中等密度混合茸毛，5 裂，上裂刻深，下裂刻中等深，叶背混合茸毛中多，锯齿大。卷须双间隔。花芽分化、丰产性均较好，其结果枝占芽眼总数的 70.5%，每个结果枝带花序 2~3 个，花序大多着生在第 2~5 节，属于低节位花芽分化。挂果早，苗木定植第二年即可结果，三年生树即进入盛果期，建议盛果期亩产量控制在 1 500.0 千克左右。因其长势旺，不需留预备枝，以防徒长，果穗在选留时采用"强二壮一弱不留"的原则。该品种存在坐果不良、大小粒等问题，生产上可以通过使用植物生长调节剂的方法进行保花保果处理。该品种抗性较强，尤其对黑痘病、白腐病、炭疽病等病害，生长后期应注意防治霜霉病。

图 3-21　巨玫瑰

在河南郑州地区，该品种于 3 月底至 4 月初萌芽，5 月上旬开花，8 月中旬果实成熟。从萌芽到浆果成熟需要 140 天左右。

（3）醉金香（图3-22）。也叫茉莉香，中熟，欧美杂交种，四倍体。由辽宁省农业科学院以7601（玫瑰香芽变）×巨峰为亲本通过杂交选育而成，1997年通过辽宁省农作物品种审定委员会审定。

果穗圆锥形，平均单穗重500.0克左右，经植物生长调节剂处理后果穗重可达800.0~1 000.0克。果粒倒卵圆形，黄绿色至金黄色，平均单粒重10.0克左右；果皮中厚，黄绿色至金黄色，果皮与果肉易分离；果肉软，果汁多，无肉囊，果实转黄绿色时可溶性固形物含量为16%~18%，果实金黄色时可溶性固形物含量为20%以上，具有浓郁的玫瑰香味和茉莉香味。每个果粒含种子1~3粒，果柄短，需要植物生长调节剂处理。

植株生长势强。嫩梢绿色，梢尖开张，茸毛少；新梢生长直立，有稀疏茸毛。幼叶绿色，上表面略有光泽，下表面有稀疏茸毛；成龄叶大，心脏形，3或5裂，裂刻浅，叶面绿色、粗糙，具泡状凸起。该品种抗病性强，尤其是对霜霉病和白腐病等真菌性病害具有较强的抗性。

在河南郑州地区，该品种于3月底至4月初萌芽，5月上旬开花，8月中旬至下旬果实成熟。

图3-22　醉金香

（4）瑞都香玉（图3-23）。中熟，欧亚种，二倍体。由北京市农林科学院林业果树研究所于1998年通过杂交选育而成，亲本为京秀×香妃，2007年通过北京市农作物品种审定委员会审定并命名。

果穗圆锥形，带副穗或歧肩，平均单穗重580.6克。果粒着生松散，椭圆形，平均单粒重6.8克，最大果粒重8.6克。果皮黄绿色，肉质脆甜，皮稍涩。果肉酸甜，汁中等多，果皮呈黄绿色时玫瑰香味浓郁，果实可溶性固形物含量为18%~21%。自然坐果好，丰产性强。每个果粒含种子3~4粒。

树势中庸偏旺。嫩梢梢尖开张，茸毛中等多；新梢半直立，新梢中部节间腹侧绿带红条带，节间背侧绿色，卷须间断分布，节上茸毛无或极疏。幼叶黄绿色，上表面有光泽，花青素着色程度浅，茸毛密度中等，下表面茸毛密；成龄叶心脏形，中等大小，5裂，叶缘上卷，上裂刻稍重叠，下裂刻开张，锯齿形状为双侧凸，叶柄比主脉短，叶柄洼形状为矢形。该品种抗病性较强，无特殊敏感性病虫害和逆境伤害。

在河南郑州地区避雨栽培条件下，该品种于3月底至4月初萌芽，5月上旬开花，8月初果实成熟。

（5）蜜光（图3-24）。中熟，欧美杂交种，四倍体。由河北省农林科学院昌黎果树研究所于2003年通过杂交选育而成，亲本为巨峰×早黑宝，2017年通过农业部品种保护办公室审查登记。

图3-23　瑞都香玉

果穗圆锥形，带副穗，平均单穗重600.0~800.0克，最大果穗重达1 000.0克。果粒椭圆形，松散适度，平均单粒重10.0克，果粒大小均匀一致；果粉中等厚，完熟后果皮呈紫黑色，着色容易，套袋也可着全紫红色；果肉硬而脆，具有浓郁的玫瑰香味，风味甜，无涩味，品质佳，可溶性固形物含量达18%~20%，最高达24.8%。

生长势中庸偏旺。嫩梢梢尖半开放，茸毛着色中等；成熟枝条光滑，红褐色，中等粗，成熟度良好。幼叶酒红色，花青素着色深，上表面有光泽，叶背主要叶脉间匍匐茸毛疏；成龄叶大，五角形，叶片绿色，中等厚，上表面有光泽，下表面茸毛无或极疏；5裂，上裂刻深，开张，基部形状V形；下裂刻基部形状V形。叶柄洼轻度开张，基部U形。花芽分化好，萌芽率高，结果枝率较高。一般每个结果枝带花序1个，极个别带2~3个花序。花序一般着生于结果枝的第3~4节。定植当年需加强肥水供应，使树体成形，枝条健壮，为翌年的结果奠定基础。该品种适应性好，栽培管理相对容易，成熟后有裂果现象，建议保护地栽培，促进提早成熟。丰产性强，盛果期树亩产量控制在2 000.0千克以内。该品种抗性较强，尤其是对霜霉病、白腐病和炭疽病等具有较强抗性。

图3-24　蜜光

在河南郑州地区，该品种于3月底至4月初萌芽，5月上中旬开花，8月初成熟。

（6）红艳无核（图3-25）。中熟，欧亚种，二倍体。由中国农业科学院郑州果树研究所于2009年通过杂交选育而成，亲本为红地球×森田尼无核，2017年通过河南省品种审定委员会的审定。

果穗圆锥形，穗梗中等长，带副穗，平均单穗重1 200.0克，果粒着生中等紧密，成熟一致。果粒椭圆形，深红色，平均单粒重4.0克，最大果粒重6.0克，果粒与果柄难分离；果粉中等，果皮无涩味。果肉中等脆，汁少，有清香味，无核，不裂果，可溶性固形物含量达20.4%以上，品质优。

植株生长势中等偏强。嫩梢绿色带红条纹，有稀疏白色茸毛。幼叶红色，下表面有稀疏茸毛。成龄叶片五角形或心脏形，大，中等厚，较平展，5裂，上裂刻开张，V形；下裂刻轻度重叠，V形。叶柄洼中度开张，U形。叶柄中等长，绿带红色，无茸毛。卷须分布不连续，2~3个分杈。进入结果期早，定植第二年开始结果，并易早期丰产。正常结果树一般产果1 500.0千克/亩。适合在温暖、雨量少的气候条件下种植，棚架、篱架栽培均可，以中、短梢修剪为主。栽培要点：适合在温暖、雨量少的气候条件下种植，在南方多雨地区可采用避雨栽培。适宜双十字架和小棚架栽培，以中、短梢修剪为主。基肥宜在9月底至10月初施入。该品种抗病性中等，对黑痘病、炭疽病抗性较强，对白粉病、霜霉病等病害抗性较弱。

在河南郑州地区，该品种于4月上旬萌芽，5月上旬开花，7月中旬浆果始熟，8月中旬果实充分成熟。

图3-25　红艳无核

（7）中葡萄18号（图3-26）。中熟，欧亚种，二倍体。由中国农业科学院郑州果树研究所于2006年通过杂交选育而成，亲本为无核紫×玫瑰香，2020年通过河南省林木果树品种审定委员会审定。我国北方和西部地区有少量栽培，适合于鲜食和制干。

果穗圆锥形，无副穗，果穗大，穗长18~25厘米，宽13~18厘米，平均单穗重600.0克，最大果穗重可达1 500.0克以上，果粒着生中等。果粒长椭圆形，紫黑色，着色一致，成熟一致；果粒大，平均单粒重7.3克，最大果粒重可达11.0克；果皮薄，无涩味，果粉中等厚；果肉脆，无肉囊，汁液中等多，无色，可溶性固形物含量为18.0%以上，风味甜香。果梗短，抗拉力强，不脱粒，不裂果。

树势中庸偏强。嫩梢形态半开张，颜色微红色，无茸毛；成熟枝条黄褐色，枝条圆，表面有细条纹，表皮

图3-26　中葡萄18号

上无皮孔，节上和节间无茸毛，节间长度中等，一般为15~18厘米。幼叶表面颜色浅红色，有光泽，茸毛少；成熟叶片为心脏形，中等大，绿色，叶片平展，中等厚，五裂，裂刻深，上裂刻稍重叠，基部形状为U形，下裂刻重叠，基部形状为U形，叶柄洼半开张，基部为U形。两性花，第一花序一般着生枝条的第3~4节，每个新梢着生1~2个花序。种子为残核。新梢生长势中庸，副梢萌发力、生长力中等偏强。抗病性中等偏强，主要病害是霜霉病，对炭疽病、黑痘病均有良好抗性。

在河南省郑州地区，该品种于4月初萌芽，5中上旬开花，8月中下旬成熟。

（8）沪培3号（图3-27）。中熟，欧美杂交种，三倍体。由上海市农业科学院林木果树研究所于1996年以二倍体无核品种喜乐为母本与四倍体品种藤稔为父本进行杂交，经胚挽救培育而成，2014年获得上海市农作物新品种认定。

果穗圆柱形，单穗重400.0~460.0克，果穗中等紧密。果粒椭圆形，平均单粒重6.7克；果皮紫红色，果肉软，质地细腻，果实可溶性固形物含量为16%~19%，口感较好。

树势强健。嫩梢黄绿色，成熟枝为红褐色，枝条节间中等长。幼叶浅绿色略带红晕，上表面光泽，下表面茸毛少；成龄叶片大，绿色，心脏形，3~5裂，裂刻较深；叶面平，叶缘向下卷，叶缘锯齿锐。叶柄绿色，微带红晕，叶柄洼开展。花穗中等大，两性花。该品种抗病性较强，生产上注意防治灰霉病。

在河南郑州地区，该品种于3月底至4月初萌芽，5月上中旬开花，8月上旬成熟。

图3-27 沪培3号

（9）金手指（图3-28）。中熟，欧美杂交种，由日本原田富于1982年通过杂交育成，1993年登记注册，是日本'五指'（美人指、少女指、婴儿指、长指、金手指）中唯一的欧美杂交种。

果穗长圆锥形，带副穗，松紧适度，平均单穗重300.0~550.0克，最大果穗重可达1 500.0克。果粒形状奇特美观，近似指形，中间粗两头细，略弯曲，呈弓状，平均单粒重6.0克左右，最大果粒重20.0克；果皮黄白色，完熟后果皮呈金黄色，十分诱人，果皮薄，韧性强，不裂果。果肉脆，可切片，汁中多，甘甜爽口，有浓郁的冰糖味和牛奶味，果实可溶性固形物含量为20%~22%，金黄色的果实可溶性固形物含量可达25%，甜至极甜，口感佳。每个果粒含种子2~3粒。果柄与果粒结合牢固，捏住一粒果可提起整穗果。

树势强旺。嫩梢绿黄色，幼叶浅红色，茸毛密；一年生成熟枝条黄褐色，有光泽，节间长。成龄叶大而厚，近圆形，5裂，上裂刻深，下裂刻浅，锯齿锐。叶柄洼宽拱形，叶柄紫红色。发枝力强，冬芽主芽萌芽率为87.7%，花芽分化稍差，每个结果枝着生1~2个花序，花序着生在结果枝的第 3~5 节，以第 3、第 4 节为主，属于低节位花芽分化。枝蔓较粗，节间较长。基部叶片生长正常，不易提前黄化。副梢生长旺盛，容易使架面郁闭，需及时进行单叶绝后摘心处理。切记副梢摘心和主梢摘心同时进行，以免逼迫其冬芽萌发，相隔一周后再进行即可。两年生树可少量挂果，四年生树可进入丰产期，平均每亩产量可达 1 250.0~1 500.0 千克，产量较稳定。果实成熟后可树挂 1 个月，含糖量更高，品质更佳。该品种抗病性中等，避雨栽培条件下病害少。露地栽培的金手指必须套袋，且中后期做好白腐病的防治。由于金手指果皮薄，5~6 月容易发生日灼病，必须引起高度重视。

图 3-28　金手指

在河南郑州地区，该品种于 4 月初萌芽，5 月上旬开花，7 月初枝条开始老熟，7 月 15 日进入软化期，8 月初浆果成熟，从萌芽到浆果成熟需要 125 天左右。

（10）户太 8 号（图 3-29）。中熟，欧美杂交种，由陕西省西安市葡萄研究所从奥林匹亚的芽变中选育出的葡萄新品种。

果穗圆锥形，或带副穗，松紧度中等，平均单穗重 600.0 克。果粒大，近圆形，紫红色或紫黑色，平均单粒重 10.0 克；果皮厚，稍有涩味，果皮与果肉易分离，果粉厚；果肉较软，肉囊不明显，果汁较多，酸甜可口，可溶性固形物含量为 18% 以上，品质优。每个果粒含种子多为 1~2 粒。

长势中等偏旺。嫩梢绿色，梢尖半开张微带紫红色，茸毛中等密。幼叶浅绿色，叶缘带紫红色，下表面有中等白色茸毛；成龄叶片近圆形，大，深绿色，上表面有网状皱褶，主脉绿色，多为 5 裂，锯齿中等锐。叶柄洼宽，拱形。冬芽大，短卵圆形，红色。夏芽副梢成花能力强，多次结果能力强。该品种抗病性较强，对黑痘病、白腐病、灰霉病和霜霉病抗性较强。抗寒性强。

在河南郑州地区，该品种于 4 月初萌芽，5 月上旬开花，8 月中旬浆果成熟。

图 3-29　户太 8 号

（11）藤稔（图 3-30）。中熟，欧美杂交种，四倍体，也叫乒乓葡萄。由日本选育，亲本为红蜜（井川 682）× 先锋，在我国浙江、江苏、上海、湖北等地大面积种植。

果穗圆柱形或圆锥形，带副穗，平均单穗重 400.0 克。果粒着生中等紧密。果粒短椭圆形或圆形，紫红或紫黑色，平均单粒重 12.0 克左右；果皮中等厚，有涩味；果肉中等脆，有肉囊，汁中等多，味酸甜，可溶性固形物含量为 17.0% 以上，品质中上等。每个果粒含种子 1~2 粒。

生长势中等。嫩梢浅绿色，梢尖半开张，密生茸毛。幼叶淡红色，茸毛多；成龄叶近圆形，大，下表面有稀疏茸毛，3 或 5 裂。该品种抗性较强，尤其对霜霉病、白粉病抗性较强，抗灰霉病能力较弱。

在河南郑州地区，该品种于 4 月初萌芽，5 月上旬开花，8 月中下旬浆果成熟。从萌芽至浆果成熟需要 130~140 天。

（12）瑞都科美（图 3-31）。中熟，欧亚种，二倍体。由北京市农林科学院林业果树研究所从意大利 × 路易斯玫瑰杂交后代中选育，2016 年通过北京市林木品种审定委员会审定。

果穗圆锥形，有副穗，单或双歧肩，平均单穗重 500.0 克左右，果穗紧密度中或松。果粒椭圆形或卵圆形，平均单粒重 7.2 克，最大果粒重 9.0 克；果皮黄绿色，中等厚，果粉中，果皮较脆，无或稍有涩味；果肉中或较脆，硬度中等，风味酸甜，具有玫瑰香味，可溶性固形物含量达 17.2% 以上。含种子 2~3 粒。

树势中庸或稍旺。新梢直立，嫩梢梢尖半开张，梢尖匍匐茸毛中，直立茸毛疏。幼叶下表面叶脉间匍匐茸毛密、直立茸毛中，下表面主脉上匍匐茸毛密、上直立茸毛中；成龄叶五角形，五裂，上裂刻深，轻度重叠，上裂刻基部 U 形，下裂刻深，开张，基部 U 形；叶柄洼极开张呈 V 形；叶缘锯齿形状两侧直与两侧凸皆有，叶柄短于主脉，无毛，两性花。连年结果能力强。果实不易裂果，果穗大小、松紧度适中，基本不用疏花疏果，栽培省工。该品种抗性中等，生产上应注意防治霜霉病、白粉病、灰霉病和叶蝉。

在北京地区，该品种于 4 月中下旬萌芽，5 月下旬开花，8 月中旬或下旬成熟。从萌芽至浆果成熟需要 120 天左右。

图 3-30　藤稔

图 3-31　瑞都科美

3. 中晚熟品种

（1）阳光玫瑰（图 3-32、图 3-33）。中晚熟，欧美杂交种，二倍体。由日本果树试验场安芸津葡萄、柿研究部于 1983 年进行杂交选育而成，亲本为安芸津 21 号 × 白南。

果穗圆锥形或圆柱形，松散适度，平均单穗重 600.0~800.0 克，最大果穗重达 4 500.0 克。

果粒椭圆形，平均单粒重为 6.0~8.0 克，植物生长调节剂处理后果粒重达 12.0~15.0 克，果粒大小均匀一致；果皮薄，无涩味，黄绿色，完熟时可达金黄色，果面有光泽，阳光下翠绿耀眼，非常漂亮，果粉少；果肉脆甜爽口，有玫瑰香味，果皮与果肉不易分离，可溶性固形物含量达 18% 以上，最高可达 29%，极甜。果实成熟后可挂树至霜降，耐贮运、不裂果，不易脱粒。鲜食品质佳。

生长势中庸偏旺。嫩梢黄绿色，梢尖附带浅红色，密生白色茸毛。幼叶浅红色，上表面有光泽，下表面有丝毛；成龄叶心脏形，绿色，5 裂，上裂刻较深，叶背有稀疏茸毛，叶柄长，叶柄洼基部 U 形半开张。花芽分化好，萌芽率高，结果枝率较高。花序一般着生于结果枝第 3~4 节。定植当年需加强肥水供应，使树体成形，枝条健壮，为来年的结果奠定基础。该品种抗性较强，主要病害有霜霉病，主要虫害有绿盲蝽。

在河南郑州地区避雨栽培条件下，该品种于 3 月底至 4 月初萌芽，5 月上旬开花，8 月下旬果实成熟。从萌芽至开始成熟需要 150 天左右。

图 3-32　阳光玫瑰

图 3-33　阳光玫瑰葡萄结果状

（2）红地球（图 3-34）。晚熟，欧亚种，二倍体，别名红提、大红球、全球红、晚红。由美国加州大学奥尔姆育成，亲本为 C12-80×S45-48。我国各地均有栽培，是目前我国晚熟主栽品种，也是我国第二大葡萄栽培品种。

果穗圆锥形，平均单穗重 800.0 克，穗梗细长，果粒着生松紧适度，整齐均匀。果粒近圆形或卵圆形，红色或紫红色，平均单粒重 12.0 克；果皮薄、韧，与果肉较易分离，果粉中等厚；果肉硬脆，味甜，无香味，成熟期可溶性固形物含量为 16.3% 以上，鲜食品质上等。每个果粒含种子多为 4 粒。

生长势较强。嫩梢绿色，带浅紫红色条纹，有稀疏白色茸毛。幼叶微红色，上表面光滑，下表面有稀疏茸毛；成龄叶心脏形，中等大，较薄，上、下表面光滑无毛，叶片5裂，裂刻中等深。该品种喜肥水，适合在无霜期150天以上、降水少、气候干燥的地区种植。宜小棚架或高宽垂架栽培，以中、短梢修剪为主。抗寒力较差，果刷粗大，耐拉力强，不易脱粒。

该品种抗性中等，易感染黑痘病、霜霉病等真菌性病害。

在河南郑州地区，该品种于3月底至4月初萌芽，5月上旬开花，8月底至9月果实成熟。从萌芽至开始成熟需要150天左右。

（3）新雅（图3-35、图3-36）。中晚熟，欧亚种，二倍体。由新疆葡萄瓜果开发研究中心于1991年以'红地球'自然实生后代E42-6为母本、里扎马特为父本进行杂交选育的葡萄新品种，2014年通过品种审定。

图3-34　红地球

果穗圆锥形，平均单穗重600.0克，最大果穗重可达1 500.0克，松散或紧密。果粒鸡心形或长椭圆形，平均单粒重10.0克，肉脆，浅玫瑰红至紫红色，十分漂亮；果肉脆甜爽口，皮薄可食，可溶性固形物含量为17%左右。每个果粒含种子2~3粒。

生长势中庸。花芽分化好，稳产性强。平均每个结果枝着生1.3个花序，坐果好。果穗较大，必须修整花序，否则着色差。该品种定植第一年长势偏弱，必须加强肥水管理，培养壮树，为

图3-35　新雅

图3-36　新雅葡萄丰产状

第二年结果奠定基础。叶片属于小叶型，基部叶片生长正常，不易提前黄化。着色艳丽是该品种优良的性状表现，必须严格控产，提高果实品质，建议亩产量控制在 1 500.0 千克以内。建议转色后进行摘袋，促进果实着色。该品种抗病性中等，后期易染霜霉病，需提前做好预防工作，将病害降到最低。后期需注意及时做好排水工作，预防裂果发生。

在河南郑州地区，该品种于 3 月底至 4 月初萌芽，5 月初开花，8 月下旬成熟，从萌芽至成熟需 140 天左右。

（4）浪漫红颜（图 3-37）。中晚熟，欧美杂交种，二倍体。由日本培育，亲本为阳光玫瑰 × 魏可（温克）。

果穗圆锥形，平均单穗重 700.0 克左右，最大果穗重达 2 000.0 克以上，果粒整齐紧凑，需要植物生长调节剂处理。果粒椭圆形或长卵圆形，果粒大，单粒重 8.0 克以上；果皮粉红色，果皮薄；果肉硬脆，汁中等多，果皮与果肉不易分离，可溶性固形物含量在 20% 以上；不裂果，不脱粒，无香味，耐贮运。

生长势较旺。枝条节间长、粗壮，成熟后呈棕褐色；幼叶微红，有稀疏茸毛，叶肥大，心脏形，5 裂，裂刻较深，叶脉红色，正反面均有茸毛，两性花。该品种抗性较强，生产上注意防治绿盲蝽、霜霉病。

在河南郑州地区，该品种于 3 月底至 4 月初萌芽，5 月初开花，8 月底至 9 月果实成熟。

（5）妮娜皇后（图 3-38）。也叫妮娜女皇，妮娜公主等，中晚熟，欧美杂交种，四倍体。由日本培育，亲本为安艺津 20 号（红瑞宝 × 白峰）× 安艺皇后。

果穗圆锥形或圆柱形，平均单穗重 580.0 克，最大果穗重可达 1 200.0 克。果粒圆形或短椭圆形，平均单粒重 15.0 克，最大果粒重可达 17.0 克以上；果皮鲜红色，外观漂亮；果肉软，成熟期果实可溶性固形物含量达 21% 以上，含酸量低，香味比较特殊，浓郁，既有草莓香又有牛奶香，比巨峰葡萄味道更甜、香味更浓、硬度更大。

该品种有裂果现象，容易掉粒，需要植物生长调节剂处理，不易着色。

在河南郑州地区，该品种于 4 月初萌芽，5 月上旬开花，8 月下旬至 9 月上旬果实成熟，成熟期比巨峰晚 1 周左右。

图 3-37 浪漫红颜

图 3-38 妮娜皇后

（6）新郁（图3-39）。晚熟，欧亚种，二倍体。由新疆葡萄瓜果开发研究中心以E42-6（红地球实生）×里扎马特杂交选育而成，2005年在新疆取得新品种登记。

果穗圆锥形，紧凑，单穗重可达800.0克以上。果粒椭圆形，果粒大，平均单粒重12.0克以上；果皮中厚，紫红色；果肉较脆，可溶性固形物含量为17%~19%。品质中上等。每个果粒含种子2~3粒，种子与果肉易分离。外观好。

生长势强旺。嫩梢绿色，有稀疏茸毛。幼叶绿带微红，上表面无茸毛，有光泽，下表面有稀疏茸毛；成龄叶中等大，近圆形，中等厚，上、下表面无茸毛，5裂，裂刻中等深，锯齿中锐。花芽分化不良，栽培中需控制旺长。着色期可通过摘老叶、增加光照促进转色，对直射光较敏感，应严格控制产量。该品种抗病性中等，易受白粉病、日灼为害。

在河南郑州地区，该品种于3月底至4月初萌芽，5月上中旬开花，8月底成熟。从萌芽至果实完全成熟需要145天左右。

图3-39　新郁

（7）克瑞森无核（图3-40）。也叫绯红无核、克伦生无核、淑女红等，欧亚种，二倍体。由美国加州大学农学院的David Rammiag和Ron Tarailo于1983年培育，亲本为皇帝×C33-199，1988年通过品种登记。1998年，山东省酿酒葡萄科学研究所从美国引入我国，目前在山东、河北、辽宁、陕西、河南等地均有栽培。

果穗圆锥形，单穗重400.0~600.0克。果粒椭圆形，平均单粒重5.0克，经植物生长调节剂处理后可达7.0~8.0克；果皮亮红色，充分成熟为紫红色，中等厚，果粉较厚，果皮与果肉不易分离；果肉浅黄色，硬脆，味甜，可溶性固形物含量达18%以上。无核。果刷长，耐贮运。

生长势强。嫩梢红绿色，有光泽；当年成熟枝条黄褐色，节间长。幼叶紫红色，成龄叶片中等大，绿色，深5裂。叶柄长。两性花，芽眼萌芽率高，成枝力强，容易丰产、稳产。

该品种抗病性、适应性较强，主要病害为霜霉病和白腐病。

在河南地区露地栽培条件下，该品种于4月初萌芽，5月中旬开花，9月上旬至中旬果实成熟。

图3-40　克瑞森无核

（8）无核白（图3-41）。别名汤普逊无核，中晚熟，欧亚种，二倍体。原产小亚细亚地区，为我国新疆的主栽葡萄品种。

果穗长圆锥形或圆柱形，平均单穗重337.0克，最大果穗重1 000.0克，果穗大小不整齐，果粒着生紧密或中等密，无核。果粒椭圆形，天然无核，较小，自然状况下平均单粒重2.0克左右；果皮薄而脆，黄白色；果肉淡绿色，脆，汁少，味甜，可溶性固形物含量达21%以上。鲜食、制干兼用品种。

生长势强。嫩梢黄绿色，有极少细茸毛。幼叶黄绿色，薄，有光泽，上、下表面光滑无茸毛；成龄叶圆形，中等大，下表面无茸毛，5裂，上裂刻中等深，下裂刻浅。该品种抗旱、抗高温性强，抗寒性中等，抗病性差，易感染白粉病、白腐病和黑痘病。成熟期遇雨水天气或灌水过多，容易裂果。

在新疆吐鲁番地区，该品种于4月上旬萌芽，5月中下旬开花，8月下旬果实成熟。从萌芽到成熟需140天左右。

图3-41　无核白

（9）紫甜无核（图3-42）。又称A17，晚熟，二倍体，欧亚种。由河北昌黎农民育种家李绍星于2000年进行杂交选育而成，亲本为牛奶×皇家秋天，2010年通过河北省林木品种审定委员会鉴定。

果穗圆锥形，紧密度中等，平均单穗重500.0克。果粒长椭圆形，无核，大小均匀，平均单粒重5.6克，天然无核，紫黑色或蓝黑色。经植物生长调节剂处理后，平均单穗重900.0克左右，最大单穗重达1 200.0克左右，平均单粒重10.0克。果皮厚度中等，与果肉不分离，果粉较薄；果肉硬脆，可溶性固形物含量在20%以上，鲜食品质佳。果实附着力较强，不落果，不裂果，耐贮藏。

长势中庸。嫩梢梢尖开张，紫色，茸毛疏；新梢半直立，梢尖茸毛中等。幼叶黄褐色，花青素着色程度深，表面有光泽，下表面茸毛极疏；成熟叶片肾形或心脏形，绿色，叶缘上卷，锯齿形状为双侧直，7裂，上裂刻开张，基部U形。两性花，第1个花序着生在新梢第5节。该品种抗病性强，对霜霉病、白腐病和炭疽病均具有较好的抗性。

在河北昌黎地区，该品种于4月中旬萌芽，6月初开花，7月底果实开始转色，9月中旬果实成熟，从萌芽至成熟需要150天左右。

图3-42　紫甜无核

（10）美人指（图 3-43）。别名红指、红脂、染指等，晚熟，欧亚种，二倍体。由日本植原葡萄研究所于 1984 年杂交育成，亲本为优尼坤 × 巴拉蒂。

图 3-43　美人指

果穗圆锥形，平均单穗重 600.0 克，果粒着生疏松。果粒尖卵形，鲜红色或紫红色，平均单粒重 12.0 克。果粉中等厚；果皮薄且韧，无涩味；果肉硬脆，汁多，味甜，可溶性固形物含量为 17%~19%，鲜食品质上等。每个果粒含种子多为 3 粒。

生长势强。嫩梢梢尖闭合，黄绿色，无茸毛，有光泽；新梢背侧黄绿色，腹侧紫红色。幼叶黄绿色，上表面有光泽；成龄叶近圆形，大，叶片多为 5 裂，裂刻极深，上裂刻基部闭合裂缝形，下裂刻基部矢形或三角形。该品种适合干旱、半干旱地区种植。平棚架或高宽垂架式栽培均可，宜中、长梢结合修剪。在南方栽培，需避雨栽培和精细管理。注意严格控制氮肥使用量和幼果期水分供应，防止日灼病。该品种抗病性弱，易感染白腐病和炭疽病，稍有裂果。

浆果从萌芽至果实成熟需要 150 天左右。

（11）意大利（图 3-44）。原名 Italia，也叫意大利麝香、意大利亚等，晚熟，欧亚种，二倍体。由意大利育种学家皮洛万于 1911 年育成，亲本为比坎 × 玫瑰香。

果穗圆锥形，平均单穗重 850.0 克，果粒着生疏松。果粒椭圆形，黄绿色，平均单粒重 7.1~13.3 克，最大果粒重 15.3 克。果皮中等厚，果粉厚；果肉脆，汁多，味酸甜，具有玫瑰香味，成熟期可溶性固形物含量为 17.0% 以上。品质上等。每个果粒含种子多为 2 粒。

生长势中等或较强。嫩梢黄绿色，梢尖半开张，黄绿色，密被茸毛；新梢生长半直立，有极疏茸毛。幼叶黄绿色，带橙色晕，上表面无光泽，下表面茸毛密；成龄叶心脏形，中等大，叶缘上卷，5 裂，上裂刻深，下裂刻浅。果实耐贮运。该品种抗逆性较强，抗白腐病、黑痘病能力强，抗白粉病中等，易感染霜霉病。

在北京地区，该品种于 4 月中旬萌芽，5 月下旬开花，9 月下旬成熟，从萌芽至成熟需 160 天左右。

图 3-44　意大利

（12）红宝石无核（图 3-45）。晚熟，欧亚种，二倍体。由美国葡萄育种学家 Harold Olmo 于 1968 年选育，亲本为皇帝 ×Pirovan075，2001 年引入我国。

果穗圆锥形，带歧肩，大，平均单穗重 600.0 克，最大果穗重 2 000.0 克以上，穗形紧凑，较整齐，果粒着生中等紧密或紧密。果粒较大，椭圆形，平均单粒重 5.0 克左右；果皮宝石红色至紫红色，果皮薄；果粉中等厚；果肉脆，汁多，甜，可溶性固形物含量在 17% 以上，有玫瑰香味。种子不发育，有瘪籽或小青粒。

生长势强。嫩梢紫红色，无茸毛；一年生成熟枝条黄褐色，节间较长，卷须间隔着生。幼叶厚，黄绿色，有光泽，上、下表面均无茸毛；成龄叶片较厚，深绿色，心脏形，叶缘稍向上翘，呈漏斗状，5 裂，上下侧裂中等深，叶柄洼呈闭合椭圆形，叶缘锯齿大，稍钝。两性花。果实耐贮运性中等。该品种抗病性较弱，抗逆性较强。

在华北地区，该品种于 4 月中旬萌发，5 月中旬开花，9 月中旬至下旬果实成熟，从萌芽到果实成熟需要 150 天左右。

图 3-45 红宝石无核

（13）摩尔多瓦（图 3-46）。晚熟，欧美杂交种，二倍体。由摩尔多瓦共和国选育，亲本为 Guzali Kala×SV12375，1997 年引入我国。

果穗圆锥形或圆柱形，平均单穗重 385.0 克，果粒着生中等紧密。果粒短椭圆形，紫黑色或蓝黑色，着色一致，平均单粒重 8.0~9.0 克，最大果粒重 13.5 克。果粉厚。果肉柔软多汁，无香味，可溶性固形物含量为 16% 以上，含酸量高，是鲜食和酿酒兼用品种。自然坐果好，耐贮运。

生长势强。嫩梢黄绿色或绿色，稍有暗红色纵条纹，茸毛较密；新梢半直立。幼叶绿色，边缘有暗红晕，叶面和叶背均密被茸毛；成龄叶近圆形，大，叶缘上卷，全缘或 3 裂。该品种抗性较强，尤其是抗霜霉病、灰霉病，抗白粉病和黑痘病能力中等。抗旱、抗寒性较强。适合长廊、公园、庭院种植。

在河南郑州地区，该品种于 4 月初萌芽，5 月中旬开花，9 月果实成熟。

图 3-46 摩尔多瓦

（14）中葡萄8号（图3-47）。晚熟，欧亚种，二倍体。由中国农业科学院郑州果树研究所于2006年通过杂交选育而成，亲本为黑玫瑰×玫瑰香，2020年通过河南省林木果树品种审定委员会审定。我国北方和西部地区有少量栽培，适合于鲜食和制干。

果穗圆锥形，平均单穗重594.5克，果粒着生疏，整齐。果粒钝卵圆形，平均单粒重8.2克；果皮较厚，稍有涩味，黑色，果粉厚；果肉较软，无香味，酸甜，果肉汁液中等多，果肉颜色浅，可溶性固形物含量为17.5%以上。每个果粒有种子1~2粒。果粒不易脱落且无裂果现象，耐贮运。可在树上挂30天左右品质不变。

生长势较强。嫩梢绿色，梢尖半开张，有稀疏茸毛；成熟枝条横截面近圆形，表面光滑，呈红褐色。幼叶叶背绿色，有稀疏白色茸毛；成龄叶片楔形，深绿色，叶片中等大，叶背有稀疏茸毛。叶片3裂，上裂刻浅，轻度重叠，基部形状为V形；锯齿中等锐，形状为双侧凸；叶柄洼开张，基部U形。叶柄中等长，绿色。卷须分布不连续，中等长。节间中等长。两性花，一般着生在枝条的第3~4节。隐芽萌发力中等，副芽萌发力较强，萌芽率在81.3%左右。每个结果枝上平均花序数为1.6个。进入结果期早，一般定植第二年开始结果，盛果期建议亩产量控制在1 500.0千克左右。根据树势强弱和结果母枝的长短，冬季修剪原则是：强蔓长留，弱蔓短留；棚架前段长留，下部短留，同时剪除密集枝、细弱枝和病虫害枝。

图3-47　中葡萄8号

在河南郑州地区，该品种于3月底至4月初萌芽，5月中上旬开花，8月底浆果开始转色，9月下旬果实充分成熟。

（二）酿酒品种

1. 红葡萄酒品种

（1）赤霞珠（图3-48）。晚熟，欧亚种，二倍体。原产地为法国波尔多，在我国酿酒产区广泛栽培。

果穗圆柱形或圆锥形，带副穗，小或中等大，平均单穗重175.0克，果粒着生较为紧密。果粒圆形，紫黑色，平均单粒重1.3克；果皮厚，色素丰富；果肉多汁，有悦人的淡青草味，可溶性固形物含量为20%以上。每个果粒含种子2~3粒，出汁率为62%左右。抗病性较强，较抗寒。该品种酿制的葡萄酒，深宝石红色，醇厚，具有浓郁的黑加仑果香，滋味和谐，回味佳。

图3-48　赤霞珠

（2）品丽珠（图3-49）。晚熟，欧亚种，二倍体。原产地为法国波尔多，在我国酿酒产区有大面积栽培，常与梅鹿辄品种混栽。

果穗短圆锥形或圆柱形，带歧肩，中等大，单穗重200.0~450.0克，果粒着生紧密。果粒近圆形，紫黑色；果皮厚，果粉厚；果肉多汁，味酸甜，具有柔和的青草香味。每个果粒含种子2~3粒，出汁率为73%左右。抗逆性较强，耐盐碱，耐贫瘠，较抗白腐病、炭疽病。用其酿制的酒，宝石红色，果香与酒香和谐，解百纳香味适当，柔和，滋味醇正，酒体完美。

图3-49 品丽珠

（3）蛇龙珠（图3-50）。晚熟，欧亚种，二倍体。原产地不详，1892年由张裕酿酒公司从法国引入我国，在我国葡萄酒产区都有栽培。

果穗圆柱形或圆锥形，带歧肩，中等大小，平均单穗重193.0克，最大果穗重400.0克，果粒着生紧密。果粒圆形，紫黑色，平均单粒重1.8克；果皮厚；果肉多汁，有浓郁青草香味。每个果粒含种子2~3粒，出汁率为75%左右。抗病性较强。用其酿制的酒，宝石红色，晶亮，爽口，具解百纳醇正的果香，醇厚协调、结构完美、酒体丰满。

（4）梅鹿辄（图3-51）。又称梅露辄、美乐、梅尔诺等，晚熟，欧亚种，二倍体。原产地为法国波尔多，为近代著名的酿酒葡萄品种。

果穗圆锥形，带副穗，平均单穗重189.9克，果粒着生中等紧密。果粒短卵圆形或近圆形，紫黑色，平均单粒重1.8克；果皮较厚，色素丰富；果肉多汁，有柔和的青草香味。每个果粒含种子2~3粒，出汁率为74%左右。植株生长势强，结果早，易早期丰产。抗病性较强。用其酿制的酒，宝石红色，酒体丰满柔和，解百纳香型，比较淡雅。

图3-50 蛇龙珠

（5）北冰红（图3-52）。中晚熟，山欧杂种，二倍体。由中国农业科学院特产研究所育成，亲本为左优红×84-26-53（山-欧F2代葡萄品系）。

果穗圆锥形，平均单穗重159.5克，果粒着生中等紧密。果粒圆形，蓝黑色，平均单粒重

1.3 克；果皮较厚，韧性强；果肉绿色，无肉囊，可溶性固形物含量在 20% 以上。每个果粒含种子 2~4 粒，出汁率为 67% 左右。抗寒性近似贝达，抗霜霉病。用其酿制的冰红葡萄酒，深红宝石色，酒质好。

图 3-51　梅鹿辄

2. 白葡萄酒品种

（1）雷司令（图 3-53）。晚熟，欧亚种，二倍体。原产地为德国，是德国酿制高级葡萄酒的品种。

果穗圆锥形，带副穗，少数为圆柱形，平均单穗重 190.0 克，果粒着生紧密。果粒近圆形，黄绿色，有明显的黑色斑点，平均单粒重 2.4 克；果粉及果皮均中等厚；果肉柔软，汁中等多，味酸甜。每个果粒含种子 2~4 粒，出汁率为 67% 左右。抗病力较弱，易感染毛毡病、白腐病和霜霉病。用它酿制的葡萄酒酒精含量在 11° 以上，浅金黄微带绿色，澄清透明，果香浓郁，醇和协调，酒体丰实、柔细爽口，回味绵延。

（2）霞多丽（图 3-54）。中晚熟，欧亚种，二倍体。原产于法国，在我国酿酒产区有大面积栽培。

果穗歧肩圆柱形，带副穗，平均单穗重 142.1 克，果粒着生紧密。果粒近圆形，绿黄色，平均单粒重 1.4 克；果皮薄，较粗糙；果肉软，汁多，味清香。每个果粒含种子 1~2 粒，出汁率为 73% 左右。抗病性中等，易感染白腐病，树体感染病毒病后，易形成小青粒，对品质影响大。用其酿制的酒，淡柠檬黄色，澄清，优雅，果香微妙悦人。

图 3-52　北冰红

图 3-53　雷司令

图 3-54　霞多丽

（三）砧木品种

目前，世界上常用的砧木品种主要来源于河岸葡萄（*Vitis riparia*）、沙地葡萄（*Vitis rupestris*）、冬葡萄（*Vitis berlandieri*）、霜葡萄（*Vitis cordifolia*）、甜山葡萄（*Vitis monticola*）、香槟尼葡萄（*Vitis champinii*）、圆叶葡萄（*Vitis rotundifolia*）、美洲葡萄（*Vitis labrusca*）和欧洲葡萄（*Vitis vinifera*）等野生种及其之间的杂交后代。其中以河岸葡萄 × 沙地葡萄、冬葡萄 × 河岸葡萄和冬葡萄 × 沙地葡萄的杂交后代应用最为广泛。

河岸葡萄和沙地葡萄杂交得到的砧木系列包括 3306C、3309C、101-14MG 和 Schwarzmann 等。这些品种与河岸葡萄、沙地葡萄一样，容易生根和嫁接，且对根瘤蚜抗性好。同时，这些品种比河岸葡萄品种具有更深的根系、更强的耐旱性和抗病性，但是在钙质土壤中的耐受性较差。

冬葡萄和河岸葡萄杂交育成的砧木系列包括很多重要的砧木品种，如 SO4、Teleki 5C、Kober 5BB 和 420A 等。这些砧木通常具有易生根、嫁接亲和性好、可适应潮湿地区等特点。此外，还具有良好的抗根瘤蚜能力和适应石灰质土壤的特性。

冬葡萄与沙地葡萄的杂交后代包括 110R、140RU、1103P 等品种。这些砧木品种具有良好的抗旱能力，能适应排水良好的土壤和石灰质土壤，且对根瘤蚜有很强的抗性。

我国鲜食葡萄生产中常用的砧木品种及特点如下：

1. 国外引进砧木品种

（1）5BB（冬葡萄 × 河岸葡萄）。法国培育的葡萄砧木品种，从美国引入我国，抗根瘤蚜，抗线虫，耐石灰性土壤。植株生长旺盛，一年生枝条长，副梢抽生少，扦插生根率高，嫁接成活率高，并有提高接穗品种品质、提早成熟和着色好的作用，坐果和产量中等。嫁接部分靠近地面时，接穗易生根和萌蘖。

（2）SO4（冬葡萄 × 河岸葡萄）。原产于德国，从法国引入我国。抗根瘤蚜，抗根结线虫，耐盐碱，耐湿，不抗旱。植株生长旺盛，扦插易生根，与大部分品种嫁接亲和力好，嫁接后产量提高，但稍有"小脚"现象。

（3）贝达（河岸葡萄 × 美洲葡萄）。原产于美国，从美国引入我国，多在东北及华北地区做抗寒砧木栽培。植株生长势强，适应性强，抗病、抗湿、抗旱能力强，特抗寒，在华北地区可以不埋土安全越冬。扦插易生根，与欧亚种或欧美杂交种嫁接时，亲和力较好，适于做抗寒、抗涝砧木。

（4）3309C（河岸葡萄 × 沙地葡萄）。原产于法国。抗根瘤蚜、抗根癌病强，抗寒性、抗旱性、耐盐碱、耐石灰性中等。植株生长势较旺盛，对干旱敏感，不适应干旱条件，也不适合潮湿、排水不良的土壤，扦插生根率高，嫁接成活率高。

（5）1103P（冬葡萄 × 沙地葡萄）。原产意大利。抗根瘤蚜，较抗旱，耐湿，耐盐碱，耐石灰性土壤。植株生长势旺，扦插和嫁接成活率高。

2. 我国自育砧木品种

（1）华佳8号。华欧杂种，由上海市农业科学院园艺研究所培育，亲本为华东葡萄×佳利酿，2003年通过上海市品种认定，在上海、江苏、浙江等地有一定面积栽培，适合南方地区应用。对土壤适应性强，抗湿，耐涝，较抗黑痘病。植株生长势强，根系发达，与欧美杂交种品种嫁接亲和力好，可明显增强嫁接品种的生长势，并可促进早期结实、丰产、稳产。

（2）抗砧3号。由中国农业科学院郑州果树研究所培育，亲本为河岸508×SO4，2009年通过河南省林木品种审定委员会审定。抗病性强，耐盐碱，高抗根瘤蚜和根结线虫，在新梢生长期易受绿盲蝽为害，耐盐碱，抗寒性强于巨峰与SO4，但弱于贝达。与生产上常用品种嫁接亲和性良好，对土壤的适应性强。植株生长势强，枝条生长量大，副梢萌芽力强。

（3）抗砧5号。由中国农业科学院郑州果树研究所培育，亲本为贝达×420A，2009年通过河南省林木品种审定委员会审定。抗病性强，耐盐碱，高抗根瘤蚜和根结线虫，适应性广。植株生长势强，嫁接品种连年丰产稳产，表现出良好的适栽性，与生产上常见品种嫁接亲和性良好，偶有"小脚"现象。

第四章

设施葡萄高标准建园与定植

一、园地选择

设施葡萄园的选址极其重要，是葡萄生产能否成功的关键因素之一。因此，设施葡萄园的园地选择需要综合考虑葡萄生长对环境和土壤的需求、地形地貌、气候条件、目标市场、前茬作物等多种因素。

（一）地理位置

葡萄不耐贮运，尤其是鲜食品种，因此，一般应在城市近郊，铁路、公路和水路沿线，交通方便的地方建园。尤其是以采摘或休闲观光为主的园区，应尽量选择城市或县区的近郊、中高消费人群分布相对集中的地段，如交通要道或旅游观光区周边。另外，设施葡萄园应适当远离公路，避免尘土沾染塑料棚膜，影响透光率。

（二）土壤条件

葡萄对土壤的适应性强，一般土壤都可以生长。选择土层深厚的冲积土、壤土、黏壤土、砂壤土和轻黏土建园相对较好，一是此类土壤春季温度回升较快，葡萄发芽早，可提早成熟；二是此类土壤昼夜温差较大，利于养分积累，可以提高果实品质；三是此类土壤的通透性好，有利于根系生长，但应注意增施有机肥和防止漏肥漏水。需要注意的是重黏土和盐碱地一般不宜建园，需要通过增施有机肥等措施对土壤进行改良后再建园。

（三）气候条件

葡萄对气候的适应性强，在我国各地均可种植。因为不同葡萄品种在生长期中要求大于10℃的活动积温达到一定数值，才能满足该品种从萌芽到浆果成熟对热量的需求，因此，需要根据葡萄建园地区的温度、降水量等因素选择不同的栽培模式，如北方多采用保温设施栽培，南方多采用避雨栽培。

（四）目标市场

葡萄园的目标市场就是生产的果品要面对的消费对象或消费群体。若主要用于果品批发，可以选择在靠近批发市场或者方便找劳动力的地段建园；若主要用于采摘或休闲观光，则应建在城市近郊，便于吸引周末及节假日的游客。

（五）前茬作物

建园前，应调查该地的前茬作物是否与葡萄有重茬或者忌避。若前期种植葡萄等果树，容易产生重茬障碍或者毒害，需要进行土壤消毒和改良，最好先种两年豆科作物或其他绿肥植物进行土壤改良；若前期种植甘薯、花生、番茄、黄瓜等容易感染根结线虫的作物，需要查看作物根系上是否有根结或腐烂，再决定是否需要进行土壤消毒和改良。此外，还要调查周边的防风林或自然植被，看是否有与葡萄共生的病虫害等的发生。

二、园区规划

（一）电源水源

在选择设施葡萄园地时，首先要考虑电、水源位置。葡萄生产过程中，无论是打井提水，修建温室、冷库，还是灌水打药都离不开电源，因此，电源建设是重中之重。葡萄生长期需水量大，大面积发展葡萄生产必须具有水源条件。水源包括河水和井水，其水质应符合环境标准及葡萄生产的需要。规划区水源地应尽量设在地势偏高作业区的中心，以便于拉电提水，节省费用。

（二）田间区划

通常根据地块形状、道路及水利设施等条件，确定作业区面积。平地建园，一般5~15亩为1个小区，4~6个小区组成1个大区，小区以长方形为宜，长边与葡萄行向垂直，便于田间作业，葡萄行的长度以35~50米为宜，过长不利于管理和通风（图4-1）。山地建园，一般5~10亩为1个小区，并以坡面等高线为界，确定大区面积，小区的长边与等高线平行，便于灌、排水和机械作业。

图4-1　葡萄园作业区设置（拍摄于河南省农业科学院园艺研究所试验基地）

（三）道路规划

设施葡萄园的道路应根据园区面积确定。规模较大的葡萄园及观光采摘园需要通畅的道路系统，应设置主道、支道和田间作业道。主道位置要适中，贯穿全园，与园外交通大道相通，贯通园内各大区和主要管理场所，并与各支道相通，组成园内交通运输网；主道应方便果品车辆运输，宽度一般为4~8米。支道与主道垂直设置，与各设施相通，一般居中或围绕全园，宽度一般为4米左右，利于果园机械在行间转弯作业。田间作业道是临时性道路，与支道垂直设置，是作业及运输的通道，应方便喷药、耕作等机械的田间操作，宽度也不宜过窄（图4-2~图4-4）。

图4-2　葡萄园主道

图4-3　葡萄园支道

图 4-4　葡萄园田间作业道

　　道路规划还应兼顾到单行种植葡萄的株数，而株数的确定，要结合两立杆间的间隔距离进行。为了兼顾果园的外观效果，单行种植的葡萄株数应为两立杆间距离的整数倍数。这样，立杆在田间才能整齐一致，保证各个方向都在一条直线上。

（四）排、灌水系统

　　目前，设施葡萄园的灌溉系统多采取水肥一体化装置，即在灌水时，将肥料一起滴入葡萄根系，便于葡萄吸收利用，省工省时，节约高效（图 4-5）。灌溉系统一般由主管道、支管道和田间管道三级组成。主管道与水源连接，主管道和支管道建设时，最重要的是要防止接口处漏水。由于主管道埋入地下，一旦漏水，很难发现。在冬季较冷天气施工时，

图 4-5　水肥一体化系统

可在管口对接前使用热水或其他措施进行加热。另外，灌溉系统建设时，需要注意两点：一是要防止出水口被沙粒或异物堵塞，影响正常使用。这需要在打井时，对有关设备采取措施，以保证沙粒被过滤。此外，在主管道上也要安装过滤系统。二是要防止滴灌管距离过长时，管道两端出水量产生较大差异，对葡萄树生长发育带来影响。

当葡萄定植行的长度较长时，距离管道较近的地方出水量相对较大，管内水压较小时更是如此。因此，为了减少流量上的差异，每定植方的主管道应尽量埋设在园地中央与定植行向垂直的位置，掩埋深度以不受田间作业影响为准。

灌溉系统应在葡萄定植前建设，既要考虑到定植当年的短期效果，又要考虑到葡萄进入结果期以后的长期效果。葡萄定植当年以膜下滴灌为主，每行葡萄用1~2条滴灌管道，肥水同时供应，以促进幼树快速生长。葡萄进入结果期后，根系多延伸至葡萄行间，一行葡萄需要配置2~4条滴灌管，左右两侧各1~2条，与定植行保持在60厘米范围内（图4-6）。因此，在滴灌管道施工时，需要兼顾到当年及以后。另外，在葡萄进入结果期后，也可采用微喷灌进行肥水供应。

树行两侧各1条滴灌管　　　　　树行两侧各2条滴灌管　　　1条喷灌管＋树行两侧各1条滴灌管

图4-6　滴灌管道

设施葡萄园需要高度重视排水设施的建设，以便于及时将雨水排出。排水系统通常沿果园道路边缘建设。葡萄行间地面比树行高度略低，以便排水（图4-7）。条件较好的园区，可以埋设排水管道进行暗管排水，为了防止排水管被泥土堵塞，排水管外用无纺布包裹（图4-8）；葡萄小区外的排水可以设置暗排或安装排水管，条件较差的园区，可以使用排水沟渠（图4-9）。

图 4-7　葡萄行间地面排水沟

葡萄行间排水管埋设　　　　　　　　　　葡萄行间排水管埋设

图 4-8　葡萄行间暗排

排水管　　　　　　　　　　　　　　　　暗排

排水沟（1）　　　　　　　　　　　　　排水沟（2）

图 4-9　葡萄园外排水系统

（五）葡萄长廊

随着社会的发展，具备生态旅游、科普教育、赏花品果、休闲度假的观光农业在我国迅速发展起来。葡萄长廊是利用果园道路，将葡萄种在道路边上，枝蔓架在道路上方，占天少占地，既可以遮阴乘凉，还可以享受美果。生产中常见的葡萄长廊有图 4-10 中展示的几种。

图 4-10　葡萄长廊

三、土地整理

土地整理是保障葡萄当年和以后健康生长的基础，尤其是以优质、精品葡萄为生产目的的园区，更应该重视定植前的土壤改良。

（一）清除植被

在荒地建园时，荒地经常长有树木、杂草等植被，应将原有植被连根清除；在种植过农作物的土地建园时，应将原作物彻底清除，再进行土壤消毒，消毒剂可用 50% 辛硫磷乳油 2 000 倍液或 48% 维巴亩（保丰收）水剂或二氯丙烯，然后翻入深 30 厘米左右的土壤中。尽量与原作物定植行错开定植。

（二）土壤改良

葡萄定植前需要进行土壤改良，一般每亩地施入5~10吨有机肥。有机肥的使用以草食动物的粪便、各种作物秸秆为主，如牛粪、羊粪，充分腐熟的玉米秸秆、小麦秸秆等。这些有机肥对改良土壤结构效果较为明显。

规模及种植密度较大的园区，可将有机肥均匀地撒到园区内，进行全园旋耕，然后以定植线为中线，整理起垄。起垄后，灌足水，沉实后待栽。

葡萄根系的分布深度一般在1米以内，规模及种植密度较小的园区，可进行深层改土，以疏松土壤、改善土壤结构，促进微生物活动，提高土壤肥力，扩大根系分布和吸收范围，增强树势和提高产量。土壤改良的方法主要有两种。一种方法是覆盖改土（图4-11），先将有机肥撒到定植行上，再用旋耕机深挖土壤与有机肥混匀（图4-12），最后平整起垄（图4-13）。另一种方法是挖沟改土，先挖定植沟（图4-14），然后将挖出来的园土与有机肥混匀后，再回填入定植沟中（图4-15），沟底可放入秸秆、稻草、枝条等透水透气性好的杂物，最后平整起垄。建园定植前的深翻或挖定植沟的深度通常为35~50厘米，但在地下水位高的地段翻耕不宜过深。土壤中有石砾或纯沙不良结构层的园地，深翻的深度以不超过不良结构层为宜。

注意事项：挖定植沟宜在栽种前一年秋季进行，可以减少春季定植时的压力，并且可使挖出的深层土进行风化。

图4-11　覆盖改土

图4-12　深翻旋耕

图 4-13　平整起垄

图 4-14　开沟改土

图 4-15　回填

苗木定植后，每年在定植行的一侧或两侧挖宽 30 厘米左右、深 30 厘米左右的施肥沟，按照每亩 2~3 吨有机肥的量逐年向外扩沟施肥（图 4-16）。另外，葡萄行间还可种植豆科植物进行改土。有机肥的种类包括商品有机肥、腐熟的畜禽粪便、秸秆肥、绿肥、菌菇渣、稻壳等。

图 4-16 扩沟施肥

（三）土壤消毒

土壤消毒包括日光高温消毒和药剂消毒。

1. 日光高温消毒　在夏季 8 月高温季节，将农家肥施入土壤，深翻 30~40 厘米，灌透水后，用塑料薄膜平铺覆盖密封土壤一个月以上，使土壤温度达到 50℃以上，杀死土壤中的病菌和线虫。在翻地前，可先撒生石灰，再翻地、灌水、覆塑料膜，使地温升得更高，杀菌、杀虫效果更好。

2. 药剂消毒　利用土壤消毒机或土壤注射器将熏蒸药剂如溴甲烷、三氯硝基甲烷、福尔马林等注入土壤，然后在土壤上覆盖塑料薄膜，杀死土壤中的病菌。

四、品种选择

（一）根据适应性选择品种

1. 抗寒性要求　发育正常的葡萄枝条可耐 -17~-15℃的低温，低于此限度，枝条容易冻死。因此，在我国以年绝对最低气温 -17℃线为界，将葡萄栽培分为埋土防寒区和非埋土防寒区。此界位于河南的范县、鹤壁，向东到山东的济南、寿光、昌邑和莱州，向西到山西的晋城、垣曲、临猗，陕西的大荔、淳化、宝鸡直至甘肃的天水和四川的马尔康。此界以北为葡萄埋土防寒区，以南为非埋土防寒区。基于这样的划分，在北方，冬季采用埋土防寒可使葡萄植株顺利过冬；在南方，由于冬季温度较高，植株不埋土也可安全过冬。分界线附近的地区，冬季如果不采取埋土防寒措施，应注意选用抗寒品种，如摩尔多瓦、巨峰系品种、部分早熟品种等。抗寒性差的品种在此地区种植，冬季应注意埋土防寒。一般来说，早熟品种比较抗寒，而晚熟品种抗寒性稍差。

2. **抗病性要求**　淮河以南的地区，由于夏季雨水较多，葡萄病害发生严重，应采取避雨栽培。在此地区种植葡萄，如果不采用避雨栽培，应注意选用巨峰系品种或其他抗病品种，以减轻病害造成的损失。

3. **丰产性要求**　不同的气候条件也会影响葡萄品种特性的发挥，同一葡萄品种在西部干旱少雨地区生长势较弱，在中南部雨水较多地区则生长旺盛。因此，选择品种时，要注意结合当地的气候条件，西部干旱少雨地区可以选择生长势较强的品种，如克瑞森无核、森田尼无核等，而中南部雨水较多地区可以选择生长势中庸或偏弱的品种。

4. **砧木的适应性**　葡萄苗木可以分为自根苗与嫁接苗。葡萄苗木嫁接的目的是提高品种对不良环境的适应性。目前，生产上常用的砧木均具有较好的适应性，如SO4耐石灰质土壤，抗湿性强，耐盐碱性好，抗根瘤蚜和根结线虫，高抗根癌病；贝达根系发达，抗寒性、抗旱性、抗湿性和抗病性均较强；5BB抗根瘤蚜，抗根结线虫，耐旱和耐石灰质土壤能力较强，嫁接植株生长旺盛。因此，生产上要根据当地的气候及土壤等条件有针对性地选择砧木。

（二）根据栽培模式选择品种

1. **避雨栽培**　避雨栽培可以避免葡萄植株与雨水的直接接触，生长环境得到大幅改善，大多数品种均适宜种植。若田间排水设施完备，水分供应充分，可以选择露地栽培时有裂果倾向的优良品种，发挥其品质优良的特点，供应高端市场，获得较高的经济效益。

2. **促早栽培**　保护地促早栽培，品种应选择需冷量低、耐弱光、花芽易分化、坐果率高、散射光着色好、果实生长发育期短的早熟或极早熟品种，如夏黑、早黑宝、郑艳无核、维多利亚等。保护地促早栽培不宜种植中熟或晚熟品种，但在早熟品种大面积栽培地区，适当地选择一些有特色的中、晚熟品种（如阳光玫瑰、巨玫瑰等），利用优质、需求量大、季节性稀缺、观赏性强等优势，也是一种较好的尝试。在日光温室、多膜温室大棚栽培中，因葡萄提早成熟幅度较大，也可以适当选择优质中、晚熟品种，提高成熟，错季销售，提高售价，如阳光玫瑰、浪漫红颜等。

3. **延迟栽培**　利用日光温室或塑料大棚等进行延迟栽培，可以使晚熟品种发育期推迟并延迟采收，在较冷的季节成熟，以获得较高的经济效益。应选择晚熟或极晚熟的优良品种，如阳光玫瑰、红地球、圣诞玫瑰、浪漫红颜等。

（三）根据种植规模选择品种

种植面积也是影响品种选择的重要原因之一，种植面积较大时，为了避免集中成熟销售困难，不但要考虑品种的挂果期，还要考虑品种的耐贮运性。生产中，选用优质、挂果期长的品种，以早熟品种作为早、中熟品种种植，中熟品种作为中、晚熟品种种植，在市场上具有更强的竞争力。巨峰、户太8号、阳光玫瑰等欧美杂交种具有丰产、抗病、易管理、挂果期长等优点，适宜大面积种植。

（四）根据目标市场选择品种

1. 批发市场 以批发市场为目标，可以采取产量优先、兼顾品质的策略，选择丰产性好、易管理、抗病性强的葡萄品种，且品种数量不宜过多，如阳光玫瑰、巨峰、红地球等。

2. 休闲观光采摘 以休闲观光为目标，品种选择应以优质高效为生产目的较为合适，优先发展品质优良的品种，如夏黑、巨玫瑰、巨峰、阳光玫瑰、新雅、浪漫红颜等。此外，还可以选择外观奇特的品种，如美人指、金手指等。为了满足不同时期、不同类型消费者的需求，葡萄品种的选择应尽量丰富，如红色、黑色、绿色品种搭配，早、中、晚熟品种搭配，无核、有核品种搭配等。

五、定植技巧

（一）苗木选择

优质葡萄苗木是促进当年良好生长、第二年获得稳定产量的基础，也是实现葡萄优质高效生产的关键。因此，生产上应优先选择高质量的苗木或质量好的脱毒苗木。葡萄苗木质量标准如表4-1、表4-2所示。

表4-1 葡萄自根（插条）苗木质量标准

项目		级别		
		一级	二级	三级
品种纯度		≥98%		
根系	侧根数量（条）	≥5	≥4	≥4
	侧根粗度（厘米）	≥0.3	≥0.2	≥0.2
	侧根长度（厘米）	≥20	≥15	≤15
	侧根分布	均匀、舒展		
枝干	成熟度	木质化		
	枝干高度（厘米）	≥20		
	枝干粗度（厘米）	≥0.8	≥0.6	≥0.5
根皮与枝皮		无损伤		
芽眼数（个）		≥5		
病虫为害情况		无检疫对象		

表4-2　葡萄嫁接苗木质量标准

项目			级别		
			一级	二级	三级
品种与砧木纯度			≥98%		
根系	侧根数量（条）		≥5	≥4	≥4
	侧根粗度（厘米）		≥0.4	≥0.3	≥0.2
	侧根长度（厘米）		≥30		
	侧根分布		均匀、舒展		
枝干	成熟度		充分成熟		
	枝干高度（厘米）		≥20		
	嫁接口高度（厘米）		10~15		
	粗度	硬枝嫁接（厘米）	≥0.8	≥0.6	≥0.5
		绿枝嫁接（厘米）	≥0.6	≥0.5	≥0.4
	嫁接愈合程度		愈合良好		
	根皮与枝皮		无新损伤		
接穗品种芽眼数（个）			≥5	≥5	≥3
砧木萌蘖			完全清除		
病虫为害情况			无检疫对象		

注：数据来源葡萄苗木质量标准 NY 469—2001。

一级苗木：品种、砧木纯度在98%以上，有5条以上粗0.3厘米、长20厘米以上的根（自根苗），侧根分布均匀；嫁接苗接口全面愈合。无机械损伤，无病虫为害（图4-17）。

二级苗木：品种、砧木纯度在98%以上，有4条以上粗0.2厘米、长15厘米以上的根（自根苗），侧根分布均匀；嫁接苗接口全面愈合。无机械损伤，无病虫为害。

扦插苗木

嫁接苗木

图4-17　葡萄优质苗木

此外，选好苗木后，也可培育大苗后再进行定植，以便于定植时苗木健壮整齐，有利于提早投产。生产中，通常用底部带有孔眼的塑料袋（或无纺布袋）等容器培育苗木（图4-18）。

图 4-18　无纺布袋培育葡萄大苗

温馨提示：为了防止苗木不发芽或苗木死亡造成空株现象，购买的苗木数量应比计划定植的数量多 5% 左右，多余的苗木可以用无纺布袋种植，需要补苗时，直接用无纺布袋大苗进行更换，以保证园区苗木整齐，利于正常投产。

（二）苗木处理

1. 淡肥水浸泡　葡萄苗木在冬季贮藏的过程中会失水，为了提高成活率，可以在定植前用 1% 过磷酸钙水溶液浸泡苗木（图 4-19），以促进苗木生命活动，利于生根发芽。浸泡时间一般为 12~24 小时，失水严重的苗木可以适当延长浸泡时间。

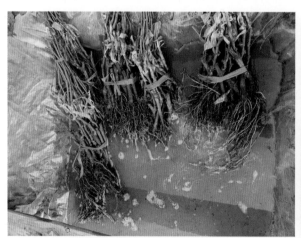

图 4-19　葡萄苗木浸泡

2. 药液浸泡　为了杀灭苗木所带的病菌害虫，在苗木浸泡后，应对其进行药剂处理，常用的药剂有辛硫磷、多菌灵、石硫合剂等。因苗木枝条还处于休眠期，且浸泡过水，杀菌剂浓度可以适当增加，如 50% 多菌灵可湿性粉剂 100~200 倍液、3~5 波美度的石硫合剂或 1 000 倍辛硫磷和 1 000 倍嘧菌酯混合液等浸泡 12~24 小时。

3.**苗木修剪** 定植前，需要对苗茎及根系较长的苗木进行修剪。较短的苗茎可以促进苗木生长的更加旺盛，而且芽眼较少时可以减少抹芽的工作量。修剪后，苗茎一般要保留 2~3 个饱满芽，根系保留长度一般在 20~25 厘米（图 4-20）。

| 修剪前 | 根系修剪 | 苗茎修剪 |

图 4-20 葡萄苗木根系苗茎修剪

（三）苗木定植

1.**定植时期** 葡萄苗木通常在春季树液开始流动前定植，不同地区因根系开始活动时期不一致而存在一定差异。如中部地区一般在 3 月上旬开始定植。若采取地膜覆盖，土壤墒情较好，春季温度回升到一定程度时，也可以提前进行。一般苗木定植越早，生长越健壮。

2.**株行距** 葡萄的行向与地形、地势、光照和架式等密切相关。地势较平坦的葡萄园，一般为南北行向；山地葡萄园的行向，应与坡地的等高线方向一致，顺势设架，便于田间作业，且葡萄枝蔓由坡下向上爬，光照较好。

葡萄的株行距通常与树形、品种、栽培模式等有关。高宽垂架和高宽平架适合避雨栽培，适宜的株行距为（2.0~4.0）米 × 3.0 米，建议南北行向（图 4-21），每亩 56~111 株；T 形棚架适合连栋大棚和单栋大棚栽培，适宜的株行距为（2.5~3.0）米 ×（4.0~8.0）米，建议南北行向（图 4-22），每亩 28~67 株；H 形棚架（行向与架面平行）适合连栋大棚和单栋大棚栽培，适宜的株行距为（3.0~4.0）米 × 6.0 米，建议南北行向（图 4-23），每亩 28~37 株；单栋大棚厂字形棚架的适宜株距为 2.5~3.0 米，在大棚两侧距离棚边 0.5 米左右处各种植一行，建议南北行向（图 4-24 左图）；日光温室厂字形棚架的适宜株距为 2.5~3.0 米，在单栋大棚南侧或者北侧种植一行，东西行向（图 4-24 右图）。长势较旺的葡萄品种可以适当增大株距，长势较弱的品种适宜减小株距。此外，为了使葡萄尽早进入结果期，种植密度可以先密后稀，即前期定植株距小，后期通过间伐扩大株距。

图 4-21　高宽平架、高宽垂架（南北行向，架面与行向平行）

连栋大棚　　　　　　　　　　　　　　　　单栋大棚
图 4-22　T 形棚架（南北行向，架面与行向垂直）

图 4-23　H 形棚架（南北行向，架面与行向平行）

单栋大棚，南北行向　　　　　　　　　　日光温室、东西行向

图4-24　厂字形棚架

　　设施葡萄高标准建园时，应保证葡萄树在各方向均在一条直线上，既要沿着行向在一条直线上，又要垂直行向方向在一条直线上。人工种植时，在确保定植行在一条直线的基础上，可沿着定植行垂直方向拉线，按照株距移动种植。

　　3. 苗木种植　定植前，应综合考虑苗木种植与架材搭建，尤其是避雨栽培。一般情况下，先搭建架材，再种植苗木。若先种植苗木，需要标记架材搭建位置，并根据标记种植苗木。

　　定植时，首先根据株行距标出定植点，在定植点中心挖定植穴，定植穴的大小由苗木根系的长短及多少决定，一般为中间高，四周低；然后，将苗木放入定植穴，使根系向四周舒展，最上部距地表5~10厘米；接着，逐层埋土至略高于周围，压实；最后，轻轻向上提苗，使根系呈自然伸长状态，苗颈高出地面3~4厘米，并略向上架方向倾斜（图4-25、图4-26）。

图4-25　一年生苗木定植

图 4-26　两年生大苗定植

　　注意葡萄根系附近的土壤尽量不要有肥料，尤其是速效化肥，防止烧根。谨记定植不要过深，尤其是嫁接苗，嫁接口应露出地面 5 厘米左右（图 4-25 右图），切忌将嫁接口埋入土中。

　　若用大苗种植，可以在苗木同一高度剪截，以便发芽后生长整齐。

　　葡萄苗木定植当天须及时灌水（图 4-27），以促进成活，灌水后 2~3 天覆盖地膜（图 4-28）。地膜覆盖前，确保地面相对平整，无大块坷垃。覆盖时，地膜要紧贴地面，同时将小苗破膜露出，破口处尽可能小，并用碎土将小苗周围及地膜边缘压实，以保持土壤水分。

图 4-27　苗木定植后灌水

图 4-28　覆盖地膜

葡萄苗木定植后，注意保持根部湿润，不需要施化学肥料。待新梢长至 20 厘米左右、卷须长出后，开始施肥，每 15~20 天施一次。可用尿素（1:50）灌根，或在苗干周围 15~20 厘米内撒施尿素，每株 25 克左右，施肥后灌水。7 月份以后施氮磷钾复合肥，每月 1 次，每株 50 克左右，距离主干周围 20~25 厘米撒施或浅沟施入后灌水。9 月以后不再施化学肥料，10 月以后开沟施有机肥。

定植大苗后，要及时竖立竹竿绑缚主干；定植小苗时，可以在发芽后再竖立竹竿（图 4-29）。

图 4-29　葡萄苗木定植后竖立竹竿

（四）葡萄立架

葡萄属于藤本植物，必须搭架才能直立生长，立架通常由立杆、地锚和牵丝组成。

1. 立杆

（1）水泥柱。目前，我国生产上使用较多的立杆是水泥柱（图 4-30）。在一行葡萄中，位于边缘的立柱叫边柱，位于中间的立柱叫中柱。由于受力大小不同，水泥立杆的边柱和中柱采用的规格也不相同。一般中柱为 10 厘米 × 10 厘米或 8 厘米 × 8 厘米或 8 厘米 × 10 厘米，边柱为 12 厘米 × 12 厘米或 10 厘米 × 12 厘米。

图 4-30　水泥柱立杆

（2）镀锌钢管。设施葡萄园常用的镀锌钢管有圆钢管和方钢管（图4-31），圆钢管的直径一般为4~5厘米，常采用热镀锌钢管，下端埋入土中50厘米左右，使用沙石、水泥做柱基，柱基直径为15~20厘米（图4-32）。

圆钢管　　　　　　　　　　　　　　　　　　　方钢管

图4-31　钢管立杆

图4-32　水泥柱基

为了防止边柱受力内缩，常用地锚从外侧牵引或用立杆从内侧支撑。生产上常见的边柱埋设方式有倾斜埋设、直立埋设和双边柱（图4-33）。水泥立杆一般间隔4~6米竖立一个，下端埋入土中50~60厘米。避雨栽培时，因受力加大，立杆的设置密度和埋入深度应适当增加。

水泥桩边柱倾斜埋设　　　　　钢管边柱直立埋设　　　　　双边柱

图4-33 葡萄园边柱埋设方式

2.地锚 地锚埋在每行葡萄两端，起固定、牵引作用。通常采用外倾斜式埋设（图4-34）和内侧支撑埋设（图4-35）。地锚一般由水泥、沙石、钢筋制作而成（图4-36），规格可以根据定植行的长度、受力大小灵活设计，一般长、宽各0.4~0.5米，厚度10~15厘米。地锚掩埋深度一般根据受力大小确定，避雨栽培时，地锚掩埋深度一般在0.8米左右。不使用避雨栽培，掩埋深度可以适当浅些。

图4-34 地锚外倾斜式埋设

图 4-35　地锚内侧支撑埋设

图 4-36　地锚

3.牵丝　为了避免生锈，葡萄园牵丝一般使用热镀锌丝或铝包钢丝。热镀锌丝韧性大，容易弯曲、变形，使用时间长了之后架面会松动；铝包钢丝的硬度大，不容易弯曲、变形。另外，应根据位置和受力不同，选用不同粗度的牵丝（图 4-37）。在受力较大的位置，建议使用的牵丝直径为 2.0~2.2 毫米，其他位置的牵丝直径为 1.6 毫米。

图 4-37　牵丝

第五章

葡萄设施栽培

葡萄设施栽培是指利用避雨棚、塑料大棚和温室等保护设施，通过人工调节改善或控制设施内的环境因子（如光照、温度、湿度、二氧化碳浓度等），为葡萄的生长发育提供适宜的环境条件，进而达到某种生产目的的栽培模式。我国设施葡萄生产起步较晚，始于20世纪50年代初，是从庭院中发展起来的，但是规模化的生产栽培尚未发展起来。20世纪90年代，随着人民生活水平的提高与市场需求的扩大，设施葡萄栽培日趋兴起，成为葡萄栽培发展的新方向和新趋势。21世纪以来，我国设施葡萄技术体系已经较为完善，栽培类型多样，适合设施栽培的新品种新技术层出不穷，葡萄设施栽培进入稳定发展阶段。截至2019年底，全国葡萄设施栽培面积已经超过200千公顷，占葡萄栽培总面积的近30%，遍布全国，栽培类型有促早栽培、延迟栽培和避雨栽培等多种形式。

一、设施栽培的优点

（一）品种选择增加

我国中部及南部地区，因年降水量较大，露地栽培条件下，葡萄病害发生严重，部分地区仅巨峰系等抗病性强的品种能够种植成功，而品质优良的欧亚种葡萄受到限制。采取设施栽培后，有效地隔绝了雨水，葡萄生长环境得到极大改善，大多数葡萄品种均可种植，品种选择不再受到气候条件的限制。

（二）逆境为害减少

大多数葡萄病害（如霜霉病、炭疽病、白腐病等）的发生，需要有雨水参与才能进行，离开了雨水，其病菌孢子无法萌发侵染叶片及果实。采取设施栽培后，减少了雨水与葡萄叶片、果实和枝条的直接接触，缺少了水分的参与，病菌孢子不能萌发侵染，避免了大部分病害的发生。

（三）果实品质提高

采取设施栽培后，葡萄病害减轻，配合套袋，果实光洁度大幅度提高。同时，因雨水对地面的影响减小，相对干燥的土壤环境条件更有利于提高成熟期的果实含糖量，促进果实品质提高。

（四）花芽分化提升

采取设施栽培后，减少了雨水与地面的直接接触，在相对干燥的土壤条件下，土壤昼夜温差较大，水分供应得到适当控制，植株徒长减弱，更有利于葡萄花芽分化。

（五）经济效益提高

采用设施栽培后，因病害发生降低，药剂使用次数显著减少，既降低了管理成本，又降低了果面污染，提高了果品的食用安全性，果品售价有效提升，经济效益显著提高。此外，利用设施进行促早栽培，葡萄果实提早成熟、提早上市，价格显著提高。

二、常见的葡萄设施栽培类型

按照对葡萄生长成熟期的影响，葡萄设施栽培大致可以分为促早栽培、延迟栽培和避雨栽培三种类型。具体的栽培类型，有避雨栽培、单栋大棚栽培、连栋大棚栽培、日光温室栽培。这些栽培类型各有特点，应根据区域生态、经济基础、市场需要及品种特性等加以灵活应用。但不管采用哪种设施栽培类型，都要在确保绿色、优质、高产的前提下，尽可能地减少建园成本，在栽培中节约能源，实现节约成本，高效栽培。

（一）避雨栽培

避雨栽培是一种特殊的栽培形式，一般是通过避雨棚（将塑料薄膜覆盖在树冠顶部的一种简易设施）减少因雨水过多而带来的一系列栽培问题，是介于温室栽培和露地栽培之间的一种集约化栽培方式，以提高品质和扩大栽培区域及品种适应性为主要目的。避雨栽培最初由日本康拜尔早生葡萄短枝修剪拱棚式栽培发展而来。20 世纪 80 年代中期，上海农学院、浙江农业大学等单位引进日本避雨栽培技术，在当地开展了小面积葡萄避雨栽培试验，并获得成功。

葡萄生长期降水量过多，易引起病害发生，致使葡萄品质下降。为了防止雨水直接接触葡萄枝叶及果实，在葡萄藤架上搭建与行向一致的伞形塑料拱棚，并在地面上起高垄、铺设地膜，防止根系吸水过多，同时在行间设置排水沟，可以较大幅度减少雨水的影响，使多雨湿润地区的葡萄生产取得良好效果。目前，在我国南方及北方年降水量较大的地区已广泛使用。

1. 避雨栽培的类型　避雨栽培可以分为单行避雨栽培（简易避雨栽培）（图 5-1）和多行避雨栽培（连栋避雨栽培）（图 5-2）。单行避雨栽培的避雨棚拱杆之间有间隔，主要用于葡萄避雨；连栋避雨栽培的避雨棚拱杆之间相连接，既可以用于葡萄避雨，也可以将四周用塑料薄膜围起来用于葡萄促早。

图 5-1　葡萄简易避雨棚

单栋宽度 3.0 米连栋避雨棚（1）　　　　单栋宽度 3.0 米连栋避雨棚（2）

单栋宽度 6.0 米连栋避雨棚（1）　　　　单栋宽度 6.0 米连栋避雨棚（2）

图 5-2　葡萄连栋避雨棚

2.简易避雨棚的结构　简易避雨棚一般由立柱、横梁、钢丝、拱片、棚膜等组成。立柱可以用钢管或水泥柱，钢管有圆钢管和方钢管。横梁可以用角铁、钢管、钢丝等。钢丝最好用铝包钢丝，其次是热镀锌丝，根据受力不同选择不同粗度的钢丝。拱片可以用弧形镀锌钢管、镀塑钢管、镀塑铁管、毛竹片、铝包钢丝、纤维杆等（图5-3），长度根据架形而定，一般为2.5米，中心点固定在中间顶丝上，两边通过卡扣固定在边丝上（图5-4），每间隔0.6~0.8米一片。

镀塑铁管　　　　　　　　　　　　　　毛竹片

铝包钢丝　　　　　　　　　　　　　　纤维杆

图5-3　葡萄避雨棚拱片

图5-4　拱片卡扣

通常在萌芽前覆盖避雨棚膜，早覆膜可以起到保温作用，也不会碰掉或损伤即将萌发或已经萌发的幼芽。棚膜宽度根据避雨棚拱的长度而定，一般选用 2.6 米宽、0.06 毫米厚的 PVC 无滴膜或 PO 膜等，最好一年一换，保证避雨棚膜的透光率，采收后即可揭膜。

3. 简易避雨栽培的常用架式 简易避雨栽培常采用高宽垂架式、高宽平架式、V 形架等，株距 2.0~4.0 米，行距 3.0 米，起垄栽培，以保证第二年结果。之后，可适当间伐植株，加大株距。

（1）高宽垂架式。高宽垂架式避雨棚结构如图 5-5 所示。立柱高 3.0 米，垂直行距方向（东西向）每 3.0 米竖立一根，沿行距方向（南北向）每 4.0~4.5 米竖立一根，下端埋入土中 60 厘米，地上部分高 2.4 米。一般通过调节立柱埋入土中的深度来使立柱顶部高度保持一致，从而使避雨棚高度一致。

在立柱距地面 1.5 米处打孔，南北方向拉第一道热镀锌钢丝（或铝包钢丝）（直径 3 毫米），用于固定主蔓。在距地面 1.7 米处，架设横梁，横梁通常采用钢管（或三角铁），长 1.5 米。以横梁的中点向两边每隔 35 厘米处打孔，共打四孔，拉 4 道钢丝（直径 2.5 毫米），用于绑缚新梢，然后用热镀锌丝（铁丝）将每根立柱上的横梁与钢丝缠绕固定。

在距立柱顶端 3 厘米处打孔，南北向拉顶丝，并将顶丝固定在每根立柱顶端。

距立柱顶端 40 厘米处东西向使用钢管（直径 3.3 厘米）连通，中间使用钢丝（直径 3 毫米）连通，固定避雨棚两侧边丝。钢丝与钢管交叉处均用热镀锌丝连接，将每个小区连为一体，可有效提高避雨棚骨架的抗风能力。从立柱向横梁两边距 1.1 米处分别打孔，然后南北向拉边丝，边丝与相交的每根横梁用热镀锌丝固定（图 5-5）。

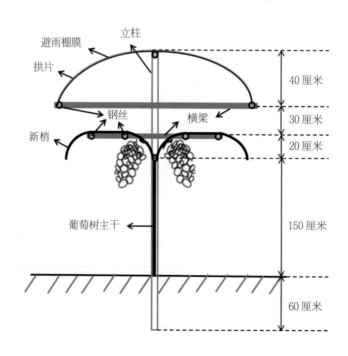

图 5-5 葡萄高宽垂架式避雨棚示意图

葡萄高宽垂架式避雨棚见图5-6。

图 5-6　葡萄高宽垂架式避雨棚

优点：结果部位较高（1.5米左右），离地面远，病虫害发生较轻；叶幕宽，后期发出的新梢可以下垂，增加叶面积；新梢在架面上水平生长，生长势减弱，有利于花芽分化；主蔓比架面低（20厘米左右），方便新梢顺势绑蔓，同时叶片可遮挡光照，减轻日灼发生。

缺点：枝条下垂，操作不便，通风环境差。

葡萄高宽垂架式生长季如图5-7所示。

图 5-7 葡萄高宽垂架式生长季

（2）高宽平架式。又称单干双臂水平 V 形架，为目前河南地区避雨栽培主推架式，主体结构与高宽垂架式避雨棚相近，不同之处是架面横梁增长，且架面横梁上的钢丝数量增加，具体示意图如图 5-8 所示。立柱长度 3.0 米，垂直行距方向（东西向）每 3.0 米立一根，沿行距方向（南北向）每 4.0~4.5 米立一根，下端埋入土中 60 厘米，地上部分高 2.4 米。如使用镀锌钢管作为立柱，建议边柱使用直径 5 厘米镀锌钢管，中间立柱使用直径 4 厘米镀锌钢管。避雨棚拱杆可以使用外径 2.13 厘米镀锌钢管或 6 毫米纤维杆，每间隔 60~70 厘米一根。避雨棚横梁和架面横梁建议使用外径 3.35 厘米镀锌管，中间横梁可以使用 10 号（3.25 毫米）钢丝或 7/2.2 钢绞线。避雨棚的顶丝和边丝使用 10 号（3.25 毫米）钢丝，架面上 6 根钢丝使用 14 号（直径约 2.03 毫米）钢丝，主蔓第一道钢丝使用 12 号（2.6 毫米）钢丝。其他参数如图 5-8 所示。

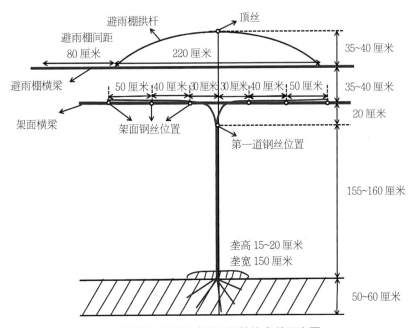

避雨棚拱杆
顶丝
避雨棚间距
80厘米
220厘米
35~40厘米
避雨棚横梁
50厘米 40厘米 30厘米 30厘米 40厘米 50厘米
35~40厘米
架面横梁
20厘米
架面钢丝位置
第一道钢丝位置
155~160厘米
垄高15~20厘米
垄宽150厘米
50~60厘米

图5-8 葡萄高宽平架式避雨棚结构参数示意图

葡萄高宽平架式避雨棚见图5-9。

图5-9 葡萄高宽平架式避雨棚

优点：果穗位置合理，省工省时；行间耕作，操作方便；三带（营养带、结果带、通风带）分明，通风透光好；新梢长势缓和，优质生产；枝蔓间有落差，便于顺势绑梢，遵循生长规律；避免高温烧叶、烧果。

缺点：绑蔓有些不方便，因长期操作踩踏，营养带易板结。

葡萄高宽平架式生长季如图 5-10 所示。

图 5-10　葡萄高宽平架式生长季

（3）V形架。生产中常用的 V 形架有两种，分别是双十字 V 形架和三角形 V 形架。该架式的主干高度为80~100厘米。双十字 V 形架结构有上、下 2 个横梁，长度分别为140~200厘米和60~100厘米，间距40厘米（图5-11、图5-12）。三角形 V 形架在立杆与葡萄主干等高处设 1 个小孔，拉 1 道钢丝固定主蔓，每个斜杆上还有 2~3 个小孔，分别拉 2~3 道钢丝；边丝在横梁两侧（图5-13、图5-14）。

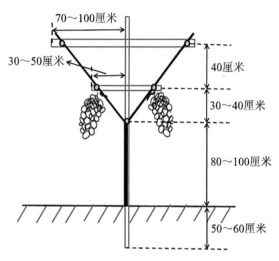

图 5-11　葡萄双十字 V 形架结构参数示意图

图 5-12　葡萄双十字 V 形架

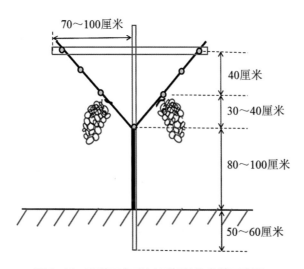

图 5-13　葡萄三角形 ∨ 形架结构参数示意图

图 5-14　葡萄三角形 ∨ 形架

优点：枝梢部位低，绑蔓、修剪易操作；方便搭建避雨棚。

缺点：结果部位低，比较费工；通风环境稍差，果实易日烧；枝条生长势旺，不利于结果。

4. 简易避雨栽培中需要注意以下管理要点

（1）塑料膜覆盖的时间一般在葡萄开花前，葡萄采收后揭膜。最好采用抗高温高强度膜，如 EVA、PO 膜等，可连续使用两年，建议生产中一年更换一次，提高透光率。

（2）葡萄萌芽后至开花前为露地栽培期，适当的雨水淋洗对防止长期覆盖所致的土壤盐渍化有益，此时需要注意灰霉病、黑痘病、绿盲蝽等病虫害对葡萄幼嫩组织的为害。

（3）覆盖后土壤易干燥，要注意及时灌水。滴灌是避雨栽培较好的灌水方式。

（二）单栋大棚栽培

1. 单栋大棚建设　单栋大棚一般采用钢架结构，南北方向，棚宽 8.0~10.0 米，长度根据立地条件而定，以 30.0~50.0 米为宜，拱杆间距 0.5~0.7 米，两棚间隔 2.0~2.5 米。棚内可设一排或三排立柱支撑棚体，立柱间距 4.0~5.0 米（图 5-15）。肩高和中高直接影响大棚结构的强度、采光、保温、管理操作等性能，高规格的葡萄大棚中高以 4.0~4.5 米为宜，肩高以 2.5~3.0 米为宜（图 5-16）。大棚越高，抗风能力下降，早春季节升温慢；大棚越低，棚面弧度越小，冬季易积雪造成塌棚，夏季降温慢易发生日灼。此外，种植蔬菜、草莓的大棚一般不适宜种植葡萄，此类大棚肩高较低，而葡萄架面较高，靠近棚肩的空间无法生长葡萄，造成大棚空间利用率低。

外部结构　　　　　　　　　　　　　　　　内部结构

图 5-15　葡萄单栋大棚

图 5-16　高规格葡萄单栋大棚

单栋大棚的通风口应设在大棚两侧的底部和肩部（图5-17）。前期放风要通过肩部，使棚内温度下降，且冷空气进入时有缓冲距离，不至于引起棚内温度剧烈波动。后期放风时，打开底部和肩部放风口，热空气从顶部散去，冷空气从底部进入，形成气流，降温速度快。

图5-17　葡萄单栋大棚通风口

单栋大棚覆膜时间应根据葡萄计划成熟时间来确定，在河南郑州地区，一般在1月中旬至2月初进行覆膜。棚膜建议使用10~12毫米厚度的EVA无滴防雾膜或PO膜，果实采收后即可揭膜。如果使用质量较好的棚膜，可以3年更换一次，但不宜使用时间过长，因为棚膜上容易粘上灰尘，影响透光率。

2. 单栋大棚葡萄常用架式　单栋大棚种植葡萄，可以采用T形棚架、厂字形棚架和高宽平架。

T形棚架建议在大棚中间种植一行，株距2.5~3.0米，主蔓向棚宽方向两侧生长（图5-18）。厂字形棚架可以在大棚两侧各种植一行，也可以仅在大棚一侧种植一行，葡萄行距离大棚边缘0.5米，主蔓向中间生长，株距2.5~3.0米（图5-19）。高宽平架根据大棚宽度在大棚中种植3~4行，行距3.0米左右（图5-20）。

图5-18　单栋大棚T形棚架

大棚两侧各种植一行（1）　　　　　　大棚两侧各种植一行（2）

大棚东侧种植一行　　　　　　　　大棚西侧种植一行

图 5-19　单栋大棚厂字形棚架

图 5-20　单栋大棚高宽平架

若为观光采摘园，建议主干高度为 1.8 米左右，架面高度为 2.0 米左右，棚架高度比主蔓高 20 厘米，以便顺势绑缚结果新梢。若为生产园，主蔓高度以 1.5 米、架面高度以 1.7 米为宜，便于作业。

（三）连栋大棚栽培

1. 连栋大棚结构　葡萄连栋大棚一般采用钢架结构，南北行向，单栋棚宽 6.0~8.0 米，肩高 2.5~3.0 米，顶高 4.0~4.5 米（图 5-21、图 5-22）。因北方冬季不揭棚膜、降雪可能压塌大棚，可将宽 8.0 米大棚分成两拱，每拱宽 4.0 米（图 5-23、图 5-24），这样拱的弧度增大，降雪容易滑落，不易造成大棚骨架压坏。大棚长度应根据立地条件调节，以 30.0~50.0 米为宜，便于通风。

图 5-21　葡萄连栋大棚（6.0 米宽）

图 5-22　葡萄连栋大棚（8.0 米宽）

图 5-23　葡萄连栋大棚（8.0 米宽分两跨外部结构）

图 5-24　葡萄连栋大棚（8.0 米宽分两拱内部结构）

在河南郑州地区，覆膜时间一般在 1 月中旬至 2 月初。因连栋大棚覆膜困难，生产上一般使用 10~12 毫米厚的薄膜，一次覆膜可以连续使用 3 年以上。但不建议使用过厚薄膜，因为随着使用时间增加，棚膜透光率逐渐降低，会影响葡萄生长和花芽分化。

2. 连栋大棚常用葡萄架式　连栋大棚栽培常采用 T 形棚架、H 形棚架等。根据棚宽，T 形棚架株行距一般为（2.5~3.0）米 ×（6.0~8.0）米，南北行向，主蔓向东西两侧生长（图 5-25~图 5-27）。H 形棚架株行距通常为（3.0~4.0）米 ×6.0 米，南北行向（图 5-28），结果母蔓与行向平行。主蔓高度为 1.7 米左右，棚架高度比主蔓高 20 厘米，为 1.9 米左右，以便顺势绑缚结果枝。

图 5-25　连栋大棚 T 形棚架（6.0 米宽）

图 5-26　连栋大棚 T 形棚架（8.0 米宽）

图 5-27　连栋大棚 T 形棚架（8.0 米宽分两跨）

图 5-28　连栋大棚 H 形棚架（6.0 米宽）

（四）日光温室栽培

1. 日光温室的结构　日光温室是以太阳能为主要能源，由保温蓄热墙体（北后墙和两侧山墙）、北向保温屋面（后屋面）和南向采光屋面（前屋面）构成，采用塑料薄膜或其他材料作为透光材料，并安装有活动保温被的单坡（屋）面温室（图 5-29）。日光温室栽培是指通过以上特定设施，创造适宜葡萄生长发育的环境条件，实现非栽培季节葡萄生产的一种栽培方式，可用于促早栽培和延迟栽培。

葡萄促早栽培是指利用塑料薄膜等透明覆盖材料的增温保温效果，辅以温度湿度控制，创造葡萄生长发育的适宜条件，使其比露地提早萌芽、生长、发育，浆果提早成熟，实现淡季供应，提高葡萄栽培效益的一种栽培类型。葡萄促早栽培在我国主要分布在辽宁、山东、河北、河南、宁夏、广西、北京、内蒙古、新疆、陕西、山西、甘肃和江苏等地，分布范围广，栽培技术较为成功，也是葡萄设施栽培的主要方向。截至目前，全国促早栽培面积超过 30 千公顷。

葡萄延迟栽培是指在春天气温回升时利用人工措施（如草帘覆盖、添加冰块、安装冷风机等）保持设施内的低温环境，使最高气温保持在生物学零度（葡萄生物学零度为 10℃）以下，延迟葡萄萌芽和开花，使浆果成熟期在常规季节之后，实现葡萄果品的淡季供应，提高葡萄经济效益的一种栽培类型。延迟栽培模式在我国主要集中在甘肃、河北、辽宁、江苏、内蒙古、青海和西藏等地，截至目前全国延迟栽培面积大约 300 公顷，以甘肃省面积最大，约占全国延迟栽培面积的 90% 以上。

图 5-29　日光温室结构

2. 日光温室常用架型　葡萄日光温室栽培常采用厂字形棚架、T形棚架、高宽平架等。厂字形棚架株距为2.5~3.0米，东西行向，在日光温室南侧距离棚边0.5米左右位置种植一行，主蔓沿日光温室斜坡向北方向生长（图5-30）。T形棚架可以在温室内种植1~3行，主蔓为南北方向（图5-31、图5-32）或东西方向（图5-33），株距为2.5~3.0米。

图5-30　日光温室厂字形棚架

图5-31　日光温室T形棚架（靠近北墙种植一行）

图 5-32　日光温室 T 形棚架（主蔓南北方向）

图 5-33　日光温室 T 形架（篱架改 T 形棚架，主蔓东西方向）

三、葡萄设施栽培的环境调控

设施栽培条件下的葡萄生长期管理既具有露地浆果生长期的一般共性要求，也有着保护地栽培条件下的不同要求。设施内适宜的光照、温度、湿度条件是保证浆果正常生长的重要条件，葡萄设施内的环境调控也成为管理的一项重要内容。

（一）光照调控

葡萄是喜光植物，对光照变化比较敏感，其光饱和点为 540~900 微摩 /（平方米·秒），光补偿点为 15~36 微摩 /（平方米·秒）。光照充足时，枝叶健壮，树体生长发育增强，贮藏养分增加，果实产量和品质提高；光照不足时，枝条徒长，叶片变薄，叶色变黄，光合能力下降，果实成熟晚，着色差，品质低劣。

设施内光照强度在垂直分布和水平分布上均存在差异，其中垂直分布差异最大。在垂直方向上，越靠近薄膜，光照强度越大，自上向下递减，每降低 1.0 米，光照强度减少 10%~20%。光照强度的水平分布规律一般为：南北方向的大棚，上午东侧光照强度高，西侧低，下午则相反，全天东西两侧平均光照强度差异不大；东西方向的大棚，平均光照强度比南北方向的大棚高，但南部光照强度明显高于北部，最大相差约 20%，光照在水平方向上分布不均匀。而对日光温室而言，南北方向上，光照强度相差较小，距离地面 1.5 米处，每向北延长 2.0 米，光照强度平均相差 15% 左右；东西方向上，山墙内侧有 2.0 米左右光照条件较差，温室越长，影响越小。

设施内的光照强度弱，光照时长短，光照分布不均匀，光质差，紫外线含量低等，都是葡萄设施栽培存在的主要问题，必须采取措施改善设施内的光照条件。常见的改善设施内光照条件的措施有以下几种：

从设施本身考虑，尽量提高透光率。需要建造方位适宜、采光结构合理的设施，尽量减少遮光骨架材料，采用透光性能好、透光率衰减速度慢的透明覆盖材料并经常打扫。常用的设施大棚棚膜有聚乙烯、聚氯乙烯、EVA 和 PO 等，其中综合性能最好的是 EVA，其次是 PO。

从环境调控角度考虑，应尽量延长设施内的光照时间，增加光照强度，改善光质。改善设施内光照条件的常用措施有挂铺反光膜，以增加散射光；利用生长灯进行人工补光以增加光照强度；安装紫外线灯补充紫外线，抑制营养生长，促进生殖生长，促进果实转色和成熟，改善果实品质；使用转光膜改善光质等（图 5-34）。

图 5-34 补光灯

从栽培技术角度改善光照。植株定植时应采用采光效果好的行向；合理密植，采用高光效树形和叶幕形；应用高效肥水利用技术，可显著改善设施内的光照条件，提高叶片质量，增强叶片光合性能；合理修剪，可显著改善植株光照条件，提高植株光合性能。

（二）温度调控

设施可以为葡萄生长创造先于露地生长的温度条件，设施内温度调节适宜与否，对葡萄在设施内的生长发育有重要影响。

1. 萌芽期 萌芽期升温快慢与葡萄花序发育和开花坐果等密切相关，升温过快，导致气温和地温不协调，会严重影响葡萄花序发育及开花坐果。调控时，应注意缓慢升温，确保气温和地温协调一致。

2. 花期 气温低于14℃时，会引起授粉受精不良，子房大量脱落，而35℃以上的持续高温则会造成严重日灼，导致严重的落花落果。此时期温度管理的重点是避免夜间低温和白天高温。

3. 浆果发育期 温度不宜低于20℃，积温因素对浆果发育速度影响最为显著，若热量积累缓慢，浆果糖分积累及成熟过程也会变慢，果实采收期延迟。

4. 转色成熟期 适宜温度为28~32℃，低于14℃时果实不能正常成熟。昼夜温差会影响果实养分积累，一般来说，温差大，果实含糖量高，品质好，尤其是当昼夜温差大于10℃时，果实含糖量显著提高。

5. 温馨提示 遇到夏季高温时，应及时降温。常用的降温措施有通风降温和喷水降温。通风降温应先放顶风，再放底风，最后打开大棚北侧通风窗进行降温。喷水降温必须结合通风降温，防止空气湿度过大。

（三）湿度调控

空气湿度是影响葡萄生长发育的重要因素之一。相对湿度过高，葡萄的蒸腾作用受抑制，不利于根系对矿质营养的吸收和体内养分的输送。持续的高湿环境容易造成葡萄徒长，影响开花结果，并且易发生多种病害，同时，还会导致棚膜上凝结大量水滴，造成光照强度下降。相对湿度持续过低，不仅影响葡萄授粉受精，还会影响果实的产量和品质。葡萄设施栽培可以避开自然降雨，为人工调控土壤及空气湿度创造了便利条件。

1. 调控标准

（1）萌芽期：土壤水分充足、空气湿度适宜，开花整齐一致，小型花和畸形花减少，花粉活力提高；水分及湿度不足，不仅开花延迟，而且花器官发育不良，导致小型花和畸形花增加。一般来说，此时期空气相对湿度要求在90%以上，土壤相对湿度要求为70%~80%。

（2）新梢快速生长期：土壤水分和空气湿度过高，葡萄新梢生长过旺，易诱发多种病害；土壤水分和空气湿度不足，既影响葡萄新梢正常生长，又影响花序发育。此时期建议空气相对湿度保持在 60% 左右，土壤相对湿度为 70%~80%。

（3）花期：土壤及空气湿度过高或过低均不利于开花坐果。土壤湿度过高，新梢生长过旺，造成营养生长与生殖生长的养分竞争，不利于开花坐果，造成坐果率下降，也会造成树体郁闭，易导致病害发生及蔓延；土壤湿度过低，新梢生长缓慢，甚至停长，光合速率下降，严重影响授粉受精和坐果。空气湿度过高，蒸腾作用受阻，不利于根系吸收利用矿质元素，易造成花药开裂慢、花粉破裂、病害蔓延等；空气湿度过低，柱头易干燥，缩短有效授粉时间，不利于授粉受精和坐果。此时期，一般要求空气相对湿度在 50% 左右，土壤相对湿度为 65%~70%。

（4）浆果发育期：果实生长发育与水分密切相关。在浆果快速生长期，若水分供应充足，有利于果实细胞分裂和膨大，进而提高产量。此时期，建议空气相对湿度为 60%~70%，土壤相对湿度为 70%~80%。

（5）转色成熟期：充足的水分供应不但会导致果实成熟晚、糖分积累慢、着色差，造成果实品质下降，而且会导致新梢生长旺盛，停长晚，造成枝条成熟度不足，影响枝条越冬。因此，适当控制水分供应，既可以促进果实品质提高，又有利于新梢成熟和越冬。但过度控水也会造成浆果含糖量下降，并且影响果实膨大，控水越重，果粒越小。此时期，空气相对湿度要求为 50%~60%，土壤相对湿度要求为 55%~65%。

2.调控技术

（1）降低空气湿度方法。

① 通风换气：作为经济有效的降湿措施，尤其是在室外湿度较低的情况下，通风换气可以有效排除室内水汽，显著降低室内空气湿度。

② 全园覆盖地膜：土壤表面覆盖地膜能够显著减少土壤表面的水分蒸发，有效降低室内空气湿度。

③ 改良灌溉技术：将大水漫灌改为膜下滴灌或微灌，可有效降低设施内空气湿度。

④ 升温降湿：冬季进行室内加温，可有效降低室内相对湿度。

⑤ 防止棚膜结露：可使用无滴消雾膜或在棚膜内侧定期喷涂防滴剂，同时，在构造上，保证棚膜内侧的凝结水能够有序流到前底角处。

（2）增加空气湿度方法：喷水增湿。

（3）土壤湿度调控方法：一般采用控制灌水次数和灌水量解决。

（四）土壤改良与盐渍化预防

设施栽培中，因长期覆盖塑料薄膜，土壤接受雨、雪等降水较少，加上部分果农大量使用速效化学肥料，造成土壤板结，土壤中盐基不断积累，导致土壤盐渍化，阻碍葡萄植株生长发育，严重时可造成植株死亡。然而，土壤盐渍化一般是由错误技术、错误操作造成的，可在栽培管理方面进行预防和改善，主要方法有以下几种：

1.优化土壤理化性状　增施有机肥和生物菌肥，减少速效化肥的使用，尤其是注意减少氮、

磷素化肥的使用。有机肥应以作物秸秆、牛羊粪为主,尽量少使用鸡粪。

土壤大量使用有机肥和生物菌肥后,生物菌接触水分即可快速增殖,同时分泌抗生素,抑制并消灭土壤中的有害菌类,减少病害发生。生物菌还可以将肥料和土壤中的无机氮素等物质转化成络合态氮、氨基酸态氮等,实现肥料净化和无害化。

此外,生物菌体不断增殖也不断死亡,死亡的菌体会转变成有机质,进而迅速转化成土壤腐殖质,将土壤中的速效、无机态肥料转化成络合态、氨基酸态的缓释肥,增加土壤腐殖质含量。

腐殖质是一种有机胶体,它可以将微土粒胶合在一起,形成大小不同的土粒,称为土壤团粒结构。土壤团粒富含矿质化作用释放出来的各种矿质元素,矿质元素从团粒中缓慢释放,有利于葡萄根系吸收,从而满足葡萄植株不同时期对养分的需求。团粒内部和团粒之前有较多的空隙,可以增强土壤的通气性和透水性,从而改善土壤的水、肥、气、热状况,为葡萄优质丰产奠定基础。

另外,在盐碱地中增施生物菌肥也是改良盐碱地、预防土壤板结和盐渍化的有效途径之一。

2. 科学改良土壤 对于盐碱化的土壤,可结合整地施基肥,每亩撒施硫黄粉 15~20 千克,同时增施大量有机肥,配合施入酸性化肥,如过磷酸钙、硫酸钾等。对于酸化的土壤,需要施入碱性肥料,如硅钙钾镁土壤调理剂等,也可结合整地,每亩撒施生石灰粉 50~75 千克。

3. 利用自然降雨淋溶 在避雨栽培条件下,黄河故道地区应在葡萄采收完后及时撤去棚膜,让自然降雨淋溶土壤,降低土壤中的盐碱含量,优化土壤理化性状。

常用的化肥和有机肥的三要素含量见表 5-1。

表 5-1 常用的化肥和有机肥的三要素含量

化肥名称	有效养分名称	有效养分含量（%）	有机肥料名称	三要素含量（%）		
				氮（N）	五氧化二磷（P$_2$O$_5$）	氧化钾（K$_2$O）
硫酸铵	N	20~21	人粪尿	0.60	0.30	0.25
碳酸氢铵	N	16~17	猪粪尿	0.48	0.27	0.43
尿素	N	46	牛粪尿	0.29	0.17	0.10
过磷酸钙	P$_2$O$_5$	12~18	鸡粪	1.63	0.47	0.23
钙镁磷肥	P$_2$O$_5$	12~18	稻草堆肥	1.35	0.80	1.47
硫酸钾	K$_2$O	50	菜籽饼	4.98	2.65	0.97
磷酸氢二铵	N	18	大豆饼	6.30	0.92	0.12
	P$_2$O$_5$	46	芝麻饼	6.69	0.64	1.20

第六章

葡萄十二月管理

河南省农业科学院园艺研究所葡萄技术团队经过多年的试验研究和栽培实践，结合河南省气候特点和葡萄产业发展状况，将河南省不同月份葡萄栽培管理技术总结如下，以供广大葡萄种植户参考。

一、一年生苗木管理

（一）1~3 月葡萄管理

新建果园通常在定植前一年秋季至土壤封冻前完成园地选择、园区规划和土壤准备等工作，并于当年 3 月完成葡萄苗木定植，具体详见本书第四章设施葡萄高标准建园与定植。

（二）4~9 月葡萄管理

1. 树形培养　葡萄属于藤本攀援植物，枝条生长迅速，必须要依附支架保持其树形才能更好地满足生长需要。树形不只是外形的表征，也是生长状态的直观反映。葡萄树形是架式的立体呈现，是在人为提供框架之后的修剪成像。架式的选择在一定程度上影响着树体的营养分配及果实的质量和产量。传统意义上，葡萄架式主要分为篱架和棚架，随着人们对葡萄生长发育的认识及生产需求等而衍变，现代化种植也越来越需要适宜本地气候和生产需要的架形（郑婷等，2021）。目前，生产中葡萄常采用的架形有以下几种：

（1）高宽垂架、高宽平架和 V 形架。高宽垂架式、高宽平架式和 V 形架适合简易避雨栽培。

萌芽后，选留一个生长健壮的新梢作为主干培养向上生长（为了保险起见，最初先保留 2 个生长最为旺盛的新梢，当能够分辨出哪个新梢将来会生长得更好时，把生长势较强的那个新梢作为主干培养，另一个新梢在叶片大小约为 1/2 成熟叶片大小处摘心，作为营养枝，促进根系生长），其余新梢留 2 片叶摘心，作为预备枝和营养枝（图 6-1）。注意嫁接苗要及时抹除嫁接口以下的砧木萌蘖，以促进接穗新梢快速生长。苗木成活后，嫁接口处的嫁接膜要及时去除，防止对嫁接口产生伤害。

葡萄定干工作完成后，幼苗生长逐渐加速，需要及时绑缚。葡萄绑缚通常有两种方法，一种是在每株葡萄小苗附近插 1 根竹竿，将新梢绑缚在竹竿上，使其沿竹竿向上生长，绑缚物呈 8 字形绑缚，以免伤害新梢，这种方法比较常用（图 6-2）。另一种是在第一道铁丝（主蔓钢丝）上用尼龙绳等将小苗吊起向上生长（图 6-3），其缺点是遇到大风天气，小苗会产生剧烈晃动，影响根系正常生长。

图 6-1　定干

竖立竹竿　　　　　　　　　　　　　　8 字形绑缚

图 6-2　竖立竹竿、绑缚

图 6-3　吊绳绑缚

　　葡萄主干几乎每节都会产生副梢，作为主干培养的新梢上发出的副梢一般留1片叶摘心，待主干新梢长到第一道钢丝处（1.5米左右，根据树形和主干高度来定）时进行摘心，摘心处下面两个副梢不摘心，作为主蔓培养上架沿钢丝分别向两侧生长（图6-4）。

培养主干　　　　　　　　　　　　　　　　　　　主蔓上架

图6-4　培养主干和主蔓

　　主蔓上架后，保留所有主蔓副梢，待主蔓副梢长出第5片叶左右时，从第4片叶左右处摘心（图6-5），促进主蔓向前生长，同时使主蔓副梢上的营养集中积累到基部第1~2节位冬芽上，促使冬芽花芽分化，培养第二年的结果母枝；之后保留主蔓副梢顶端的二次副梢向前生长，待顶端二次副梢长出4片叶左右时留2~3片叶摘心，之后保留顶端副梢留2~3片叶反复摘心；顶端副梢以下的所有二次副梢分批次全部抹除或留1片叶绝后摘心，以增加副梢基部冬芽的营养积累。另外，可在相邻两株葡萄树的主蔓交接处同时摘心，以促进主蔓萌发副梢和生长（图6-6、图6-7）。

图6-5　主蔓副梢第一次摘心　　　　　　　　　　图6-6　主蔓交接

图6-7　高宽垂架、高宽平架第一年生长

（2）T形棚架。T形棚架适合避雨栽培、单栋大棚栽培和连栋大棚栽培。

萌芽后，选留一个生长健壮的新梢作为主干培养向上生长，其余新梢留2片叶摘心，作为预备枝和营养枝。作为主干培养的新梢上发出的副梢留1片叶摘心，待主干新梢长到定干钢丝处（1.7米左右）时进行摘心，摘心处下面两个副梢不摘心，作为主蔓上架沿钢丝分别向两侧生长（图6-8、图6-9）。

图6-8　T形棚架培养主干

主干新梢摘心　　　　　　　　　　　　　　　　　主蔓上架

图6-9　T形棚架主蔓上架

　　主蔓上架后，保留所有主蔓副梢，待主蔓副梢长出第 5 片叶左右时，从第 4 片叶左右处摘心（图 6-10、图 6-11），促进主蔓向前生长，同时使营养集中积累到主蔓副梢基部第 1~2 节位的冬芽上，促使冬芽花芽分化，培养第二年的结果母枝。另外，对于长势弱的副梢可以暂时先不摘心，以达到抑强促弱、促使所有副梢长势一致的目的。之后，保留顶端副梢向前生长，待顶端副梢长出 4 片叶左右时留 2~3 片叶摘心，之后反复摘心。顶端副梢以下的所有副梢分批次全部抹除或留 1 片叶绝后摘心。对于北方易受冻害的地区，每当主蔓生长 1 米左右长度时，对主蔓进行一次摘心，促进主蔓枝条成熟和副梢生长（图 6-12）。

图 6-10　T 形棚架主蔓副梢摘心

图 6-11　T 形棚架主蔓副梢培养

图 6-12　T 形棚架

　　（3）H 形棚架。H 形棚架适合单栋大棚栽培和连栋大棚栽培。

　　萌芽后，选留一个生长健壮的新梢作为主干培养向上生长，其余新梢留 2 片叶摘心，作为预备枝和营养枝。作为主干培养的新梢上发出的副梢留 1 片叶摘心，待主干新梢长到主蔓钢丝处（1.7 米左右）时进行摘心，摘心处下面两个副梢不摘心，作为主蔓上架沿钢丝分别向两侧生长（图 6-13）。

图 6-13　H 形棚架培养主干

　　主蔓上架后，保留主蔓上的所有副梢留 1 片叶摘心，促进主蔓向前生长，待主蔓长到 1.5 米左右侧蔓钢丝处时对主蔓进行摘心，主蔓摘心处后面的两个副梢不摘心，作为侧蔓沿侧蔓钢丝分别向两侧生长（图 6-14、图 6-15）。

图 6-14　H 形棚架主蔓上架生长

图 6-15　H 形棚架侧蔓上架

保留侧蔓上的所有副梢，待侧蔓副梢长出第5片叶左右时从第4片叶左右处摘心，促进侧蔓向前生长，同时使营养集中积累到侧蔓副梢第1~2节位冬芽上，促使冬芽花芽分化，培养第二年的结果母枝。另外，对于长势弱的副梢可以暂时先不摘心，达到抑强促弱、促使所有副梢长势一致的目的。之后，保留顶端副梢向前生长，待顶端副梢长出4片叶左右时留2~3片叶摘心，之后反复。侧蔓副梢上的顶端副梢以下的所有副梢分批次全部抹除或留1片叶绝后摘心（图6-16）。

图6-16　H形棚架侧蔓副梢培养

（4）厂字形棚架。厂字形棚架适合日光温室栽培、单栋大棚栽培和避雨栽培。

日光温室厂字形棚架：萌芽后，选留一个生长健壮的新梢作为主蔓培养向上生长，在1.0米左右处攀爬于倾斜向上的架面上，形成独龙干（图6-17）。主蔓上1.0米以下副梢全部抹除或留1片叶摘心，1.0米以上的副梢全部保留，待副梢长出第5片叶左右时及时从第4片叶左右处摘心，促进主蔓向前生长，同时使营养集中积累在副梢第1~2节位的冬芽上，促使冬芽花芽分化，培养第二年的结果母枝。之后，保留顶端二次副梢向前生长，待顶端二次副梢长出4片叶左右时留2~3片叶摘心，之后顶端副梢留2~3片叶反复摘心。顶端副梢以下的所有副梢分批次全部抹除或留1片叶绝后摘心。另外，对于北方易受冻害的地区，当主蔓新梢每生长1米左右长度时进行一次摘心，促进主蔓枝条成熟和副梢生长。

图6-17　日光温室厂字形棚架结果母枝（主蔓副梢）培养

单栋大棚厂字形棚架：主蔓和主蔓副梢培养方法同日光温室厂字形棚架（图6-18）。

图6-18　单栋大棚厂字形棚架

避雨栽培厂字形棚架：避雨栽培厂字形棚架的主蔓（主干）上架前（架面高度为1.5~1.7米）的副梢全部抹除或留1片叶摘心，主蔓上架后，保留全部副梢，待副梢长出第5片叶左右时及时从第4片叶左右处摘心，促进主蔓向前生长，之后，主蔓副梢管理同日光温室厂字形棚架（图6-19）。

图6-19　避雨栽培厂字形棚架

注：为了避免主蔓徒长，造成节间过长，可以采用毛毛腿的主干留副梢方式，即保留主干上的所有或部分副梢不摘心（图6-20、图6-21）。如果主蔓副梢长势很弱或者不萌发副梢，应当及时对主干上的副梢摘心。这种管理方式一方面有利于产生大量根系，另一方面抑制主蔓生长速度，减小主蔓节间长度，增加单位面积结果母枝数量（图6-22）。

图 6-20　毛毛腿的主干培养

图 6-21　毛毛腿的主蔓生长

主蔓节间短　　　　　　　　　　　　　根系发达（距离主干 1.3 米处）

图 6-22　毛毛腿的主蔓节间短、根系发达

2. 土肥水管理

（1）土壤管理。以清耕法为主，在生长季内多次浅清耕，松土除草（图 6-23）。一般灌溉后或杂草长到一定高度时进行，又称中耕（图 6-24）。春季清耕有利于地温回升，秋季清

耕有利于葡萄利用地面散射的光和辐射热，提高果实糖度和品质。清耕葡萄园内不种植作物，一般在生长季节进行多次中耕，秋季深耕，保持表土疏松无杂草，同时，可加大耕层厚度。

图6-23　春季清耕

图6-24　生长季节中耕

温馨提示：清耕法可以有效促进微生物繁殖和有机物氧化分解，显著改善和增加土壤中的有机态氮素。但在有机肥使用不足的情况下，长期采用清耕法，会导致土壤中的有机物含量迅速降低。另外，长期清耕还会使土壤结构遭到破坏，在雨量较多的地区或降雨较为集中的季节，容易造成水土流失。

葡萄园土壤管理也可以采取覆盖法或生草法。

覆盖法适于气候干旱和土壤较为瘠薄的地区使用，有利于保持土壤水分和提高土壤有机质含量。常用的覆盖材料有地膜（图6-25）、地布（图6-26）、麦秸、玉米秸、稻草、稻壳、麦糠等。覆盖地膜时，建议在6月之后高温来临前，揭开地膜（地布），避免高温伤害葡萄根系。

图6-25　地膜覆盖

图6-26 地布覆盖

在年降水量较大或有灌水条件的地区，可以采用果园生草法。果园生草通常分为自然生草和人工生草两种方法。自然生草是利用果园中自己长起来的杂草，在不用除草剂的情况下，人为剔除恶性杂草后，保留下来的草种（图6-27）。自然生草的草种是通过多年自然竞争选择存活下来的，更能适应果园里的生态环境，且管理成本相对较低。人工生草的草种通常用多年生牧草和禾本科植物，如毛叶苕子（图6-28）、三叶草（图6-29）、紫花苜蓿（图6-30）、黑麦草（图6-31）、鸭茅草等，一般在整个生长季节内均可播种。

图6-27 自然生草

图6-28　人工生草（毛叶苕子）

图6-29　人工生草（三叶草）

图6-30　人工生草（紫花苜蓿）

图6-31　人工生草（黑麦草）

　　此外，葡萄园还可采用间作套种法进行土壤管理，间作套种作物以矮秆、生长期短的作物为主，如油菜、花生、豆类、中草药、葱蒜类等（图6-32）。注意，间作套种应在距葡萄定植沟埂50厘米外进行，以免影响葡萄的正常生长发育。

套种油菜

间作花生

间作大豆

套种小麦

套种大蒜

间作红薯

套种木耳

套种草莓

图 6-32　葡萄园间作套种

（2）施肥管理。定植当年的首要任务是培养树形，即培养出合适的主干和主蔓，并使主蔓达到适宜的粗度。生产中，主蔓当年生长粗度在 0.8~1.2 厘米时，次年抽生新梢的结果能力最强，花序发育较好。枝条过细，新梢的花序少而小；枝条过粗，芽萌发率降低。若定植苗木当年生长不良，不能达到干高要求时，需要在冬季修剪时进行平茬处理，延误生产时间。为了保证苗木定植当年健壮生长、早日成形、早日丰产，需及时进行追肥。

待苗木新梢长出副梢时，表明苗木的新根已经长出，此时，可以根据苗木长势进行施肥。6 月及之前，施肥以尿素为主，每 10 天施一次，用 1%~2% 浓度的尿素（1 千克兑水 50~100 千克）溶液灌根，或在苗干周围 15~20 厘米内撒施尿素，施后灌水，根据树体长势，每株用量 25~100 克，促进苗木快速生长；7 月葡萄上架之后，施肥以氮磷钾复合肥为主，促进枝条木质化成熟，每 10 天施一次，根据树体长势，每株用量 50~100 克，距离主干周围 20~25 厘米处撒施或浅沟施入后灌水。同时，每 10~15 天叶面喷施一次磷酸二氢钾；9 月及之后，减少施肥，避免枝条旺长，冬季受冻害。

温馨提示：葡萄尽量不要使用氯化钾、氯化铵及含氯复混肥，施入过多易出现氯中毒现象，造成叶片脱落；受害严重时，整株落叶，果穗萎蔫脱落，新梢枯萎，最终引起整株枯死。

（3）水分管理。葡萄需水规律是判断葡萄何时灌水及灌水量的重要参考依据，4~8 月是葡萄苗木生长和树形培养的关键时期，也是葡萄需水的关键时期。8 月及之前，需要经常灌水，保持土壤湿度在 70% 以上，促进苗木快速生长；8 月之后，适当控水，保持土壤湿度在60%~70%，促进枝条成熟。灌溉方式最好采用滴灌或喷灌（图 6-33、图 6-34）。

图6-33 灌溉

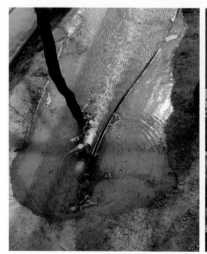  

图6-34 滴灌、漫灌两用支管

　　3. 病虫害防治　葡萄一年生苗木的常见病虫害有霜霉病、白粉病、黑痘病、病毒病、绿盲蝽、甜菜夜蛾等（图6-35、图6-36），针对不同病虫害，需喷施不同药剂进行防治，防治方法详见表6-1。

霜霉病为害葡萄叶片背面

霜霉病为害葡萄叶片正面

白粉病为害葡萄叶片

黑痘病为害葡萄叶片和枝梢（1）

黑痘病为害葡萄叶片和枝梢（2）

病毒病为害葡萄叶片（1）

病毒病为害葡萄叶片（2）　　　　　　　　叶片黄化

图6-35　一年生苗木常见病害

绿盲蝽为害葡萄叶片（1）　　　　　　　　绿盲蝽为害葡萄叶片（2）

甜菜夜蛾为害葡萄叶片　　　　　　　　　斑衣蜡蝉为害葡萄叶片

螨类为害葡萄枝梢和果柄　　　　　　　　豆天蛾为害葡萄叶片

图 6-36　一年生苗木常见虫害

表 6-1　一年生葡萄苗木常见病虫害防治

病虫害	防治方法	防治时期
霜霉病	80% 代森锰锌可湿性粉剂 800 倍液、86% 波尔多液水分散粒剂 400~450 倍液、66.8% 霉多克 600 倍液、50% 烯酰吗啉 3 000 倍液、68.75% 氟菌·霜霉威 1 000 倍液、25% 精甲霜灵可湿性粉剂、25% 吡唑醚菌酯等	生长中后期，即 6 月中旬以后
白粉病	保护性杀菌剂：硫制剂；内吸性杀菌剂：20% 苯醚甲环唑水分散粒剂 1 500 倍液、80% 戊唑醇可湿性粉剂 6 000~8 000 倍液、50% 醚菌酯水分散粒剂 2 000~3 000 倍液、40% 氟硅唑乳油 6 000~8 000 倍液、12.5% 烯唑醇可湿性粉剂 2 000 倍液等	设施栽培、高温干燥条件下的整个生长阶段
黑痘病	保护性杀菌剂：波尔多液、代森锰锌、王铜等；内吸性杀菌剂：20% 苯醚甲环唑 3 000 倍液、12.5% 烯唑醇 2 500 倍液、43% 戊唑醇 6 000 倍液、40% 氟硅唑乳油 6 000~8 000 倍液等	生长前期及中期
病毒病	使用脱毒苗、加强肥水管理等	春季生长前期
绿盲蝽	22% 氟啶虫胺腈 3 000 倍液、50% 噻虫嗪 3 000~4 000 倍液、30% 敌百·啶虫脒 500 倍液、吡虫啉、溴氰菊酯、高效氯氰菊酯等	绒球期至 6 月初

（三）10 月葡萄管理

1. 土肥水管理

（1）土壤深翻。土壤深翻是土壤管理的重要内容，大部分葡萄园在建园时，仅对定植行的土壤进行改良，定植行以外的土层尚未熟化，使葡萄根系生长局限于定植行范围内。因此，在葡萄定植后，仍需要对园区土壤进行深翻熟化（图 6-37）。

土壤深翻一般结合秋施基肥进行，可逐年扩大深翻范围，最后达到全园深翻。深翻深度可根据园区实际情况灵活掌握，一般为 30~40 厘米。行距小，可适当浅耕，行距大，可适当深翻。

图 6-37　葡萄园土壤深翻

（2）秋施基肥。一般采用开沟施肥，施肥沟距树干 50 厘米左右，之后每年可以根据根系生长范围向外扩大距离。在树行一侧或两侧挖宽、深各 30 厘米的施肥沟，将有机肥施入沟中后，回填土壤并混匀，切忌将有机肥与园土分层施入（图 6-38~图 6-40）。通常每亩施入优质腐熟有机肥 2~3 吨，氮磷钾复合肥 50 千克。也可将有机肥撒到葡萄行间，通过旋耕深翻将土壤与有机肥混合施入（图 6-41）。

图 6-38　开沟

杂草垫入沟底

撒入有机肥

撒入有机肥

撒入复合肥和钙肥

图 6-39 施入有机肥与复合肥

图 6-40 回填土，混匀

图 6-41　葡萄行间撒施有机肥，深翻混匀

有机肥包括秸秆肥、绿肥、厩肥、堆肥、沤肥、沼肥、饼肥等，技术指标和限量指标应符合 NY/T 525 的要求（表 6-2、表 6-3）。

表 6-2　有机肥技术指标（NY/T　525—2021）

项目	限量指标
有机质的质量分数（以烘干基计）（%）	≥ 30
总养分（氮 + 五氧化二磷 + 氧化钾）的质量分数（以烘干基计）（%）	≥ 4.0
水分（鲜样）的质量分数（%）	≤ 30
酸碱度（pH）	5.5~8.5
种子发芽指数（GI）（%）	≥ 70
机械杂质的质量分数（%）	≤ 0.5

表 6-3　有机肥限量指标（以烘干基计）

项目	限量指标
总砷（毫克 / 千克）	≤ 15
总汞（毫克 / 千克）	≤ 2
总铅（毫克 / 千克）	≤ 50
总镉（毫克 / 千克）	≤ 3
总铬（毫克 / 千克）	≤ 150
粪大肠菌群数（个 / 克）	≤ 100
蛔虫卵死亡率（%）	≥ 95

温馨提示：一是有机肥必须经过腐熟后才能施入田间，因此，应提前准备有机肥并腐熟，若施入未腐熟的有机肥，易造成根系伤害；二是肥料与土壤必须充分混合均匀，可在使用前将肥料晒干打碎，若肥料过于集中易伤根；三是基肥施入后必须压实并及时灌水，以利于根系吸收。

（3）灌水。结合施基肥，灌透水 1 次，以促进肥料分解（图 6-42）。

图 6-42 施基肥后灌透水

2.病虫害防治 此时期需要重点预防霜霉病，保护叶片，可按照病虫害防治原则规范预防，每 15~20 天喷施一遍铜制剂，如 80% 波尔多液 400 倍液。

（四）11 月葡萄管理

1.施有机肥 方法参考 10 月秋施基肥。如果有机肥使用过晚，葡萄已经落叶，建议采用撒施方式，不要深度旋耕或开沟，因为此时深度旋耕或开沟会将表层根系打断，断根将会把贮藏于根系里的营养断掉，加上冬季温度较低，根系恢复较慢，严重时会造成根系进一步受损，削弱葡萄树势。撒施有机肥后，用旋耕机将有机肥与浅层土壤进行旋耕混匀（图 6-43），此时破坏的仅是表层土壤的呼吸根系，对葡萄的营养贮藏影响不大。随着之后的大水灌透，有机肥中的营养也会渗透到土壤深层的根系，从而被吸收利用。

图 6-43 撒施有机肥、浅翻混匀

2. **灌水**　结合施有机肥，灌透水。

3. **埋土防寒**　对于冬季易受低温冻害的地区，建议葡萄落叶后进行埋土防寒（图6-44），尤其是一年生植株，其抗寒性较差，枝干在冬季很容易被抽干冻死。

图6-44　埋土防寒

（五）12月葡萄管理

1. **冬季修剪**　葡萄定植当年的冬季修剪以短梢修剪为主。除H形和王字形棚架外，保留主蔓上新梢基部粗度大于6毫米的所有新梢，留1~2芽进行超短梢修剪，所有主干和主蔓上过细的新梢均从基部疏除。H形棚架保留侧蔓上新梢基部粗度大于6毫米的所有新梢，留1~2芽进行超短梢修剪，所有主干、主蔓和侧蔓上过细的新梢均从基部疏除（图6-45~图6-51）。

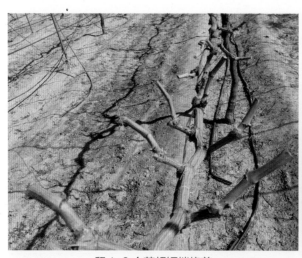

留1~2个芽超短梢修剪　　　　　　　　　　从基部疏除

图6-45　冬季修剪方式

图6-46　高宽平架、高宽垂架冬季修剪前（左）后（右）

图6-47　T形棚架冬季修剪前（左）后（右）

图6-48 H形棚架冬季修剪前（左）后（右）

图6-49 单栋大棚栽培厂字形棚架冬季修剪前（左）后（右）

图6-50 日光温室栽培厂字形棚架冬季修剪前（左）后（右）

图6-51　王字形棚架冬季修剪前（左）后（右）

2. 灌封冻水　土壤上冻前，建议全园灌透水（图6-52），因为水的比热容大，在结冰过程中会释放热量，提高周围环境的温度，从而预防冻害发生（图6-53）。

图6-52　灌封冻水

图6-53　水结冰

二、二年及以上结果树管理

（一）1月葡萄管理

1月为全年气温最低的月份，葡萄处于休眠期。

1. **冬季修剪** 如果上一年12月未完成修剪，可在本月继续进行。

2. **刮剥老皮** 多年生葡萄的主干、主蔓上出现的开裂树皮，全部刮除或剥除，集中烧毁或掩埋（图6-54）。

图6-54　刮剥老翘皮

3. **清园** 将冬剪后的枝条、病果、病叶及园内枯枝、落叶、果梗、卷须、老旧绑缚材料等杂物全部清理出园（图6-55）。

清园前　　　　　　　　　　　　　　　　　清园后

图6-55　清园

4. **葡萄促早栽培管理**

（1）大棚覆膜封棚。葡萄促早栽培覆膜封棚时间应根据当地最低温、低温持续时间及计划果实成熟时间而定，黄河故道地区合适的扣膜升温时间为上一年的12月中下旬至翌年1月中旬，不同栽培模式的封棚时间和温度湿度调控如下：

日光温室栽培：当连续5天平均气温低于8℃时覆盖棚膜，加盖保温被或草苫，并灌越冬水。夜间揭开保温被开启通风口，让冷空气进入，白天盖上保温被或草苫，并关闭通风口，保持棚内的低温，使设施内绝大部分时间气温维持在0~7℃，不少于600小时（25天），结合单氰胺处理可以满足葡萄休眠提前解除的需求。需要注意的是，此时期一方面使温室内温度保持在利于解除休眠的温度范围内，另一方面避免地温过低，以利于升温时气温与地温协调一致。

塑料大棚栽培：当连续5天夜间最低气温低于7℃时扣棚，并灌越冬水，通常采用"三膜覆盖"，即棚膜、棚内加盖两层膜或棚膜、棚内、树行两侧各覆一层膜（图6-56、图6-57）。扣棚后白天通风降温，夜间关闭通气口，以满足葡萄低温打破休眠和保温防冻的目的。保持设施内0~9℃的低温环境，既满足葡萄树体正常休眠，同时又避免植株冻伤，经过30~35天时间，大部分早熟品种结合单氰胺处理可满足葡萄休眠提前解除的需求，即进入升温催芽阶段。

图6-56　葡萄促早栽培大棚覆膜

图6-57　大棚内沿树行加扣保温小拱棚

（2）大棚温度湿度调控。此时期促早栽培葡萄开始进行催芽，适宜的温度为白天控制在15~20℃，夜间控制在6~10℃，白天最高温度不能超过28℃，最低温度不能低于0℃。从升温至萌芽一般在25~30天，此时期的空气相对湿度要求较高，应在90%以上，土壤相对湿度为70%~80%。表6-4所示为促早栽培葡萄各生育期适宜温度、相对湿度。

表6-4　促早栽培葡萄各生育期适宜温度、相对湿度

生育期	温度（℃）		相对湿度（%）	
	白天	夜间	空气	土壤
催芽期	15~20	6~10	≥90	70~80
新梢生长期	20~25	10~15	60	70~80
开花期	22~28	15~20	50	65~70
果实膨大期	25~28	16~20	60~70	70~80
转色至成熟期	26~30	14~16	50~60	55~65

需要注意的是萌芽期升温的快慢与葡萄花序发育和开花坐果等密切相关，升温过快，导致气温和地温不能协调一致，严重影响葡萄花序发育及开花坐果。萌芽期气温超过30℃会引起花芽发育异常。因此缓慢升温，不要盲目高温催芽。温室白天18~30℃，夜间12~20℃，夜间温度不低于12℃，昼夜温差10℃为宜；塑料大棚白天20~28℃，夜间8~14℃，昼夜温差不超20℃为宜。

（3）促早栽培涂抹破眠剂。葡萄促早栽培时，由于需冷量不足，无法解除休眠，需要采取人工措施打破休眠。通常在扣棚升温时，使用破眠剂涂芽，打破休眠，以促进花芽分化、提前萌芽和萌芽整齐。常用的葡萄破眠剂有石灰氮和单氰胺，其作用机制是促进葡萄休眠中的生长抑制物脱落酸提前降解，一定程度上代替低温需冷量的生物学效应（理论上可代替20%的需冷量）。

①破眠剂使用时期：由于破眠剂的使用除了提前萌芽，还能够促进萌芽整齐，破眠剂的使用需要满足地面20厘米厚的土壤温度接近7℃且持续上升。考虑到北方后期霜冻等因素，需要在合适的时间使用。温带地区需要有效积温累积达到葡萄需冷量的70%~75%时使用。亚热带和热带地区葡萄露地栽培，为了使芽正常整齐萌发，需要于萌芽前25~30天使用。对于年平均气温低于17.5℃的地区，可以在2月使用，且需要注意后期霜冻；年平均气温在17.5~20.0℃的地区，可以在1月上中旬使用；年平均气温在20℃以上的地区，可以在12月上旬至1月中旬使用。以上均是葡萄露地栽培使用时期，葡萄设施栽培根据其温度情况可适当提前。使用时期过早，需要的破眠剂浓度大而且效果不好；使用时期过晚，容易出现药害。

②破眠剂使用浓度：石灰氮的使用浓度一般在15%~20%，即1千克石灰氮兑60℃左右的水5.0~6.5千克，配合展着剂使用；单氰胺的使用浓度是2%，50%单氰胺需要稀释25倍后使用，即250毫升单氰胺兑6.25千克水。常见的单氰胺破眠剂的商品名有荣芽、朵美滋、芽灵等。

③破眠剂使用时的天气情况及空气和土壤湿度：破眠剂处理需要选择在晴好天气进行，

气温以 10~20℃最佳，低于 5℃时取消处理。从破眠剂使用到萌芽期间的空气相对湿度保持在80% 以上最佳，不能低于 60%，否则会影响破眠剂的使用效果，也容易发生烧芽现象。破眠剂使用后需要立即灌一遍透水，否则催芽效果不理想。

④ 破眠剂的使用方法：取少量石灰氮或单氰胺溶液，用毛刷或者毛笔均匀地涂抹在结果母枝的冬芽上，各级延长枝顶端及结果母枝顶端1~2芽不涂抹（图6-58）。采用大行距 T 形棚架时，若主蔓长度较长且主蔓上没有结果母枝，可以采用降低主蔓前部位置和分批次涂抹单氰胺的方法，促使顶端优势后移，从而保证主蔓上的冬芽萌芽整齐。如果在使用破眠剂之前，先用刀片或锯条在冬芽上方枝条处刻伤（即刻芽），破眠效果将更佳。单氰胺溶液也可用于喷雾。

图 6-58 涂抹破眠剂

⑤ 安全事项与贮藏保存：破眠剂均具有一定毒性，因此，在使用或贮藏时应注意安全防护，戴上口罩和手套，避免药液同皮肤直接接触。由于其具有较强的醇溶性，所以操作人员应注意在使用前后 1 天不可饮酒。另外，破眠剂应放置在儿童触摸不到的地方，且于避光干燥处保存，不能与酸或碱放在一起。

（4）灌水。扣膜后灌 1 次大水，增加棚内湿度。

（二）2 月葡萄管理

1. 施基肥 上一年未施基肥的园区可在本月施入有机肥，主要根据土壤的解冻情况而定，建议采用撒施＋浅耕的方法，参考一年生苗木管理的 11 月施有机肥的方法。

2. 修整架面 修整葡萄架面和支柱，更换破损架材，扶正歪斜的葡萄支柱。对架材走形、钢丝松动、锈坏铁丝或断裂的部分材料进行更换或重新拉紧，预防生长季节架面坍塌。

3. 刮剥老皮 前期未完成的园区，可在本月进行，将主干和主蔓上的老树皮揭掉，方法同1 月管理。

4. 清园 前期未完成清园工作的园区，可在本月进行，方法同 1 月管理。

5. 刻芽 葡萄促早栽培时，幼年树长放的主蔓，芽数超过 5 个时，除剪口后的 2 个芽外，其余芽可用小刀或小钢锯条刻芽。刻芽位置在芽上 1 厘米左右，深度要切断皮层筛管或少许木质部导管，使向上输送的养分和水分被阻挡在伤口下的芽处，促使其萌发生长（图 6-59、图 6-60）。

图 6-59　葡萄刻芽　　　　　　　　　　　图 6-60　刻芽后冬芽萌发

6. 促早栽培葡萄抹芽、定梢 具体方法参考二年及以上结果树管理部分 4 月管理（图 6-61）。

图 6-61　日光温室促早栽培葡萄发芽

7. 预防晚霜冻 霜冻是葡萄生产中常见的自然灾害，每年都有不同程度的发生。按发生时间霜冻可分为春霜冻和秋霜冻。春霜冻又称晚霜冻（图 6-62），春季最晚的一次霜冻称为终霜冻；秋霜冻又称早霜冻，秋季最早出现的一次霜冻称为初霜冻。

萌芽期霜冻　　　　　　　　　　　　　　　新梢生长期霜冻

图6-62　葡萄遭受晚霜冻

（1）预防措施。生产中，预防晚霜冻对葡萄生产造成灾害的措施有多种，除了通过选择适宜种植地区，营造防护林、选用抗逆性强的品种等种植栽培技术措施外，还可以通过人工防霜措施，改变易于形成霜冻的温度条件，保护葡萄不受其害。常见的人工防护措施有：

①灌水法：灌水可以增加近地面层空气湿度，保护地面热量，提高空气温度（可使空气升温2℃左右）。由于水的比热容大，降温慢，田间温度不会很快下降，所以，在霜冻来临之前对葡萄进行漫灌，可以有效降低霜冻为害。

②喷水法：对于小面积的葡萄园或具备喷灌条件的葡萄园可以采用喷水法进行防冻，效果十分理想。其方法是在霜冻来临前1小时，利用喷灌设备对葡萄不断喷水。因水温比气温高，水在葡萄枝叶遇冷时会释放热量，加上水温高于冰点，以此来防御霜冻，效果较好。

③遮盖法：利用稻草、麦秆、草木灰、杂草、尼龙、塑料薄膜等材料覆盖葡萄（图6-63），既可防止外面冷空气的袭击，又能减少地面热量向外散失，一般能提高温度1~2℃，该方法防冻时间较长。

④霜冻前喷施防冻剂：在霜冻前，喷施碧护、抗氧化剂类、氨基酸类、芸薹素内酯等防冻剂，可以促进葡萄植株呼吸速率增强，提高其活力，并能够有效激活葡萄体内的甲壳素酶和蛋白酶，极大提高氨基酸和甲壳素的含量，增加细胞膜中不饱和脂肪酸的含量，

图6-63　主干包扎防寒

使葡萄在低温下能够正常生长，从而预防、抵御冻害。

⑤加热法：应用煤、木炭、柴草、油、蜡等燃烧使空气和植物体的温度升高以防霜冻，这是一种广泛使用的方法。江苏有些果园为了防御霜冻，在霜冻来临之前挖"地灶"，将干草、树枝等放在"地灶"内燃烧，释放热量，使周围温度升高，因此，植物体不会出现霜冻，效果很好。

⑥熏烟法：利用能够产生大量烟雾的柴草、牛粪、锯木、废机油、赤磷或其他尘烟物质，在霜冻来临前半小时或1小时点燃。这些烟雾能够阻挡地面热量的散失，而烟雾本身也会产生一定的热量，一般能使近地面层空气温度提高1~2℃。该方法成本较高，且污染大气，适用于短时霜冻的预防使用。

⑦杀灭冰核细菌防霜冻：在植物表面上附生着肉眼看不见的细菌，这些细菌具有冰晶核活性的特点。当在植物体表面附生众多冰核细菌时,植物细胞内水分出现结冰时的温度为−2~−1℃，均高于植物体没有附生冰核细菌的温度，这就是冰核细菌加重发生霜冻的原因。目前，已经从各类药物中筛选出抗霜剂1号、抗霜素1号和抗霜保三种防霜药剂。可以人工喷洒药剂，消除植物体表面的众多冰核细菌，提高植物的抗霜冻能力。

⑧扰动法：霜冻来临时，局部地区出现地面温度低，而距地面10~20米的高度会出现气温较高的现象叫作逆温。人们可以使用大风扇使上暖下冷的空气混合，提高地面温度，从而预防霜冻。澳大利亚有人曾将直径6.4米的大风扇安装在10米高的铁架上，霜冻之夜，开动风扇扰动使空气混合，在15米的半径内升温3~4℃,防御霜冻效果很好(图6-64)。美国用直升飞机在低空飞行，飞过后使空气扰动升温2~5℃，升温持续20~30分钟，连续飞行能在较大范围内防御霜冻。

图6-64　大风扇转动防寒

此外，还可以在霜冻出现之前，将增热剂撒播在树行，可使夜间增温。常用的增热剂有石灰，其释放的热量，可使周围温度升高1~2℃。

（2）受冻后的补救措施。

①及时查看灾情，根据受灾情况分别处理。

A. 轻度霜冻：新梢顶部幼叶轻微受冻，花序尚完好，可在霜冻结束后，将新梢顶部受害死亡的梢尖连同幼叶剪除，促使剪口下叶芽尽快萌发，恢复正常生长。

B. 中度霜冻：新梢上部50%左右的嫩梢及叶片受冻，花序基本完好，可在霜冻结束后，将新梢受冻死亡的部分剪除，促使剪口下叶芽尽快萌发，恢复正常生长。

C.重度霜冻：整个新梢、叶片及花序几乎全部受冻，或萌动冬芽变为棉絮状，在霜冻结束后，将新梢从基部全部剪除，促使剪口下结果母枝原芽眼副芽或隐芽尽快萌发。

② 加强肥水管理。受冻后，应加强葡萄肥水管理，及时补充树体营养，增强树势。生产中，可以喷施氨基酸、海藻酸、壳寡糖等功能性叶面肥，以恢复树势，保护幼小及受伤的叶片，促进花序的生长发育，增加坐果率，挽救葡萄损失。

③ 加强根系管理。冻害发生后，及时追施氮肥和灌水，并进行中耕松土，提高土壤温度和透气性，增强葡萄根系活力，促进根系对水肥的吸收，加快地上部分生长，恢复树势。

④ 加强病虫害防治。受灾后，及时对葡萄进行药物保护，避免因冻害而引起的大面积病虫害发生。

⑤ 推迟抹芽。树体管理上，可适当推迟抹芽，延缓芽体生长，在短期低温冻害来临时，可减轻冻害率，增大优质芽的选择基数。

⑥ 利用副芽结果。冻害严重时，可利用葡萄一年多次结果的习性，将受冻严重的主芽抹除，促使结果母枝原芽眼处的副芽或基部未萌发的隐芽萌发，也可以挽回部分损失。有条件的园区，可在结果母枝上喷施 500 毫克 / 升赤霉酸，促进副芽萌发。

（三）3月葡萄管理

3月，露地葡萄一般处于伤流期。从外观上看，树体没有生长迹象，但树体内部正在进行着旺盛的生理代谢活动，尤其是根系的活动非常旺盛。此时，根系从土壤中吸收大量的水分、养分，使树体根压升高，地上部由于没有叶片进行蒸发，会在修剪的伤口或枝条破损处流出透明液体，即伤流（图 6-65）。此时若对枝蔓进行修剪，则会加剧伤流液流出。随着葡萄萌芽和新梢生长，叶片会将部分水分蒸发出去，使根压降低，伤流现象会逐渐消失。

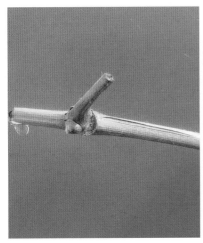  

| 伤流液清澈 | 伤流液黏稠（1） | 伤流液黏稠（2） |

图 6-65 葡萄伤流期

伤流量的多少与品种特性及土壤湿度有关，一般情况下，土壤湿度越大，伤流量也越大。伤流期的长短通常依气候条件和品种而定，从几天到50天不等。根据河南省农业科学院园艺研究所葡萄技术团队的研究发现，早熟品种伤流量大（如夏黑、香妃），中熟品种次之（如醉人香），极早熟品种再次之（如夏至红），晚熟（中晚熟）品种伤流量极少（如阳光玫瑰、新郁）。另外，不同品种伤流液的成分和含量也不同，如新雅和新郁的伤流液中氨基酸含量较高，而夏黑、香妃、夏至红的伤流液中氨基酸含量较低（吕中伟等，2021）。

1. 出土上架　对于埋土防寒区，在葡萄树液开始流动至芽眼膨大之前，必须铲除防寒土，修好栽植畦面，将葡萄枝蔓引缚上架（图6-66）。为了防止芽眼抽干，使芽眼萌发整齐，出土后可先将枝蔓在地上放几天，等芽眼萌动时再上架。

使用嫁接苗定植的葡萄园，常在嫁接口以上的接穗部位发出新梢，此时应将其彻底去除。此外，主蔓尽量不要靠近地面，防止着地生根。

图6-66　葡萄出土上架

温馨提示：因伤流的原因，萌芽前尽量不要修剪，并且萌芽前的各项农事操作如枝蔓出土、上架等，需要特别小心，避免枝蔓受伤。若葡萄伤流比较严重，可采取以下措施补救：

①涂抹伤口愈合剂（图6-67）。

②塑料薄膜包扎法，用10厘米×10厘米的塑料薄膜将枝蔓伤流处的伤口包扎好，并用细绳缠紧，使其不透气。

③石灰或硫黄封口法，将生石灰或硫黄粉加水调制成糊状，涂抹于伤口处。

④蜡封法，将蜡烛点燃后，使蜡边熔化边滴在伤口上，或将蜡熔化后涂于伤口处。

⑤松香热涂法，将松香放在容器中加热熔化后趁热将松香涂于伤口处。

图 6-67　涂抹伤口愈合剂

2. 枝蔓绑缚　俗话说，葡萄"三分靠修剪，七分靠绑蔓"。此时，葡萄正处于伤流期，枝条吸水柔软，对枝蔓进行定向绑缚，使其均匀合理地分布在架面上，以便通风透光，促进树体生长（图 6-68）。常用的枝蔓绑缚材料有塑料条、布条等。

图 6-68　葡萄枝蔓绑缚

3. 主蔓前端下架促进后部芽眼萌发　采用大行距 T 形和厂字形的葡萄植株，由于主蔓长度较长和顶端优势的问题，主蔓两端的芽萌发早，靠近主干侧的芽会出现萌发不整齐或不萌发的现象，从而造成架面空缺。因此，萌芽前可以采取降低主蔓前部位置的措施，促使顶端优势转移到主蔓后部位置较高的芽上，待此处冬芽萌发后，分批次将主蔓绑缚到钢丝上，切记不要将萌发的芽碰掉，从而保证萌芽整齐（图 6-69）。

图 6-69　葡萄主蔓前端自然下垂转移顶端优势

4. 土肥水管理

（1）土壤管理。早春覆盖地膜或地布可有效提高地温，减少地面水分蒸发，防止水土流失，稳定土壤温度、湿度，抑制杂草生长，阻隔土传病害，改善土壤团粒结构，但是易造成根系上浮（图 6-70、图 6-71）。

图 6-70　葡萄覆盖地膜或地布

图 6-71　葡萄根系上浮

（2）施肥管理。葡萄的第一次追肥在早春芽眼膨大时使用，又称催芽肥。葡萄萌芽前，结合深翻畦面，在植株周围进行土壤追肥，以促进芽眼萌发整齐。此时期除了萌芽、展叶需要大量的营养物质外，也是花芽继续分化、芽内迅速形成第二和第三花穗的时期，需要大量的养分，特别是氮素肥料。充足的养分有利于花器官的分化和抽梢。此时，可根据葡萄树体生长势施催芽肥。一般每亩施入尿素 15 千克或氮磷钾复合肥 15 千克或 5 千克腐植酸肥料，均匀撒在根系密集分布区，浅耕即可，施肥后及时灌水，或随灌溉水施入。

（3）水分管理。萌芽前后，如果土壤中水分充足，可使萌芽整齐一致。北方干旱地区，萌芽前应结合第一次追肥及时灌水，保持土壤相对湿度，即田间最大持水量的 65%~75%。其他地区，若土壤不干旱，可不灌水，避免灌水后地温降低，影响根系生长。

5. 刮除老树皮及清园 前期未完成此项工作的园区可在本月进行，具体方法参照 1 月管理。注意，刮除老树皮及清园务必在萌芽前完成，可有效杀灭越冬病菌和虫卵，减少后期病虫害发生。

6. 嫁接换品种 萌芽前是葡萄进行硬枝嫁接换品种的最佳时节，各地可根据园区实际情况进行。葡萄常用的嫁接方式是劈接，一般利用原品种植株做砧木。

劈接是指在砧木上劈个小口将接穗插入劈口中进行嫁接。劈接时砧木接口紧密贴合接穗，所以嫁接成活后接穗不容易被风吹断。砧木宜选用具有活力的新生枝条或中等粗度的枝条为宜，砧木过粗，不易劈开，且劈口夹合力太大，砧穗结合不紧密；砧木过细，则砧穗包扎时容易移位，不利于接穗成活。

葡萄劈接操作流程如下。

（1）砧木切削：以需要更换的原品种植株为砧木，在选好要嫁接的位置处平茬切断，断面保持平整光滑。平茬后，在断面中间用刀垂直下切，形成深 3~5 厘米的垂直切口，确保切口整齐（图 6-72）。

图 6-72 砧木切削

（2）接穗切削：接穗一般留1~2个芽，在顶芽上方2~3厘米处平剪，在下芽下方1厘米处，用刀分别将两面削成3~5厘米的马耳状斜面。接穗削好后，呈楔形，两个切面光滑整齐（图6-73）。

图6-73 接穗切削

（3）砧穗接合：将削好的接穗插入接口内，使双方的形成层对齐，保证接穗切面和砧木切口完全吻合无空隙。注意，接合时不要把接穗的切面全部插入砧木切口，要露白0.5厘米左右，有利于伤口愈合。若把接穗切面全部插入，一方面上下形成层不易对齐，另一方面愈合面会在切口下部形成一个疙瘩，造成后期愈合不良影响植株寿命（图6-74）。

图6-74 砧穗接合

（4）包扎管理：接穗插好后，用塑料薄膜遮盖砧木切口断面，防止泥土和其他脏物侵入切口，以利于愈合。具体方法：可用一块大小合适的塑料薄膜（嫁接专用膜），中间按照接穗的粗度剪出相应的孔，然后从接穗上方套入，除接穗芽体露出外，整个砧木断面都被包严，再用塑料条将接口捆严扎紧（图6-75）。

图6-75 包扎

若砧木切口较粗，可分别在劈口两边插 2 个接穗，插入后先抹泥将劈口封堵住，然后套塑料膜并扎紧。此时期嫁接薄膜内会产生较多伤流液，可在薄膜下部用大头针扎小口放水，待芽萌发、嫁接口愈合后再除去嫁接膜（图6-76）。

图6-76 葡萄嫁接后萌芽

7. 病虫害防治 葡萄促早栽培，萌芽期较露地栽培提前，需要及时喷施石硫合剂，降低病虫害发生。

当冬芽开始萌动、膨大至绒球状时，喷施 3~5 波美度石硫合剂，务必在绒球见绿前完成，否则易烧伤芽体（图6-77）。此外，因葡萄植株尚未完全恢复生长，枝干比较干燥，需要较大的药液量才能均匀渗入树皮和枝干的表皮组织，因此，此次喷施要均匀，最好采用淋洗式的喷药方法，把药剂细致地喷遍树体、架材、钢丝和地面（图6-78）。注意，若遇雨水天气，建议使用 80% 硫黄水分散粒剂 200 倍液代替石硫合剂，效果更好。

适宜时期（1）　　　　　　　　　　　适宜时期（2）

错误时期（1）　　　　　　　　　　　错误时期（2）

图6-77　石硫合剂适宜喷施时期

图6-78　喷施石硫合剂

（1）石硫合剂熬制方法。

选料：石灰应选择白色、质轻、无杂质、含钙高的优质石灰（如果石灰质量较差，可适当提高30%~50%的石灰用量），硫黄选择色黄质细的优质硫黄，最好达到400目以上；水选择清洁的水。

配比：推荐配比为生石灰∶硫黄∶水∶洗衣粉=1∶2∶10∶0.2，为了避免在熬制过程不断加水，简化工作量，也可按生石灰∶硫黄∶水＝1∶2∶15或1∶2∶13的比例进行配制。

熬制：

①锅内加足水量，并记下水位线，开始加热。

②待水温热后（50~60℃、烫手），舀出少许水将硫黄粉和洗衣粉调制成糊状，然后倒入锅中。

③大火加热接近水开时（80~90℃），将石灰块小心投放到锅内，由于石灰遇水释放出大量热量，水会马上沸腾，石灰和硫黄开始进行反应，这时需要用大火，使整个锅沸腾，以促进反应，并开始计时，约需50分钟。沸腾期间应注意掌握火候，前猛（约20分钟，锅里会溢出大量气泡，可用扫帚等扑扫）、中稳（约15分钟，保持沸腾）、后小（约15分钟，保持微沸）。熬制过程中，需要用热水补充熬煮损失的水分，并在停火前15分钟加足水。

温馨提示：熬制过程中，药液的颜色变化为黄色—黄褐色—红褐色—深红棕色（酱油色）。当锅中溶液呈深红棕色（酱油色）、渣子呈草绿色时，即可停火，冷却、过滤后，便可获得石硫合剂母液。若渣子呈墨绿色，说明火候已过，有效成分开始分解；若渣子呈黄绿色，则说明火候不到，需要继续熬制。

（2）加水稀释。石硫合剂在使用前必须用波美比重计测量好原液度数，一般熬制的石硫合剂母液浓度为20波美度左右，高的可达26波美度以上。

加水（稀释）倍数计算公式：

加水量（倍数）=原液浓度÷稀释液浓度-1。

（3）石硫合剂使用相关注意事项。

①熬制时，要用生铁锅，使用铜锅或铝锅会影响药效。

②配药及施药时应穿戴保护性衣服，药液溅到皮肤上，可用大量清水冲洗，以防皮肤灼伤。使用石硫合剂后的喷雾器，必须充分洗涤，以免腐蚀损坏。

③石硫合剂不能与酸性或碱性的农药混用。

④忌与波尔多液、铜制剂、机油乳剂、松脂合剂及在碱性条件下易分解的农药混用，否则会发生药害。

⑤不宜在气温过高（>30℃）时使用。

⑥贮存：不能用铜、铝容器，可用铁质、陶瓷、塑料容器。

⑦要密封好，可用柴油、机油、植物油等封面。

8. 避雨棚覆膜　覆膜方法是将避雨棚膜覆于拱杆上，将两头拽紧并固定，然后用竹木夹或塑料夹将薄膜边缘固定在边丝上，每20厘米左右夹一个，最后在薄膜上拉上压膜线，拽紧固定

（图 6-79）。另外，覆盖避雨棚膜最好在发芽前进行，这样可以避免碰掉刚萌发的幼芽，也可以起到一定的保温作用。

上膜　　　　　　　　　　　上膜、夹子固定避雨棚膜

拉压膜线　　　　　　　　　　覆膜完成

塑料夹　　　　　　　　　　　竹木夹

图 6-79　覆盖避雨棚膜

9. 促早栽培葡萄抹芽定梢 河南郑州地区促早栽培葡萄生长情况见图6-80。

2021年3月5日三膜覆盖单栋大棚　　　　2021年3月9日棉被+单膜覆盖日光温室

2021年3月28日单膜覆盖日光温室　　　　2021年3月27日棉被+单膜覆盖日光温室

2021年3月29日单膜覆盖连栋大棚　　　　2021年3月28日单膜覆盖单栋大棚

图6-80　河南郑州地区促早栽培葡萄生长情况

（四）4月葡萄管理

4月是河南地区露地葡萄萌芽、展叶、新梢生长和花序分离期。当春季气温上升到10℃以上时，葡萄的冬芽开始膨大萌发，长出嫩梢。根据雨水和气温的变化，萌芽期或早或晚，但大多数露地栽培葡萄品种均在4月上旬萌芽，如遇前期温度较高的年份，露地葡萄也会在3月底萌芽。此时期，萌芽和新梢生长主要依靠贮藏在根和茎中的营养物质，贮藏养分是否充足直接影响到萌芽质量，可以利用萌芽整齐度判断萌芽质量，同时萌芽整齐度也是检验上年栽培管理技术是否得当的重要指标。另外，大多数葡萄萌芽时要求土壤温度在12℃以上，如果低于12℃则会推迟萌芽。

本月，葡萄栽培管理的主要工作是及时追肥、抹芽、定梢、喷药防治病虫害。抹芽和定梢是最后决定新梢选留数量的措施，也是决定葡萄产量与品质的重要作业方式。通常冬季修剪较重，容易产生较多新梢，若新梢过密，树体营养分散，枝条发育不良，会造成花芽分化不良及品质下降。通过抹芽与定梢，可以根据生产目的有计划地选留新梢数量，既保证了合理的叶面积系数，又保证了枝条、果实的正常生长发育。

1. 抹芽　抹芽就是在芽已经萌动但尚未展叶时，对芽进行选择性的去留。葡萄抹芽通常分两次进行。第一次抹芽在芽萌动初期进行（图6-81），主要将主干、主蔓基部和结果母枝上确定不留梢部位的芽及三生芽、双生芽中的副芽抹去（图6-82）。注意选留壮芽，应遵循密处少留、稀处多留、弱芽不留的原则。第二次抹芽在第一次抹芽后10天左右进行，此时基本可以看出萌芽的整齐度，对萌芽较晚的弱芽、无生长空间的夹枝芽、靠近结果母枝基部的瘦弱芽、部位不当的不定芽等根据空间的大小和留枝情况进行抹除（图6-83）。抹芽后保证芽体的一致且均匀分布。

图6-81　第一次抹芽时期

主干上的隐芽（1）　　　　　主干上的隐芽（2）　　　　　主蔓上的隐芽（1）

主蔓上的隐芽（2）　　　　　主蔓上的隐芽（3）　　　　　双生芽

图6-82　第一次抹芽

结果母枝靠外的芽　　　　　朝向不好的芽　　　　　晚萌发、长势瘦弱的芽

图6-83　第二次抹芽时期

2. 定梢 定梢决定了葡萄的枝梢布局和产量，可使架面达到一个合理的枝梢密度，有利于充分利用阳光。生产中，可以根据不同地区、不同品种、不同生产目的灵活掌握（图6-84）。

葡萄定梢通常在展叶后20天左右进行，此时新梢长至15~20厘米，可以辨别出花序质量，并以此为依据对新梢进行选留。原则上，选留有花序的粗壮新梢，除去过密枝和细弱枝，同时要注意选留的枝条基本整齐一致，以便于后期管理。

定梢的原则是每米主蔓留梢10个左右，棚架每米架面留10~12个新梢，坐果率高、果穗大的品种，一般每亩留2 600~3 000个新梢。在规定留梢量的前提下，按照"五留"和"五不留"的原则进行留与舍的选择，即留早不留晚（指留下早萌发的壮芽），留肥不留瘦（指留下胖芽和粗壮新梢），留花不留空（指留下有花序的新梢），留下不留上（指留下靠近母枝基部的新梢），留顺不留夹（指留下有生长空间的新梢）。

图6-84 葡萄定梢时期

3. 土肥水管理

（1）土壤浅耕。全园进行浅耕，疏松土壤，铲除杂草，提高早春地温，减少水分蒸发和养分消耗，改善土壤通气性，促进微生物活动，增加有效养分，促进根系生长（图6-85）。

图6-85　葡萄园浅耕

（2）施肥管理。此时期是新梢生长、花器官分化的重要时期。充足的养分供应有利于花器官的分化和抽梢。一般每亩施入高氮水溶肥（30-10-20）5千克，挖浅沟施入并覆土灌溉或以水溶肥的形式随灌溉水施入，以满足植株早期生长发育的需要。另外，为了促进新梢生长和坐果，可在4月下旬进行叶面喷肥。常用的叶面肥有0.02%~0.05%硼酸（硼砂或其他硼肥）、2 000~3 000倍海藻精、0.1%~0.3%全元素肥（水溶肥）。

根据中国农业科学院果树研究所王海波老师团队的研究，巨峰葡萄每生产1 000千克果实所需求的矿质营养量为钙5.70千克、氮5.67千克、钾5.66千克、磷2.37千克、镁1.02千克、铁153.45克、锰52.20克、硼41.84克、锌36.25克、铜7.28克、钼0.47克；而红地球葡萄每生产1 000千克果实所需求的矿质营养量为钙5.41千克、钾4.98千克、氮4.72千克、磷1.91千克、镁1.23千克、铁28.29克、锰7.68克、锌2.37克、硼2.34克、铜0.69克、钼0.14克。另外，葡萄每个生育阶段对矿质营养的需求是全面的，从萌芽—始花（新梢生长期），葡萄对大部分矿质营养的吸收量超过全年的10%；从始花—末花期，葡萄对大部分矿质营养的吸收量占全年的10%左右，为养分需求临界期；从末花—转色期，葡萄对大部分矿质营养的吸收量超过全年的30%，甚至超过50%（红地球），是葡萄对养分需求最大期；从转色—采收期，本阶段葡萄对钾需求量占全年的10%~20%，远低于幼果发育期的44.63%~60.03%；从果实采收—落叶期，辽西地区露地栽培的中熟品种巨峰和晚熟品种红地球对大部分矿质营养的吸收量占全年的10%左右。因此，科学施肥应以葡萄对营养元素需求规律为基础，不能盲目使用。

总之，葡萄施肥管理要遵循自身的养分需求，同时要根据当地的土壤肥力和树体生长发育情况而定。在众多营养元素中，适时、适量使用氮肥是施肥方案中最重要的，只有在合理的氮肥使用前提下，其他肥料使用才有可能取得应有的效果。判断葡萄缺肥与否，目前最为科学的是营养诊断。若生产中不能实现叶片营养诊断，可以根据葡萄树相判断是否缺肥，即"没果实时看新梢,有果实时看果实"(王忠跃等,2020)。观察葡萄新梢顶端是否"一直二平三弯曲"。"直"是指早晨露水还没干时观察,如葡萄新梢顶端直立向上且节间过短时,说明树体生长不良,需要施肥;"平"是指当葡萄新梢顶端平着生长,说明树体中庸,树势较好,不需施肥;"弯曲"是指当葡萄新梢顶端向下弯曲生长时,说明树势偏旺。"有果实时看果实",果实有光泽,说明发育正常,若无光泽说明缺肥。

(3)水分管理。在萌芽前灌水的基础上,若天气干旱,土壤含水量低于田间最大持水量的60%时,需要进行灌水。判断方法是黏壤土捏时虽能成团,但轻压易裂;壤土或砂壤土手握土后松开时不能成团,说明土壤含水量已少于田间最大持水量的60%,需要进行灌水。生长季节灌水最好采用滴灌或喷灌,这两种方法具有省水、省工、保肥的作用,在盐碱地还可以防止返盐。

4. 病虫害防治 4月是葡萄病虫害防治的关键时期,各种病虫害都在陆续萌发和出蛰,此时用药可以有效地降低病虫害发生基数,大大减轻和延缓病虫害的发生和危害,起到事半功倍的作用(图6-86)。

绒球期病虫害防治的最佳时期是绒球刚刚破鳞、微微透绿时,选择晴天(20℃为宜),全园喷洒3~5波美度石硫合剂或者嘧菌酯+高效氯氟氰菊酯+吡虫啉,包括树体、架材、钢丝、地面等均匀喷施。当嫩梢长到2~3叶时,注意防治白粉病、黑痘病、绿盲蝽、毛毡病、红蜘蛛等。绿盲蝽的防治可以使用10%高效氯氟氰菊酯2 000~3 000倍液、50%噻虫嗪3 000~4 000倍液、2.5%溴氰菊酯2 500倍液、7.5%氯氟·吡虫啉悬浮液、辛硫磷、啶虫脒等。同时,结合上年园区病害发生情况,适当添加防病药剂(灰霉病加40%咯菌腈悬浮剂,霜霉病加48%烯酰·氰霜唑悬浮剂等)。白粉病的防治可使用三唑类杀菌剂,如10%美铵600倍液、40%稳歼菌8 000倍液等,结合摘除白粉病病梢。防治黑痘病应使用杀菌剂,如80%波尔多液400倍液、苯醚甲环唑等。

黑痘病为害葡萄枝梢　　　　　　　　病毒病为害葡萄新梢(1)

病毒病为害葡萄新梢（2）

叶片黄化 + 病毒病

叶片黄化

绿盲蝽为害葡萄叶片

图 6-86 4月葡萄主要病虫害

5. 定穗 当花序长到 5~8 厘米，能清楚地看出花序饱满程度时，根据生产目标有计划的定穗（图 6-87）。疏除花序的时间多在开花前10~20 天开始至始花期，对于坐果好的品种，在新梢上能看清花多少和大小时越早疏除花序越好；对于树势强且容易落花落果的品种，疏除花序时间应适当推后。

花序选留一般遵循"强二、壮一、弱不留"的原则。即粗壮新梢留 2 个花序，中庸新梢留1 个花序，细弱新梢不留花序。多数葡萄品种成花容易，一般每个新梢都有两个花序或以上，应选留与旁边新梢上的花序大小一致、发育较完整的饱满花序。

图 6-87 定穗时期

　　根据葡萄品种，每亩定穗量为 2 000~2 600 穗，一般将果穗修整为 600~800 克的标准穗形，每亩生产优质果产量 1 000~2 000 千克。

　　6. 促早栽培葡萄管理　河南地区促早栽培葡萄进入开花坐果期，具体管理措施见 5 月开花坐果管理。不同设施栽培葡萄生长情况见图 6-88。

2021 年 4 月 10 日单膜促早日光温室（1）

2021 年 4 月 10 日单膜促早日光温室（2）

2021 年 4 月 23 日单膜促早日光温室（1）

2021 年 4 月 23 日单膜促早日光温室（2）

2021 年 4 月 5 日单膜促早单栋大棚（1）

2021 年 4 月 5 日单膜促早单栋大棚（2）

2021年4月24日单膜促早单栋大棚（1）　　　　2021年4月24日单膜促早单栋大棚（2）

2021年4月5日单膜促早连栋大棚（1）　　　　2021年4月5日单膜促早连栋大棚（2）

2021年4月25日单膜促早连栋大棚（1）　　　　2021年4月25日单膜促早连栋大棚（2）

2021年4月10日简易避雨栽培　　　　　　　　　2021年4月26日简易避雨栽培

图6-88　不同设施栽培葡萄生长情况

（五）5月葡萄管理

5月是葡萄新梢快速生长期（图6-89）和开花坐果期，也是葡萄生产中非常重要的管理时期。为了减少落花落果，在加强花前肥水管理的同时，还应适当定梢摘心，控制主、副梢生长，及时引绑枝蔓，改善架面光照条件，以利于提高坐果率和促进幼果生长。对授粉不良的品种，还要采取使用植物生长调节剂的措施，以达到高产和提高品质的目的。

图6-89　简易避雨栽培葡萄生长情况（2021年5月2日）

1. 枝梢管理

（1）新梢摘心。开花前后，新梢生长非常迅速，此时正值开花坐果期，需要大量的营养供应，如果放任新梢生长，将造成新梢与花序之间的营养竞争，竞争的结果通常是新梢继续大量生长，落花落果严重，果实品质降低。因此，生产上一般采用对结果新梢进行摘心的方法来抑制其生长，使营养物质集中供应花序，促进坐果（图6-90）。此外，在果实膨大期对新梢摘心，也可控制新梢生长过快，有效促进果实膨大。

温馨提示：若对旺盛新梢提早摘心，可在短期内控制结果枝营养生长，摘心部位以下的芽能够充分发育，有效促进花芽分化，并提高下一年的产量。因此，生产中，可通过加强肥水管理，促进新梢健壮生长，通过提早摘心，促进翌年葡萄优质丰产。

结果新梢摘心因品种而异。对于坐果较差的欧美杂交种葡萄品种，适宜的摘心时间为开花前 3~5 天至初花期，一般在花序上面留 4~5 片叶摘心，摘心处所留叶片约为正常叶片的 1/2 大小。也可分两次摘心，第一次在花前 10 天左右，花序以上留 2~3 片叶摘心；第二次在见花期进行，将顶端所留副梢留一片叶摘心或直接抹除，可显著提高坐果率。对于坐果性好的欧亚种葡萄品种，常于开花前 4~5 天，在结果新梢花序以上留 2~3 片叶摘心，有利于基部芽眼的花芽分化。

摘心前　　　　　　　　　　　　　　　　　摘心后

图 6-90　葡萄结果新梢摘心

营养新梢摘心，主要是控制新梢长度，促进花芽分化，增加枝蔓粗度，加速木质化。营养新梢的摘心一般根据长势而定。对于长势强的新梢，可采用培养副梢结果的方法分次摘心，即第一次摘心于主梢长到 8~10 片叶时留 5~6 片叶摘心，促进副梢萌发；然后保留顶端副梢向前生长，其余副梢全部抹除，当顶端副梢长到 5~6 片叶时，留 3~4 片叶摘心；之后继续保留顶端副梢生长和留 3~4 片叶反复摘心，其余副梢全部抹除。对于长势中庸健壮的新梢，留 7~8 片叶进行第一次摘心，促进新梢加粗生长和花芽分化。对于生长纤细的新梢，可适当多留叶片进行摘心，如留 8~10 片叶进行第一次摘心，以促进新梢加粗生长。对于冬芽不易萌发的品种（如京亚、巨峰等）和生长势强且冬芽易萌发的品种（如美人指、克瑞森无核等），若新梢不超过架面，不需要摘心，当新梢生长超过架面一定长度后，再进行摘心即可。

（2）副梢处理。多余的副梢必须及时抹除，以使叶幕层密度合理，有利于光合作用。若副梢处理不及时，容易造成架面郁闭，通风透光不良，树体营养消耗严重，不利于花芽分化，且降低果实品质和产量。

温馨提示：生产中，如果发现因没有及时处理而长出较多叶片的副梢，可根据田间具体情况进行处理，可以与主梢摘心间隔4~5天进行去除，以免处理不当造成冬芽萌发。若附近尚有空间，叶幕层厚度未达到要求，可保留副梢的大叶片对其进行摘心，并将其上的二次副梢全部抹除。

结果新梢上的副梢处理通常采取保留顶端1个副梢留3~4片叶反复摘心，果穗以下副梢全部抹除，果穗以上副梢留1片叶绝后摘心，此方法适用于幼龄结果树。成龄结果树可按省工法进行，即主梢摘心后保留顶端1个副梢延长生长，留4~6片叶摘心，此副梢发出的二次副梢，只保留先端1个副梢留3~4片叶摘心，其余二次副梢全部去除，先端二次副梢上再发出的各级副梢也全部去除；对于主梢叶腋发出的其他一级副梢在摘心后3~5天全部去除，不需要再反复处理各级副梢，既减少了管理用工，又有利于通风透光（图6-91）。对于易发生日灼的品种，可以保留果穗对面及上下叶片的副梢，采用留1~2片叶绝后摘心的方法，以减少日灼的发生（图6-92）。

图6-91 中部副梢全部抹除

图6-92 果穗对面及附近叶片的副梢留1~2片叶绝后摘心

营养新梢上的副梢可按结果枝上副梢处理的省工法进行。主、侧蔓上的延长梢的副梢可按照营养新梢的摘心方法进行。

温馨提示：生产中，应在维持新梢健壮生长的基础上，对其反复摘心。从开花坐果期起，始终以反复摘心来控制营养生长，促进花芽分化。

（3）去除卷须。卷须既浪费营养，又扰乱架面，必须及时摘除，以减少不必要的营养消耗。生产中，一般结合摘心工作捎带剪除（图6-93）。

图6-93 去除卷须

（4）枝梢绑缚。新梢达到一定长度时，需要进行绑缚，让新梢均匀地分布在架面上，合理利用空间。新梢绑缚方法常用绑蔓器绑缚（绑带绑缚）或扎丝绑缚（图6-94）。另外，生产中可通过新梢选留角度调节枝条生长势，以促进合理生长。强枝适当加大开张角度，抑制生长；弱枝适当缩小角度，促进生长。

绑带绑蔓　　　　　　　　　　　　　　　扎丝绑蔓

图6-94　葡萄枝条绑缚

2. 开花坐果管理

（1）拉长花序。果穗紧凑、果粒着生紧密的品种，常因果粒间太紧密造成果实发育不良，甚至因果实表皮破裂诱发其他病害，一般采取拉长花序的方法处理，以增加果粒着生疏松度。花序拉长通常在花序分离期进行（表6-5）。

生产中，只有个别葡萄品种需要拉长花序，如夏黑及其芽变品种（早夏无核、早夏香）等（图6-95）。另外，醉金香穗梗较短，也可进行拉长。切记阳光玫瑰不要拉长花序，否则，果穗松散，商品性差。

花序拉长前　　　　　　　　　　　　　花序拉长后

图6-95　夏黑拉长花序

表6-5 不同葡萄品种拉长花序效果

品种	是否适宜拉长花序	效果
夏黑、早夏无核	适宜	拉长花序、减轻疏果用工
金星无核、含香蜜、早熟红无核、无核白鸡心	适宜	拉长花序、增大幼果间距
红巴拉多、A09、红地球、黑巴拉多	不适宜	易产生小青粒
红宝石无核	慎用	易裂果
巨峰、浪漫红颜、阳光玫瑰	慎用	坐果性能不好

拉长花序的适宜浓度与时间：一般在花序初分离时进行，即约见花前15天，花序长度7~14厘米（平均10厘米）时。尽量选择在连续的晴天进行，如遇低温阴雨，可适当推迟。花序拉长不宜过晚，最迟应在花前7天完成。

生产中普遍应用的拉长花序的药剂是赤霉素类产品，不同品种花前对赤霉素的敏感程度不同，应用的浓度也不同。大部分欧洲种和欧美杂交种对赤霉素较敏感，使用浓度应控制在5~10毫克/升，如果浓度过大导致拉花过长，果穗松散不成串，果穗硬化掉粒严重。美洲种葡萄如着色香等对赤霉素不敏感，拉长花序浓度可以加大到50~100毫克/升。

拉长花序的注意事项：

① 与肥水管理相结合。使用植物生长调节剂拉长花序前后，要配合施肥灌水，才能达到理想效果。最好在拉长花序前，追施速效性高氮肥，结合腐殖酸类有机水溶肥，然后灌足大水。切记花前不要频繁灌水，以免影响地温。叶面也可喷施海藻酸类、钙肥等中微量元素肥。

② 与摘心、整穗相结合。拉长花序前后要配合摘心，可在花序上留2~3片叶摘心，摘心处叶片应为正常叶片的1/3大小。花序拉长前去掉花序上端3~4个分枝，不掐穗尖，使养分更集中。如拉伸太长，可剪去穗尖。

③ 与病害防治相结合。花序拉长时常有葡萄灰霉病、穗轴褐枯病的发生，拉长时逐个蘸花会造成病害的传染。拉长后，分枝距离变大，如果遭受灰霉病为害，分枝脱落，后期果穗会出现空档。因此，拉长花序的药液中可加入嘧霉胺、咯菌腈、啶酰菌胺、腐霉利等预防灰霉病的杀菌剂。

（2）促进坐果的栽培管理措施。葡萄的自花授粉坐果率因品种不同而有较大差异。一般情况下，盛花后2~3天开始生理落果，落果高峰多出现在盛花后4~8天。生理落果的轻重取决于品种特性、花期气候条件及栽培管理状况。生产中，可通过以下栽培管理措施来减轻生理落果，提高坐果率：

① 提高树体贮藏营养水平，保持中庸健壮的树势。树势过强或过弱，均不利于坐果。要通过合理的肥水管理，适当的冬夏季修剪，培养中庸健壮的树势，使树体贮藏营养达到较高水平。

② 适时进行结果枝摘心和副梢处理。对结果枝摘心及控制副梢生长，可使花序在开花坐果的关键时期得到较多的营养，从而提高坐果率。

③ 花期喷施硼肥可提高坐果率。

④ 花前摘心和喷施植物生长抑制剂控制新梢、副梢生长。如花前 3~4 天喷 98% 甲哌鎓 500~800 毫克 / 升。

⑤ 环剥保花。对于夏黑、巨玫瑰、巨峰、醉金香等坐果不良、树势强旺的树，在开花前一周在主干或主蔓或结果母枝上进行环剥、环切，促进坐果（图 6-96）。

环剥　　　　　　　　　　　环剥后愈合　　　　　　　　　　　环切

图 6-96　葡萄主干环剥、环切

（3）花序整形。

花序整形的作用：花序整形能够有效控制果穗的大小，提高坐果率，同时，调节葡萄开花期一致、果穗形状一致，减少后续疏果的工作量，有利于果穗的标准化管理、采收、运输、包装和销售，提高果实的品质和商品性。

花序整形的适宜时期：花序整形在花序分离后进行，适宜时期为开花前 1 周至初花期（图 6-97）。

图 6-97　修整花序适宜时期

花序整形的方法：我国早在20世纪70年代，为提高坐果率，避免果穗尖部的"水罐子病"，使果穗紧凑，对巨峰等品种采取剪去1/5~1/3穗尖、去副穗或大分枝的花序整形方式，但是这种方法的缺点是果穗大小不一、穗形为圆锥形，不便于规范包装。20世纪90年代后，上海、江苏等地区引进日本的去花序上部分枝、留穗尖的花序整形方法，取得了良好效果。目前，这种方法已经在巨峰、夏黑、阳光玫瑰等品种上广泛使用。在生产中，葡萄的花序整形通常需要根据品种特点、市场需求、产品定位、劳动力等因素制定。部分品种的自然穗形比较美观，可以"依穗作形"。

对于巨峰系如巨峰、京亚、户太8号、藤稔等品种，在见花前2~3天至初花期，留穗尖5厘米左右，或者剪去副穗和歧肩及上部3~6个花序大分枝，再剪去全穗长1/5~1/4的穗尖，保留中下部的小分枝（图6-98）。

 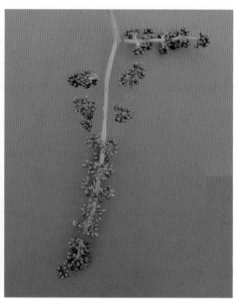

留穗尖5厘米左右 　　　　　　　　　剪穗尖法

图6-98　留穗尖法和剪穗尖法修整花序

对于需要用植物生长调节剂进行无核化处理的品种（夏黑、阳光玫瑰等），在见花前2~3天至初花期，留穗尖6~7厘米，可以使花序开花整齐，有利于药剂处理。

对于中小果穗品种（蜜光、瑞都红玉等）的花序，剪去副花序、1/4长的花序穗尖和第一及第二分枝的1/3长。此方法适用于大多数葡萄品种。

对于大穗形且坐果率高的品种（红地球、新雅、圣诞玫瑰等），谢花时留穗尖12厘米，或花前一周左右先剪去全穗长1/5~1/4的穗尖，初花期剪去过大、过长的副穗和歧肩，然后根据穗重指标，结合花序轴的分枝情况，采取长的剪短、紧的"隔2去1"（即从花序基部向前端每间隔2个分枝剪去1个分枝）的方法，疏开果粒，减少穗重，达到整形要求（图6-99）。

修整前　　　　　　　　　　　　　　　　　　修整后

图6-99　大穗形果穗修整花序前后

（4）保花保果及无核化处理。葡萄开花期可以分为始花期、盛花期和落花期。始花期是指花序上有4%~5%的小花开放；盛花期是指有60%~70%的小花开放；落花期是指开始落花，仅剩5%左右的小花没有开放。多种品种的每一个花序由始花期到落花期需要7~10天，其中始花期到盛花期通常需要2~3天，单个花序开花期一般为5~8天，时间长短受气候影响很大。葡萄花序中部先开花，然后是上部，穗尖开花最迟（图6-100）。

始花期　　　　　　　　　　盛花期　　　　　　　　　　落花期

图6-100　葡萄开花状态

　　自然坐果差的品种，开花期建议使用植物生长调节剂进行无核化及保果处理。常用的植物生长调节剂有赤霉酸、氯吡脲和噻苯隆等，依葡萄品种不同，处理时期与浓度有所差异。

　　植物生长调节剂处理通常分两次进行，第一次处理起到保果和无核作用，第二次处理膨大果粒。第一次处理常采用赤霉酸，降低花粉发芽率，促进果实单性结实；第二次处理常采用赤霉酸＋氯吡脲，抑制幼胚发育，促进子房膨大。植物生长调节剂处理通常采用花穗或果穗浸渍的方法（图6-101）。

图6-101　葡萄无核化及保果处理

　　夏黑葡萄的无核化处理时期为盛花末期，用25~50毫克/升的赤霉酸浸蘸花穗，诱导无核，促进保果（图6-102）；无核化处理后12~15天，用（25~50）毫克/升赤霉酸＋（3~5）毫克/升氯吡脲溶液浸蘸果穗进行膨大处理。

处理前　　　　　　　　　　　处理后　　　　　　　　　　　处理后

图6-102　夏黑葡萄无核化处理前后

巨峰系葡萄无核化处理时期为盛花后 2~3 天，用 12.5~25 毫克 / 升赤霉酸处理诱导无核，促进坐果，第一次处理后 10~15 天后，用 25 毫克 / 升赤霉酸 +（2~5）毫克 / 升氯吡脲进行膨大处理。注意：巨峰系不同品种需要适当调整植物生长调节剂的浓度才能达到更好效果，如巨峰葡萄第一次处理用 12.5 毫克 / 升赤霉酸；醉金香葡萄第一次处理用 15 毫克 / 升赤霉酸；京亚葡萄落花落果严重，第一次处理可用 25 毫克 / 升赤霉酸 +2 毫克 / 升氯吡脲（图 6-103）。

巨峰葡萄处理前　　　　巨峰葡萄处理后　　　　巨玫瑰葡萄处理前　　　　巨玫瑰葡萄处理后

图 6-103　巨峰系葡萄无核化处理前后

阳光玫瑰葡萄无核化处理时期为盛花后 2~3 天，用（20~25）毫克 / 升赤霉酸 +（2~3）毫克 / 升氯吡脲浸蘸花穗诱导无核，促进坐果；无核化处理后 12~15 天用（20~25）毫克 / 升赤霉酸 +（3~5）毫克 / 升氯吡脲进行膨大处理（图 6-104）。

处理前　　　　　　　　处理后　　　　　　　　处理后

图 6-104　阳光玫瑰葡萄无核化处理前后

温馨提示：植物生长调节剂的使用受环境影响较大，因此，各地在使用前需要先进行试验，试验成功后方可进行大面积推广应用。此外，使用植物生长调节剂时，切忌过量使用或滥用。

保花保果处理注意事项：

① 避免在温度过高或过低的不良天气作业。晴天高温天气，建议在上午11时前、下午5时后进行。

② 花前进行摘心，控制营养生长，促进坐果。新梢摘心，能抑制延长生长，使养分流向花序，开花整齐，提高坐果率，叶片和芽肥大，花芽分化良好。结果新梢摘心在开花前3~5天或初花期进行，强壮新梢在第一花序上留5~7片叶摘心，中庸新梢在第一花序上留4片叶摘心，细弱新梢疏除花序以后，暂时不摘心，可按营养新梢标准摘心。

③ 土壤干燥时，易产生副作用。坐果处理前后，应及时灌水，保持土壤潮湿。

④ 用量极少时，应先放入盛有水的容器中稀释，搅拌均匀后，再倒入大量水中充分稀释。

⑤ 最好浸泡处理，若采用喷雾，存在不均匀现象，效果不佳。另外，喷雾到叶片及冬芽时，易引起叶片过快生长，影响花芽分化。

⑥ 保果处理时，若加入其他药剂，由于花序上着药量较大，为避免药害，药剂用量应比正常使用量减少。

⑦ 相同的植物生长调节剂浓度，旺树的果粒会更大，颜色会变淡。通过摘心等措施，在确保能坐住果的基础上，应适当降低使用浓度。

3. 疏果 果穗美观、大小一致是葡萄优质生产的重要标准。疏果可将每穗葡萄的果粒数确定在一个合适的数量，促使果粒大小均匀、整齐美观、着生松紧适度，提高果实商品价值。

疏果时期：果实快速膨大期是疏果的最佳时间，一般在落果后、果粒大小分明时进行，以便于疏除小果、发育不良的果，使果穗形成符合要求的标准果穗。

疏果方法：疏果时，首先把畸形果疏去，其次把小粒果疏去，个别突出的大粒果也要疏去；然后根据穗形要求，剪去穗轴上过长的基部大分枝、中间过密的分枝和每个分枝上过多的果粒，并疏除部分穗尖的果粒，使果穗成熟时达到松紧适度、果粒大小整齐、着色均匀、外形美观，符合优质果的标准。

生产中，不同品种葡萄优质果穗的标准为：夏黑，每穗保留60粒左右，单粒重8克左右，单穗重500~600克；巨峰，每穗保留50粒左右，单粒重12克左右，单穗重500克左右；红地球，小果穗保留40~50粒，中果穗保留50~60粒，大果穗保留60~80粒，平均单粒重12克，小果穗500克左右，中果穗750克左右，大果穗1 000克左右；阳光玫瑰，每穗保留50~60粒，单粒重12克左右，平均穗重600~700克。

夏黑疏果，依次去除病果、虫果、畸形果和着生紧密的内膛果，疏果后要使果粒分布均匀、松紧适度，果粒大小基本一致（图6-105）。

| 疏果前 | 疏果后 | 疏果后 |

图 6-105　夏黑葡萄疏果前后

阳光玫瑰葡萄疏果前后如图 6-106 所示，疏果步骤详见第八章。

| 疏果前 | 疏果后 | 疏果后 |

图 6-106　阳光玫瑰葡萄疏果前后

巨玫瑰葡萄疏果前后如图 6-107 所示。

疏果前　　　　　　　　　　　疏果后　　　　　　　　　　　疏果后

图 6-107　巨玫瑰葡萄疏果前后

对于着生紧密的果穗，常用"钻龙法"疏果（图 6-108）。若因坐果多、疏果晚等因素造成果穗的果粒着生紧密，无法下剪，可从果穗尖端沿穗轴由下到上"钻"上来，一般"钻"2~3列，果穗已松散，再疏除有伤口或过密部位的个别果粒，既省工省时，又能疏出良好的穗形。

疏果前　　　　　　　疏果后　　　　　　　疏果前　　　　　　　疏果后

图 6-108　钻龙法疏果前后

对于伞状果穗（如红地球、新雅等）的疏果，可以先去除基部 3~4 个支穗，保留穗长 15厘米左右，再去除基部较长支穗的 1/3 左右，使果穗呈圆锥状（图 6-109）。

| 疏果前 | 疏果后 | 疏果前 | 疏果后 |

图6-109　伞状果穗疏果前后

温馨提示：疏果在坐果稳定后，越早进行越好，既省力，又能使果粒快速膨大。不能提前疏，太早不易辨别大小果和单性果，易造成减产；也不能疏得太晚，果粒生长大，浪费养分。

4. 花果管理常见问题及解决方法

（1）果穗卷曲、穗轴畸形（图6-110）。

| 果穗弯曲 | 果穗弯曲 | 果穗弯曲 |

穗轴畸形 穗轴畸形 穗轴畸形

图 6-110 葡萄果穗弯曲、穗轴畸形

发生原因：① 品种不适宜处理，如红宝石无核拉穗后花序易扭曲。② 树势偏弱，花穗弱小。③ 高温。④ 植物生长调节剂（如赤霉酸）使用浓度偏高，花期处理易造成扭曲。⑤ 植物生长调节剂使用时期不当（如花前或花期喷施赤霉酸易造成扭曲）。

解决方法：① 培养壮树，强壮树体。② 不适合拉穗的品种不拉穗。③ 掌握处理时期，无核保果处理的最佳时期在花满开后 1~3 天。④ 避开高温时段处理和适当降低植物生长调节剂浓度，如阳光玫瑰无核化处理时期气温接近 30℃，则 GA_3 浓度需下调，最好控制在 20 毫克/升以内，否则易造成果穗扭曲、落粒、松散等问题。

（2）大小粒、僵果（图 6-111、图 6-112）。

图 6-111 葡萄大小粒

图 6-112　僵果

发生原因：品种、环境因素、植物生长调节剂处理浓度和方式、微量元素缺乏、树体条件等因素都可诱发。如拉穗使用赤霉酸过晚，影响授粉，会产生小青粒；多数欧亚种品种拉长花序易产生大小粒；单用赤霉酸无核保果容易产生大小粒；链霉素使用浓度过高容易产生大小粒和僵果；低温、阴雨等不良天气处理容易产生大小粒。

解决方法：① 对于产量过高、果穗过大造成大小粒，应注意控制产量。② 对于病毒病感染或树势衰弱造成大小粒，病毒病严重的品种可使用脱毒苗建园。③ 进行保果膨大处理，使果粒均匀一致。④ 对于缺硼、缺锌造成的大小粒，要平衡施肥，加强肥水管理。⑤ 对于幼树、促成栽培出现的坐果不稳现象，应适当轻剪穗尖。⑥ 注意生长调节剂产品的选择及使用浓度和时间。

（3）落花多、断层、坐果少（图 6-113）。

图 6-113　葡萄落粒，断层

发生原因：葡萄落花落果是正常的生理现象，主要是授粉、受精不良及发育不正常的花和果粒自然脱落。低温、降雨、日照不足、高温干旱、氮肥过高、药害损害柱头不能受精、病菌感染等因素均可造成落果。此外，高温下主要用赤霉酸处理或链霉素单独处理时，也不利于坐果。

解决方法：①控制产量，贮备营养。根据土壤肥力、管理水平、气候、品种等条件严格控制负载量，保证果实、枝条正常充分成熟，花芽分化良好，使树体营养积累充足。②增施有机肥，提高土壤肥力。以秋施有机肥为主，并根据树体各时期对营养元素的需求，适时适量追施速效性化肥，改善土壤团粒结构，提高土壤肥力，为根系生长创造良好的环境条件，保证营养元素的均衡供应。③及时抹芽、定枝、摘心、处理副梢及花前花穗整形，通过这些管理措施，节省养分，最大限度地满足所留花序对养分的需求，保证顺利开花、授粉和受精。④花前喷施硼肥，在开花前半个月喷施1~2次0.3%的硼砂溶液，促进花粉管萌发及伸长，对提高坐果率、增加产量及提高果实质量都有明显的效果。⑤无核化处理不当常造成花穗稀松，无核化处理时期应尽量在盛花末期以后处理。单用赤霉酸处理，有些果穗保果及膨大效果差，应适当添加氯吡脲等进行药剂混配。以阳光玫瑰为例，其无核保果剂推荐配方为（20~25）毫克/升赤霉酸＋（2~3）毫克/升氯吡脲，膨大剂推荐配方为（20~25）毫克/升赤霉酸＋（3~5）毫克/升氯吡脲。适时保果，保果应在谢花后1~3天内进行，第5天及以后处理，基本上起不到保果作用。无核、保果、膨大的植物生长调节剂浓度要适量，浓度过高，会造成穗轴硬、果梗硬、副作用大、果实品质下降、容易掉粒等现象。

（4）坐果多（图6-114）。

图6-114　葡萄坐果量过多

发生原因：部分葡萄品种，如夏黑等，常因植物生长调节剂浓度不适宜，导致坐果多、疏果难等问题，给生产造成极大的不便。

解决方法：

①适时整理花穗，减少疏果用工。

②适时进行保果。

③无核、保果的调节剂浓度要适量。

④早疏果，多次疏果。

（5）植物生长调节剂应用效果差。

解决方法：

①根据品种，确定适宜使用时期。无核保果膨大处理：第一次在满花后 1~3 天，第二次在第一次处理后 12~15 天。

②严格掌握用药浓度，不同品种使用浓度不同，具体浓度可参考保花保果及无核化处理部分。

③选用成熟配方或专用产品。

④配制时可与展着剂、渗透剂、有机硅等混合使用，促进药液在果粒上分布均匀。

⑤需要根据气候环境和产品特性灵活应用。一般情况下，温度升高，药效增强；光照强烈，药效增强；湿度较大，药效增强。注意，高温情况下，无核保果处理应适当降低植物生长调节剂的浓度。

⑥通过栽培管理措施调控调节剂的应用效果。一是加强管理，培养健壮树势，树势强健可充分发挥调节剂效果，弱树则效果较差；二是花序整形，见花前一周内进行花序整形，只留穗尖 6~8 厘米；三是适时摘心，开花前在花上留 2~3 片叶摘心，抑制新梢旺长；四是合理施肥，无核及膨大处理后应及时补充肥水，日常管理中加强有机肥、磷钾肥和钙肥等矿物肥的使用，每年每亩施入优质有机肥 2 吨以上。

5. 土肥水管理

（1）中耕除草。中耕可以改善土壤表层的通气状况，促进土壤微生物活动，也可以防止杂草丛生，减少病虫为害。生长季节，葡萄园应进行多次中耕，规模较大的园区可采用旋耕机进行中耕（图 6-115）。

图 6-115　葡萄园中耕

（2）施肥管理。开花前，为了促进葡萄开花、授粉、受精、提高坐果率、使果粒发育一致、增强花芽分化能力，应在花前 7~10 天使用花前肥（壮梢肥）。若树势强旺，基肥数量又充足时，花前施肥可推迟至花后。树势弱时，应着重增施氮肥，适当配合增施磷、钾肥，加大施肥量。树势强旺、叶大浓绿、易落花落果的品种，可施磷肥，不施氮肥。同时，可结合施肥进行花前叶面喷肥，开花期易缺少硼素，缺硼则会影响花芽分化、花粉发育和萌发，因此，开花期应结合病虫害防治加施 0.02%~0.05% 的硼酸或叶面喷施硼砂。

追施膨果肥：此时期正值葡萄花芽分化与幼果快速生长期，充足的营养供应可有效促进幼果膨大和花芽的高质量分化。一般根据树势调节肥料种类和用量。此时期是树体需肥的关键时期，肥料的速效性尤为重要，一般以速效性配方水溶肥效果最佳。树势强旺时，可在花前少施或不施含氮水溶肥，待坐果后，每亩施平衡肥（21-21-21+TE）5 千克，间隔 7~10 天一次。树势中庸时，可在花前、花后每亩每次施入腐殖酸类水溶肥 2~3 千克，可快速为植株补充养分，待坐果后，每亩施平衡肥（21-21-21+TE）5 千克，间隔 7~10 天一次。树势弱时，可在花前、花后每亩每次施入高氮水溶肥（30-10-20+TE），待坐果后，每亩施平衡肥（21-21-21+TE）5千克，间隔 7~10 天一次。建议使用水肥一体化，通过滴灌设备施肥灌水，以利于树体及时吸收。

（3）水分管理。花期灌水会造成枝叶徒长，消耗树体营养较多，影响开花结果，因此，初花至谢花期 7~10 天内，需停止灌水。若遇到高温干旱年份，可少量灌水（图 6-116）。另外，不同葡萄品种坐果对湿度敏感度不一，如夏黑花期需要严格控水，而阳光玫瑰需要适量灌水，保持土壤湿润。

葡萄坐稳果后进入快速膨大期，需要充足的水分供应促进果实膨大，因此，要及时灌水，保持土壤相对湿度在 70% 以上。

图 6-116 灌水

6.病虫害防治 此时期是葡萄病虫害防治的关键时期，也是各种病虫陆续出蛰和病害数量的积累阶段，需要引起足够的重视，喷施药物（图6-117）。此时期有3个重要的病虫害防控节点，即花序分离期、开花前2~3天和落花后，常见的病虫害种类如图6-118所示。

图6-117 打药车喷药

灰霉病为害葡萄花序（1） 灰霉病为害葡萄花序（2）

白粉病为害葡萄果实（1） 白粉病为害葡萄果实（2）

白粉病为害葡萄叶片

霜霉病为害葡萄果实（1）

霜霉病为害葡萄果实（2）

霜霉病为害葡萄叶片正面

霜霉病为害葡萄叶片背面

蚜虫为害葡萄果实

绿盲蝽为害葡萄果实（1）　　　　　　绿盲蝽为害葡萄果实（2）

蓟马为害葡萄果实　　　　　　　　甜菜夜蛾为害葡萄叶片

虫害（1）　　　　　　　　　　　虫害（2）

图6-118　5月葡萄常见病虫害

（1）花序展露期到花序分离期：主要防治灰霉病、炭疽病、霜霉病、穗轴褐枯病等病害及绿盲蝽、蚜虫等虫害，可使用 30% 嘧菌酯·福美双 800 倍液 +20% 腐霉利 500 倍液 +21% 多聚硼酸钠 2 000 倍液 + 锌硼氨基酸 300 倍液 +10% 吡虫啉 1 500 倍液或者 45% 唑醚·甲硫灵 + 40% 烯酰吗啉 + 硼肥 +15% 氯氟·吡虫啉喷施。

（2）花序分离期到开花前：主要防治霜霉病和灰霉病，兼顾透翅蛾、金龟子等虫害，可使用 25% 吡唑醚菌酯 2 000 倍液 +20% 咯菌腈 3 000 倍液 +40% 烯酰吗啉 1 000 倍液 +22.4% 螺虫乙酯 4 000 倍液或者 45% 吡唑·甲硫灵 +40% 咯菌腈 +48% 烯酰·氰霜唑 + 硼肥 +30% 氟虫·噻虫嗪喷施。

（3）落花后：重点防控灰霉病、霜霉病、白粉病、绿盲蝽等病虫害，可使用 24% 唑醚·氰霜唑（或 30% 唑醚·乙嘧酚）+40% 嘧霉胺·咯菌腈 +40% 苯醚甲环唑 + 锌肥 + 杀虫剂喷施。

此外，5 月下旬，应喷施波尔多液叶面保护剂 1 次，预防霜霉病。霜霉病的发生与湿度密切相关，降水量大，通风不良，叶片和田间持水时间长，易诱发霜霉病发生。近年来，霜霉病早发现象显著，且愈发严重，已成为葡萄的"癌症"。对于霜霉病，关键时期使用铲除类药剂，可压低田间菌势，降雨后及时使用治疗性药剂，可将初侵染的病菌有效杀灭。

灰霉病的防控，也是本时期的重点工作。灰霉病属低温高湿型病害，发病后用药，虽然可以控制铲除部分灰霉病菌，但由于喷药，空气湿度加大，未受药的病菌孢子发生与传播速度会更强。药剂防控主要以预防、保护为主，同时注意药剂的精准性与处理浓度。此外，由于灰霉病菌几乎在所有作物上都可以潜伏侵染，病菌的变异性很强，对常规药剂的抗药性表现明显，尤其是嘧霉胺等药剂，防治有效性显著降低。

目前，灰霉病的防治以预防控制为主。前期用 40% 咯菌腈悬浮剂 3 000~4 000 倍液或者 40% 嘧霉胺·咯菌腈悬浮剂 1 500~2 000 倍液 +45% 唑醚·甲硫灵 1 500 倍液进行全园喷雾，可有效预防和控制灰霉病的发生。如需加强花序的安全防控，也可用 40% 咯菌腈悬浮剂 4 000 倍液配合调节剂处理浸蘸花序。

温馨提示：因葡萄花期比较敏感，通常避免在盛花期用药，但花期持续时间过长或开花期间突发严重病害时，就必须进行及时的药剂处理，确保花序及果穗安全。

常用的处理方法有：

① 选择安全性高、针对性强的药剂。

② 选择在下午进行喷药，避开上午花朵开放时间。

③ 对中心病株进行摘除，在人工蘸穗等处理时，加入防治灰霉病、霜霉病等的药剂，如 40% 咯菌腈、48% 烯酰·氰霜唑等。

7. 绿枝嫁接更新品种　绿枝嫁接是葡萄常用的繁殖方法，以嫩枝作为接穗与砧木新梢进行嫁接。绿枝嫁接既延长了葡萄嫁接时期，又扩大了接穗与砧木的来源，并且操作简单，成活率高。此时期，需要更新品种的园区，可采用绿枝嫁接（图 6-119）。

劈接

绑缚

嫁接完成

图6-119　葡萄绿枝嫁接

（1）嫁接时间：砧木和接穗的枝条均达到半木质化程度，枝条削后稍露白时为嫁接最适时期，枝条太嫩或太成熟均会影响成活率，通常在无风的阴天进行。

（2）接穗采集：采穗前一周用多菌灵杀菌消毒。一般在砧木新梢茎粗0.8厘米时进行，原则上就近采穗，随采随接，有利成活。若从外地采穗，将绿枝接穗去掉叶片，用湿毛巾和薄膜包严，以防水分丢失。尽量选择嫩绿状态的砧穗，以提高嫁接成活率。

（3）嫁接方法：绿枝嫁接以劈接法为主。

①剪砧。以直径粗度为1厘米的枝条为宜，在靠近枝条基部2~4节，剪口处距离剪口芽约4厘米的位置平剪，保留叶片，去掉叶腋间的芽眼。

②削穗。选择与砧木粗度和成熟度相近的接穗，将枝条平剪成长4~5厘米，并留有1个芽的小枝段，芽的上端留1~1.5厘米、下端留3~4厘米。用刀片在距离芽下端约1厘米处的两侧，各向下削2.5~3厘米长的楔形斜面切口，削面对称均匀，削口平整光滑。

③劈接。用刀片朝砧木断面中间垂直向下劈开3厘米长的切口，劈口略长于接穗斜面长度，将削好的接穗插入砧木切口中。注意砧木与接穗间的形成层必须有一面要对齐，接穗削面上需露白0.2~0.3厘米，有利于愈伤组织的形成。

④缚膜包扎。用薄膜条自下而上沿砧木切口位置至接穗顶端缠紧、扎严，然后自上而下回绑，包严、扎紧，仅露出接穗芽即可。

（4）嫁接后管理。

①检查嫁接成活情况（图6-120）。嫁接完成后，立即给砧木灌透水，7天后，发现接穗上的叶柄一触即落，表明嫁接成活。未成活的应立即补接。

②及时抹芽。砧木叶腋间萌发的副梢及根砧上的萌蘖芽要随时抹除，以利于养分集中到接穗上来，提高接穗的成活率。

图 6-120　嫁接成活

③ 立杆引缚、摘心、去卷须。接穗展叶抽梢长至 20 厘米时，及时立杆引缚，防止风吹倒伏。枝条长出 7~9 片叶时及时摘心，使枝条粗壮，促进成熟。叶腋间抽生的副梢，除顶端副梢外，其余留 1 片叶，并及时去掉枝条上的卷须和花序。

④ 除草施肥。铲除杂草后，前期根施适量氮肥，后期即接穗展叶 5~6 片时，每隔 10~20 天喷施 1 次 0.2% 的磷酸二氢钾叶面肥。

⑤ 及时预防霜霉病、斜纹夜蛾等病虫害。

⑥ 解膜。次年萌芽前，用刀片轻轻划破薄膜即可。

（六）6月葡萄管理

6 月是葡萄果实快速膨大期，地下部长出大量新根，以利于吸收土壤中的水分和养分（图 6-121）。一般情况下，从终花期到浆果开始着色为止，早熟品种为 35~60 天，中熟品种为 60~80 天，晚熟品种为 80~90 天。对于早熟品种，促早栽培葡萄果实进入转色期（图 6-122）。

2020 年 6 月 5 日简易避雨栽培　　　　　　2021 年 6 月 5 日单栋大棚促早栽培

2021 年 6 月 7 日连栋大棚栽培　　　　　　　　2021 年 6 月 22 日单膜日光温室促早栽培

图 6-121　阳光玫瑰葡萄果实快速膨大期

2021 年 6 月 15 日简易避雨栽培　　　　　　　　　2021 年 6 月 22 日露地栽培

2020 年 6 月 19 日连栋大棚栽培　　　　　　　　　2021 年 6 月 12 日日光温室促早栽培

图 6-122　夏黑葡萄从果实快速膨大期到转色期

1. 疏果 如果上个月未完成疏果工作，可在本月继续进行，具体方法详见 5 月葡萄管理。

2. 预防高温日灼 6 月初是葡萄发生高温日灼的关键时期，有些高温年份在 5 月底也会发生。果实日灼表现为在果粒表面出现黄豆粒大小、黄褐色、近圆形斑块，边缘不清晰，之后病斑不断扩大，果肉组织坏死，逐渐呈凹陷斑，严重时病斑可占据整个果粒，果粒皱缩、变褐，果梗乃至穗轴干枯。常用的防治方法有灌水降温、行间留草、边行和南侧搭建遮阳网等（图 6-123），具体症状和防治方法详见第七章。

图 6-123　葡萄边行搭建遮阳网

3. 套袋 葡萄果穗套袋，可以提高果实外观质量、减轻果实病害发生、减少农药残留、防止果实日灼等。套袋后，葡萄果实果面光洁，着色均匀，病虫鸟害减轻，农药残留降低，商品性和经济效益显著提高。套袋现已成为绿色、有机葡萄生产的重要技术措施之一。

（1）果袋类型。葡萄果袋主要有纸袋、透明袋、半透明袋、无纺布袋、报纸袋等（图 6-124）。纸袋韧性较好，通常在纸浆中加有石蜡或在纸袋外面涂有石蜡，可防雨水冲刷，防病效果显著，生产中最为常用。根据颜色不同，生产中常见的纸袋有白色、绿色、蓝色、红色和黑色等，不同颜色果袋对果实成熟和品质有不同影响，一般情况下，白色纸袋最有利于果实成熟和糖分积累，深颜色的果袋可以防止日灼和果锈。透明袋有利于果实转色成熟，且方便查看果实生长情况，但在果实生长前期易造成果实日灼。半透明袋是介于纸袋和透明袋中间的一种果袋，一面纸袋，一面透明袋，该果袋既有利于果实转色成熟和查看果实生长情况，又可以在一定程度上防止日灼发生。另外，半透明袋也可以作为果实包装袋。无纺布袋质地较薄，透气性好，适合在避雨及其他设施栽培条件下使用，但成本较高，且对果实易造成伤害。报纸袋作为我国最早使用的果袋，曾在生产中大面积使用，但因韧性较差、不耐雨水冲刷及浸泡、透光性差等问题，已经被淘汰。

白色纸袋　　　　　　　　　绿色纸袋　　　　　　　　　蓝色纸袋

红色纸袋　　　　　黑色纸袋（内层黑色）　　　　　透明袋

半透明袋　　　　　　　　彩色无纺布袋　　　　　　　白色无纺布袋

图6-124　不同种类的葡萄果袋

（2）果袋选择。果袋选择根据葡萄品种、栽培方式及架式等因素来定。巨峰等散射光着色的品种，选择白色普通纸袋即可（图6-125）；克瑞森无核、新雅等直射光着色的品种，选择透光性好又防日灼的果袋，配合果实成熟期摘袋，可促进果实着色；易发生日灼和果锈的阳光玫瑰等品种，选择绿色或蓝色果袋（图6-126）。保护地栽培、避雨栽培和棚架栽培等，光照强度减弱，果实不易着色，可选择透光性好的果袋。

图 6-125　白色普通纸袋

绿色纸袋（1）　　　　　　　　　　　绿色纸袋（2）

蓝色纸袋　　　　　　　　　　　　　渐变蓝色袋

图 6-126　防日灼和果锈专用果袋——绿色纸袋和蓝色纸袋

温馨提示：若果袋透光率较低，会降低果实的含糖量，尤其是不透光的果袋，果实含糖量不但会显著降低，而且果粒也会明显变小。另外，套袋后果实的钙含量也会随着果袋透光率的降低而降低，因此，套袋栽培应注意补充钙肥。

（3）套袋时期。葡萄套袋的适宜时间取决于以下因素。

① 品种因素：葡萄不同品种的抗性存在差异，套袋的时间也有所不同。欧美杂交种可以适当晚套，欧亚种可以适当早套。对于容易发生气灼病的品种，应选择在硬核期之后套袋，以减少气灼病的发生；对于不容易产生气灼病的品种，一般适合早套袋。

② 栽培方式和生产目的：同一品种的套袋时间也有差异。露地栽培的葡萄可以适当早套，避雨栽培的阳光玫瑰等欧美杂交种葡萄可以在封穗期套袋。以防病为目的的栽培，应在疏果到位后，越早套袋越好。以改善果实外观为目的的栽培，应尽量晚套袋。葡萄套袋时，阴天可全天进行，晴天最好在上午10时以前和下午4时以后进行，避免中午高温引起气灼。阴雨天不要进行套袋，会造成果袋内湿度过大，容易发生病害。

（4）套袋前果穗处理。套袋前必须对果穗进行药剂处理，可选择浸穗或用喷雾器进行均匀喷施药液，最好采用浸穗方法，以保证每个果粒都能均匀浸到药剂。

果穗处理药剂的选择标准，一是要同时兼治多种果实病害和虫害，二是果实安全无药害，药效期长。常用的药剂有嘧菌酯（阿米西达）、苯醚甲环唑、嘧菌酯·福美双等。注意：使用药液浸穗后，应用手轻轻抖动果穗，使多余的药液从果粒上滑落，以免产生药害（图6-127）。

图6-127　渗透性强农药产生药害

（5）套袋前药剂处理的注意事项。

① 不要用乳油类药剂，大多数乳油类药剂会影响果粉的形成。

② 不要用粉剂类药剂，大多数粉剂类药剂细度差，容易在果面形成药斑（图6-128）。

图 6-128　粉剂类农药产生药斑

③ 尽量不要用三唑类杀菌剂，如丙环唑、戊唑醇、己唑醇、腈菌唑等，此类药剂会抑制果粒膨大。

④ 要用广谱型药剂，减少药剂混用，避免因药剂混用产生不良的化学反应。目前市场上的药剂中，以甲氧基丙烯酸酯类药剂防治病害种类最多，常用的有嘧菌酯、苯甲·嘧菌酯等。

⑤ 要用长效药剂，需确保药效可以持续到摘袋，目前市场上，甲氧基丙烯酸酯类药剂的有效期较长。

（6）套袋方法。套袋前，全园喷施 1 次杀菌剂和杀虫剂，常用的药剂有 37% 苯醚甲环唑水分散粒剂 4 000 倍液 +80% 嘧霉胺水分散粒剂 1 500 倍液 +70% 吡虫啉水分散粒剂 7 000 倍液、50% 保倍 2 000 倍液 +20% 苯醚甲环唑 2 000 倍液 +97% 抑霉唑 4 000 倍液、甲基硫菌灵等。采用浸蘸方式或淋洗式喷雾，做到穗穗喷到，粒粒见药。药液晾干后再套袋。

套袋时，可以先将纸袋有扎丝的一端浸入水中 5~6 厘米，浸泡数秒钟，使上端纸袋湿润，不仅柔软，而且易将袋口扎紧；然后用一只手撑开袋口，使果袋整个鼓起来，用另一只手托住袋的底部，使袋底部两侧的通气排水口张开，袋体膨起；之后将袋从下向上拉起，果柄放在袋上方的切口处，使果穗位于袋的中央；最后将袋口用扎丝绑紧避免雨水流入。

温馨提示：葡萄避雨栽培套袋时，袋口不要扎得过紧，最好保留一定空隙，以保证袋内温度较高时，形成对流，从而降低袋内温度，既可避免因袋内温度过高而降低果实品质，又能有效降低气灼病发生。

4. 土肥水管理

（1）中耕除草。若葡萄园覆盖地膜，应视土壤板结及杂草生长情况进行中耕除草，深度为 5~10 厘米，清除的杂草可覆盖于行间，既可降温、保湿，又可增加土壤有机质及有效磷、钾、镁的含量，改善土壤结构。

（2）施肥管理。6 月正值葡萄幼果快速膨大期，此时新梢也快速生长，需要大量营养物质。研究表明，葡萄幼果快速膨大期既是果实生长发育最快的时期，也是葡萄一年中需肥量最大的时期，此时期需要较多的氮素营养，又需要较多的磷、钾元素。因此，葡萄幼果快速膨大期应着重补充磷、钙、锌等营养元素，促进细胞分裂，增加细胞间紧密度，利于种子发育。常用的施肥种类是平衡型水溶肥（21-21-21+TE），每次 5 千克 / 亩，每 7~10 天施 1 次，共施 5~6 次。结合施入硝酸铵钙 7.5 千克 / 亩，硝酸铵钙不能与平衡型水溶肥同时施入，应间隔 3~4 天施入，共施 4 次。葡萄套袋后，每隔 15 天喷施一次 0.2%~0.3% 磷酸二氢钾，连续喷施 3~4 遍，可显著提高果实品质。

（3）水分管理。此时期为葡萄需水临界期，适宜的土壤湿度为田间最大持水量的 75%~85%，结合施肥进行灌水，促进果实快速膨大生长。

5. **病虫害防治**　6 月，葡萄幼果进入迅速生长阶段，是多种病害初侵染的关键时期，特别是遇到降雨，病菌会大量侵染，必须加强病虫害防治，压低病菌及害虫数量，以便于果实干净套袋。此时期，葡萄主要病虫害有黑痘病、炭疽病、白腐病和透翅蛾等。若降雨较多，还需重点防治霜霉病和灰霉病；若干旱少雨，则需重点防治白粉病、毛毡病及红蜘蛛（图 6-129）。

日灼病为害果实　　　　　　　　　　　　　　日灼病为害叶片

霜霉病为害叶片背面　　　　　　　　　　　　霜霉病为害叶片正面

霜霉病为害果实

白粉病为害果实

白腐病为害果实

螨虫为害枝梢

蓟马为害果实

桃蛀螟为害果实（1）

桃蛀螟为害果实（2）　　　　　　　　鸟害

红蜘蛛为害叶片　　　　　　　　　毛毡病为害叶片

图6-129　6月葡萄主要病虫害

可在全园喷施铜制剂，如波尔多液、王铜、碱式硫酸铜等药液，并与50%烯酰吗啉水分散粒剂3 000倍液+430克/升戊唑醇悬浮剂5 000倍液、25%硅唑·咪鲜胺水乳剂800倍液、50%嘧菌酯·福美双1 500倍交替使用。若遇降雨，可在雨前喷药降低病菌基数，雨后及时补喷杀灭病菌。

6.绿枝嫁接及后期管理　本时期也可进行绿枝嫁接更换品种，具体方法同5月绿枝嫁接。

（七）7月葡萄管理

7月，避雨栽培早熟葡萄品种（如夏黑、无核翠宝等）进入成熟期（图6-130），中、晚熟葡萄品种进入软化期（如阳光玫瑰、醉金香、金手指等）和转色期（如巨玫瑰、新雅、新郁、浪漫红颜、美人指、克瑞森无核等）（图6-131~图6-134）。

转色初期　　　转色中期（1）　　　转色中期（2）　　　成熟期（1）　　　成熟期（2）

7月底避雨栽培　　　　　　　　　　7月初单栋大棚促早栽培

图6-130　夏黑葡萄成熟期

软化初期（1）　　　软化初期（2）　　　软化中期（1）　　　软化中期（2）

2021 年 7 月 7 日避雨栽培　　　　　　　　2021 年 7 月 13 日日光温室促早栽培

2021 年 7 月 4 日单栋大棚促早栽培　　　　　2021 年 7 月 26 日单栋大棚促早栽培

图 6-131　阳光玫瑰葡萄软化期

图 6-132　金手指葡萄软化期

图6-133 新雅葡萄转色期

图6-134 浪漫红颜葡萄转色期

1. 新梢管理 新梢顶部副梢留2~3片叶反复摘心，其余副梢均留1片叶绝后摘心或直接抹除。棚架栽培，相邻两个结果蔓上新梢的顶部副梢交叉后，直接从交叉位置剪掉副梢；V形架式，顶部副梢高度保留到最上面钢丝处；高宽垂架式，顶部副梢保留到离地面30厘米左右，保持每个新梢（结果枝）上15~20片叶。对易发生日灼病的品种，夏季修剪时在果穗附近留1~2片副梢叶片以遮挡果穗。及时绑梢和剪掉卷须，以促进枝蔓生长。修剪后及时清除病叶、病枝、病果，集中处理。

2. 果实管理

（1）促进果实转色。此时期，有色葡萄（红色、紫色、黑色等）品种进入转色期，需采取措施促进果实转色，加快果实成熟。常用的栽培管理措施如下。

图 6-135　地面铺设反光膜促进转色成熟

图 6-136　地面铺设反光布促进转色成熟

图 6-137　新雅葡萄"阴阳脸"果穗

① 铺设反光膜促进转色。通过地面铺设反光膜（图 6-135）或反光布（图 6-136）增加光照强度，促使果实快速上色和提前成熟，也可使果穗受光均匀，避免"阴阳脸"（葡萄受光面着色或着色深，而背光面不着色或着色浅）发生（图 6-137）。

② 环剥促进转色。部分着色不良的品种可通过环剥主干 3~5 毫米宽或环切的方法，阻拦水分和营养物质运输，促进着色，提高果实含糖量（图 6-138）。环剥后，可用胶带将伤口包扎，以利于愈合。环剥多在果穗有部分果粒着色（黄绿色品种果粒变软）时进行，常用于巨玫瑰、红富士等葡萄品种。

环剥后愈合   环切后愈合

图 6-138　主干环剥、环切后愈合

③ 摘除老叶促进果实着色（图 6-139）。部分着色较差的品种，如圣诞玫瑰等，可在刚转色时，将基部老叶摘去 3~4 片，以使果穗充分受光，快速转色。

④ 去袋促进转色（图 6-140）。对于不易转色的品种可在成熟前 7~15 天，去掉果袋，改善光照条件，以促进果实快速转色和成熟。生产上常进行去袋处理的品种有夏黑、新雅、克瑞森无核等。随着近年来桔小实蝇在葡萄上的为害频繁发生，尤其是阳光玫瑰品种，因此，成熟前去袋方法要慎用。

图 6-139　摘除新梢基部老叶

夏黑　　　　　　　　　　　　　新雅

图6-140　葡萄去袋促进转色

（2）预防早、中熟葡萄裂果。葡萄裂果是果实水分剧烈变化的结果。葡萄果实较长时间缺水，果实水势降低，吸水能力增强，若突遇大雨或者灌大水，会通过根系或果皮大量吸水，致使膨胀超过细胞最大张力，便发生裂果。

生产中，裂果多发生在土壤板结、排水性差的葡萄园。另外，裂果还与葡萄品种特性有关，果皮薄的品种容易裂果，如无核翠宝、香妃、夏黑、七星女王、SP9715等品种容易裂果（图6-141）。

夏黑葡萄纵裂　　　　　　　　　夏黑葡萄裂果

无核翠宝葡萄裂果　　　　　　　香妃葡萄裂果

七星女王葡萄裂果（1）　　　　七星女王葡萄裂果（2）

SP9715葡萄裂果（1）　　　　SP9715葡萄裂果（2）

图6-141　不同葡萄品种裂果状

发生裂果的原因：

① 土壤含水量不稳定。葡萄果实生长前期土壤干旱，进入转色期后突降大雨或大水漫灌，土壤含水量大增，造成裂果。

② 施肥不合理。生产上往往前期施肥量不足，后期为提高产量，大量使用氮肥，使果粒在转色期膨大过度，造成裂果。

③ 果皮厚度较薄。果皮厚度影响裂果，果皮偏薄时，裂果率增加。

④ 负载量不合理。留果穗过多，单个果穗过大，造成果粒之间互相挤压，增加裂果发生。

⑤ 植物生长调节剂使用不合理。葡萄果实的无核化、膨大、快速转色均可以通过使用植物生长调节剂来实现，但过量、过早地使用植物生长调节剂会引起果粒细胞的分裂和增大异常，造成裂果。

⑥ 果实缺钙。钙是葡萄生长中的必需元素，分布在葡萄的细胞壁中，主要以果胶钙的形态存在，作用是沉积多糖类物质，增加细胞壁的坚硬程度。在葡萄生长过程中，如果缺乏钙元素，则会造成葡萄细胞壁硬度不够，容易破裂产生裂果现象。

防治措施：

① 设施栽培。避雨设施不仅可以控制根系吸收过多水分，也可以避免叶片、果实吸收过多水分，从而有效地降低葡萄裂果发生。研究表明，在避雨栽培和大棚栽培条件下，葡萄裂果率从 20%~60% 降至 1%~3%，显著低于露地栽培。

② 科学施肥。葡萄生产要重视基肥使用。前期需要较多的氮素供应，幼果期对磷、钾肥的需求量增加，果实生长后期应多施钾肥，避免施单一的氮素肥料或含氮量高的肥料。同时，钙、硼等元素也能增强果皮的延展性，减轻裂果，可采用叶面施肥的方式进行补充。

③ 合理灌溉。有条件的果园尽量使用滴灌或喷灌，可做到少量多次灌水，保证土壤水分保持稳定。天气干旱时，灌小水，勤灌水。坐果后，多灌水，每隔 5 天左右时间灌一次透水。转色前视土壤干旱程度适度灌溉，防止土壤干旱。成熟前如遇到雨水天气要做到及时排水，也可以在葡萄近成熟时，行间覆地膜，既可防旱，又可排涝，还可防止病菌滋生。

④ 合理留果和疏果。保持叶果比为（15~20）∶1，避免叶片过少，增强叶片调节水分的能力。健壮枝蔓留 2 个果穗，中庸枝蔓留 1 个果穗，长势弱的枝蔓不留果穗。及时除去副穗，果粒生长紧密的品种，要在花前整穗，当果粒长至黄豆粒大小时疏果，使果穗大小适中，预防后期因相互挤压造成裂果。

⑤ 土壤补钙。树体缺钙制约果皮发育，造成后期裂果。对于缺钙的土壤，可在秋施基肥或追施化肥时施入钙肥，如硝酸钙，一般每亩施入 5~10 千克。

⑥ 喷布稀土元素。喷布稀土元素一方面可以控制果实发育急剧变化，使果实发育处于相对稳定状态；另一方面有利于提高果实可溶性固形物含量，增加果皮厚度，减少裂果。

⑦ 预防自然灾害。遇大风、高温天气也会造成裂果。在大风、高温天气来临前灌水或喷水都可以达到降温的目的，减少裂果发生。

3. 搭建防鸟网　果实套袋后，应及时搭建防鸟网，以减少鸟类对果实的啄食。常用防鸟网的规格为 1.5 厘米 ×1.5 厘米或 2.5 厘米 ×2.5 厘米的网孔，可将葡萄生产区全部覆盖，或将没有塑料薄膜覆盖的露天部分（包括大棚和避雨棚的四周、通风口等）覆盖（图 6-142）。

图 6-142　避雨栽培搭建防鸟网

4. 土肥水管理

（1）中耕除草。视土壤板结及杂草生长情况进行中耕除草，深度为5~10厘米。

（2）施肥管理。此时期施肥以磷、钾肥为主，并注意补充钙、镁，以利于减少黄叶发生，增加干物质形成，提高果实含糖量。一般使用高钾型水溶肥（12-3-45+TE）5千克/亩，每7~10天施一次，共施4~6次。结合硝酸铵钙7.5千克/亩，注意硝酸铵钙不能与高钾型水溶肥同时施入，间隔3~4天施入，共施4次。通过滴灌设备或随灌溉水施入。同时，可结合病虫害防治，叶面喷施钙、镁、锌、硼等叶面肥。

（3）水分管理。7月正值葡萄浆果第二次快速生长期，果实发育与花芽分化同步进行，需要大量水分，因此，应注意保持土壤相对湿度在70%左右。水分不足，果粒较小；水分过多，易发生裂果，引起新梢旺长，影响后期果实着色和根系生长。

① 灌水。浆果膨大期也是葡萄需水的高峰期，灌水一定要及时，否则会对果粒膨大、叶片生理指标、果实生长发育和产量产生极其不利的影响。7月，大多数地区均进入雨季，但降雨分布也存在差异，降雨少、降水量小的地区及采用避雨栽培的园区要及时进行灌水。灌水一定要掌握时间，最好在早上或者傍晚。另外注意葡萄园不要困水，以免高温造成水分大量蒸发，加大空气湿度。若灌水量过大，果实糖度会显著降低，品质低劣，且易出现裂果等现象。

② 葡萄园积水的补救措施。进入雨季后，葡萄园很容易积水，特别是降水量大的地区，应注意预防。一是因地制宜修建水利设施，加大水利设施投入，健全排水系统；二是建立雨涝实时监测、预警系统；三是暴雨积水前控产、中后期控氮栽培可以减少积水对树体的影响。若遇葡萄园积水，应及时排涝，越早越好，减少水淹时间，积水不能超过48小时。若使用水肥一体化设施，可适当减少水的投入量，避免对葡萄园造成伤害。

葡萄园积水后，根系易受损伤，导致肥水吸收能力下降，因此，积水后不宜使用化肥，以避免化肥伤根促使死树，可使用叶面喷肥，为树体补充营养，增强抗逆能力。待树体恢复、土壤含水量降低后，再按原计划施肥，以促进根系和果实生长，不必增加用量。同时，加强病虫害防治，降低次生灾害。

　　此时期，早熟葡萄品种要适当控水，以促进果实糖分积累，加速成熟。若遇连续高温天气或设施大棚栽培，可视土壤干旱程度进行少量多次灌水；若遇连续阴雨天，应及时排水，防止裂果。中、晚熟葡萄品种可适当灌水，促进果实生长。

　　5. 病虫害防治　此时期，需重点防治霜霉病、炭疽病、白腐病、黑痘病等（图 6-143），可以全园喷施铜制剂，如 1∶1∶200 倍波尔多液或 77% 硫酸铜钙可湿性粉剂 600~800 倍液，并与 72% 霜脲氰 + 代森锰锌可湿性粉剂 600~800 倍液 +25% 硅唑·咪鲜胺水乳剂 800 倍液、40% 氟硅唑 6 000~8 000 倍液或 25% 丙环唑 2 000~3 000 倍液交替使用。杀菌剂中可加入黏着剂（如皮胶），避免雨水冲刷。注意葡萄去袋后，不能再向果实喷药。

霜霉病为害葡萄叶片背面

霜霉病为害葡萄叶片正面

炭疽病为害葡萄果实（1）

炭疽病为害葡萄果实（2）

白腐病＋黑曲霉为害葡萄果实

酸腐病为害葡萄果实

桃蛀螟为害葡萄果实

鸟类为害葡萄果实

图 6-143　7 月葡萄主要病虫害症状

6. 果实采收　单栋大棚促早栽培和简易避雨栽培的早熟品种在 7 月中旬至下旬进入成熟期。果实成熟后，需要及时采收销售或入库，以降低果实在田间的风险，上市果实可溶性固形物含量应超过 16%。

果实采收多在晴天的早晨、露水干后进行，此时温度较低，浆果不易受热伤。切忌在采收前 10 天内灌水，或在雨后及高温日照下采收，否则浆果易发霉腐烂，不易贮运。整个采收工作应做到"快、准、轻、稳"4 个字。"快"是采收、装箱、运送等环节要迅速，尽量保持葡萄的新鲜度；"准"是分级、下剪位置、剔除病虫果粒、称重等要准确无误；"轻"是轻拿轻放，尽量不摩擦果粉、不碰伤果皮、不碰掉果粒，保证果穗完整无损；"稳"是果穗采收时果穗拿稳，装箱时果穗放稳，运输贮藏时果箱摞稳。

为了提高葡萄等级和商品档次，分级前须对果穗进行修整，以使穗形整洁美观。修整果穗的方法是剪除果穗中病、虫、青、小、残、畸形的果粒，对超长、超宽和过分稀疏果穗适当分解修饰，美化穗形。葡萄分级的项目主要有果穗形状、大小和整齐度，果粒大小、形状和色泽，有无机械伤、药害、病虫害、裂果，可溶性固形物和总酸含量等。鲜食葡萄行业标准中，对所有等级果穗的基本要求是完整、洁净、无病虫害、无异味、充分发育、不发霉、不腐烂和不干燥。对果粒的基本要求是果形正、充分发育、充分成熟、不落粒和果蒂部不皱皮。

葡萄的包装容器应选择无毒、无异味、光滑、洁净、质轻、坚固、价廉、美观的材料制作，一般采用木条箱、泡沫箱、纸板箱和硬塑箱等。包装容器需满足以下条件：① 在码垛贮藏和装卸运输过程中有足够的机械支撑强度；② 具有一定的防潮性，以防吸水变形，降低支撑强度；③ 具有一定的通透性，利于葡萄呼吸散热和气体交换；④ 外包装上应注明商标、品名、重量、等级及产地等。

葡萄是浆果，采收后应立即装箱，避免风吹日晒，否则易失水，易损伤，易污染。由于葡萄皮薄、柔软、不抗压、不抗震，对机械损伤很敏感，从田间采收到贮运销售过程中，最好只经历一次装箱包装，切忌多次翻倒、多次装箱、多次包装，否则易引起严重的碰、拉、压等机械损伤，造成病菌侵入而霉烂（图 6-144）。

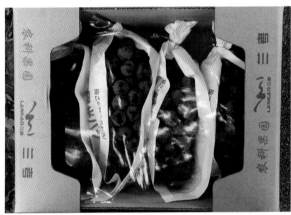

图 6-144 夏黑葡萄采收装箱

（八）8月葡萄管理

8月，避雨栽培早熟葡萄品种完全成熟，中熟葡萄品种陆续成熟，此时期北方地区雨水较多，应认真做好果实的采收、销售、贮藏保鲜及葡萄园的抗旱、排涝、施肥、病虫害防治等工作（图 6-145~图 6-148）。

图6-145 避雨栽培夏黑葡萄成熟（8月上旬）

图6-146 设施促早栽培阳光玫瑰葡萄成熟（8月中旬）

图 6-147　设施促早栽培新雅葡萄成熟（8月中旬）

图 6-148　避雨栽培金手指葡萄成熟（8月中旬）

1. 枝蔓管理　继续处理副梢、绑蔓、去卷须，方法同 7 月。中、晚熟葡萄品种，可将靠近果穗遮光的老叶摘去，使果穗露出，以促进果实转色。

2. 果实管理　注意预防裂果，主要是中、晚熟葡萄品种，如新雅（图 6-149）。阳光玫瑰葡萄一般不容易裂果，但在雨水过多的年份（如 2021 年河南地区）或长时间水淹或土壤水分湿度持续较高的情况下也会裂果（图 6-150）。

图 6-149　新雅葡萄裂果

图 6-150　阳光玫瑰葡萄裂果

防治裂果的方法同 7 月。

3. 土肥水管理

（1）中耕除草。视土壤板结程度及杂草生长情况，及时进行中耕除草。

（2）施肥管理。8 月中下旬，在晚熟葡萄品种成熟前，需要增施磷、钾肥，目的是解决葡萄大量结果造成的树体营养亏损，满足后期花芽分化的需要，加速果实养分转化，延长叶片功能期，提高树体营养贮藏水平，对提高果实含糖量、改善浆果品质、促进新梢成熟都有促进作用。

随着浆果和新梢的成熟，植株对钾的吸收量增加，此次施肥以钾肥为主，每亩施钾肥 20~30千克，浅沟施或穴施，施肥后及时灌水以防伤根，或以水溶肥的形式随灌溉水施入，结合叶面喷施1%~2% 草木灰浸出液或 0.2%~0.3% 磷酸二氢钾2~3 次，可提高果实含糖量，促进上色和枝条成熟。

（3）水分管理。中、晚熟品种需要控制灌水，加强排水，以提高果实品质，抑制营养生长，促进枝条成熟。若遇连续干旱天气，可适当灌水抗旱。

采收后的早熟品种和促早栽培的中、晚熟品种需要及时灌水（图 6-151），恢复树势，促进根系在第二次生长高峰期大量生长。

图 6-151　果实采收后灌透水

4. 病虫害防治　此时期仍是霜霉病、炭疽病、白腐病、酸腐病、灰霉病等病害的发生盛期（图6-152），如果防治不当或不及时，常会造成严重损失，甚至导致有产无收，全园毁灭。

高温高湿条件下，霜霉病发生较为普遍，如遇连续降雨，常会严重发生，建议每隔15天左右全园喷施1遍铜制剂，如波尔多液、王铜、碱式硫酸铜等药。同时，及时关注天气变化情况，注意在雨前喷药降低病菌基数，雨后补喷杀灭病菌。

霜霉病为害葡萄叶片

炭疽病为害葡萄果实

白腐病为害葡萄果实

酸腐病为害葡萄果实

灰霉病为害葡萄果实

桔小实蝇为害葡萄果实

图6-152　8月葡萄主要病虫害

5. 果实采收　中熟葡萄品种成熟后,需要及时采收,及时销售或入库(图6-153、图6-154),以降低果实在田间的风险,葡萄采收注意事项见7月管理果实采收。上市葡萄的可溶性固形物含量应超过16%。鲜食葡萄成熟期着色标准和果实质量等级如表6-6、表6-7所示。

表6-6　鲜食葡萄着色度等级标准

着色程度	每穗中呈现良好的特有色泽的果粒		
	黑色品种	红色品种	黄/绿色品种
好	≥95%	≥75%	达到固有色泽
良好	≥85%	≥70%	
较好	≥75%	≥60%	

表6-7　鲜食葡萄等级标准

项目		优等	一等	二等
果穗基本要求		果穗完整、洁净、无异常气味,不落粒,无水罐子病,无干缩果,无腐烂,无小青粒,无非正常的外来水分,果梗、果蒂发育良好并健壮、新鲜、无伤害		
果粒基本要求		充分发育;充分成熟;果形端正,具有本品种固有特征		
果穗基本要求	果穗大小(千克)	0.4~0.8	0.3~0.4	<0.3或>0.8
	果粒着生紧密度	中等紧密	中等紧密	极紧密或稀疏
果粒基本要求	大小(千克)	≥平均值的115%	≥平均值	<平均值
	着色	好	良好	较好
	果粉	完整	完整	基本完整
	果面缺陷	无	缺陷果粒≤2%	缺陷果粒≤5%
	二氧化硫伤害	无	受伤果粒≤2%	受伤果粒≤5%
	可溶性固形物含量	≥平均值的115%	≥平均值	<平均值
	风味	好	良好	较好

注:上表数据来源于国家农业行业标准鲜食葡萄NY/T 470—2001.

近几年,阳光玫瑰葡萄市场发展持续向好,其果实质量等级如表6-8所示。

表6-8　阳光玫瑰葡萄果实质量等级

项目名称		等级		
		一级	二级	三级
感官	基本要求	果穗圆柱形,整齐,松紧适中,充分成熟。果面洁净,无异味,无非正常外来水分。果粒大小均匀,果形端正。果梗新鲜完整。果肉硬脆、香甜,具有玫瑰香味。		
	果穗(粒)色泽	单粒90%以上的果面达到黄绿色或绿色		
	有明显瑕疵的果粒(粒/千克)	≤2		
	有机械伤害的果粒(粒/千克)	≤2		
	有二氧化硫伤害的果粒(粒/千克)	≤2		
理化性状	果穗质量(克)	600~900	500~1 000	<500,>1 000
	果粒质量(克)	≥12.0	≥10.0	<10.0
	可溶性固形物含量(%)	≥18	≥17	<17
	总酸(%)	≤0.5	≤0.6	≤0.6

注:明显瑕疵指影响葡萄果粒外观质量的果面缺陷,包括伤疤、日灼、果锈、裂果、药斑及泥土等;机械伤指影响葡萄果实外观的刺伤、碰伤和压伤等;二氧化硫伤害指葡萄在贮存期间因高浓度二氧化硫产生的果皮漂白伤害。

图 6-153　修剪、包装

图 6-154　冷库贮藏保鲜

（九）9月葡萄管理

9月，简易避雨栽培晚熟葡萄品种完成浆果成熟（图6-155、图6-156），新梢和副梢生长日益缓慢，枝蔓成熟度增加，植株的组织内积累大量有机物质。浆果成熟期，土壤水分过多会使浆果品质降低，过度干旱则不利于浆果内含物质转化，易出现生理性失水现象，从而阻碍品质提高。

图6-155 避雨栽培阳光玫瑰葡萄成熟

图6-156 避雨栽培新雅葡萄成熟

1. **枝蔓管理**　及时处理副梢，摘除老叶、病叶、病果，集中处理。新萌发的梢需要及时摘心或抹除。9月上中旬晚熟葡萄开始转色后，可摘除果穗附近叶片以促进果实转色。

2. **水分管理**　此时期，晚熟葡萄正值浆果成熟期，特别是浆果采收后大多需要贮藏，为了提高果实的耐贮藏性，需要控制灌水，但注意不宜过分控水，造成软果。水多时要及时排水，干旱时应小水勤灌，防止因失水造成软果和水分剧烈变化造成裂果。早熟及中熟品种采收结束后应灌透水，促进树势恢复。

3. **病虫害防治**　注意防治霜霉病，可以按照病虫害防治原则规范预防，每15~20天喷施1遍铜制剂，如80%波尔多液400倍液。

4. **果实贮藏保鲜**　需要贮藏保鲜的葡萄，应以含糖量达到18%为最低标准。葡萄采收后、入库前装箱，箱内衬PVC气调膜袋。冷库提前开机，使库内温度降至-1℃，葡萄放入后敞口预冷12小时左右，达到快速遇冷，最后放入保鲜剂和吸水纸进行封口（图6-157）。注意选择葡萄专用保鲜剂。

图6-157　葡萄装箱冷库贮藏保鲜

长期贮藏管理要点：

（1）科学码垛。依纸箱抗压质量而异，一般纸箱码高5~8层，高级纸箱码高10~12层，垛间留出通风道。

（2）观察库温。将库温严格控制在-1.5~0℃范围内，经常查看库温变化，以便及时调整。

（3）设置观察箱。在冷库不同部位摆放不盖箱盖的1~2个观察箱果，随时检查箱内浆果变化，如发现霉变、腐烂、裂果、药害、冻害等变化，应及时销售或倒箱选果，防止伤害扩大蔓延。

（4）停止制冷。库外气温低于0℃时，应停止制冷机，启动风机，利用外界自然冷源，减少能耗。但要密切注意库温变化，防止外界温度过低，冷气进库使库温骤降到-2℃以下。

（5）防寒保温。库外气温过低时，应堵好库门和风口保温，同时利用外界温度升高时开动风机换进新鲜空气。

（十）10月葡萄管理

10月，葡萄植株进入营养积累期，叶片制造的营养物质向枝蔓和根系输送、积累，新梢逐渐成熟。葡萄园的工作重点是土壤翻耕、施基肥等，以促进树势恢复，提高营养积累和花芽分化的质量。

1. 去棚膜、拆鸟网、收地布　葡萄采收后，及时拆鸟网、收地布（图6-158、图6-159），以方便秋施有机肥。同时，避雨栽培可将薄膜去除，以使植株进行充分的抗寒锻炼。

图6-158　避雨棚收地布

图6-159　收地布、拆鸟网、去棚膜前（左）后（右）

2. 土肥水管理

（1）秋施基肥。秋施基肥是葡萄周年管理中最重要、最关键的一次施肥。葡萄经过果实膨大，采收后树体营养消耗殆尽。尤其是晚熟品种，如果采收后不及时施足基肥，树体贮存营养严重亏缺，会造成第二年花芽不壮，坐果率低，幼果个头小，容易落花落果等生理问题。

葡萄是多年生经济作物，其营养积累具有连续性和贮存性的特点。连续性，是指当年形成的花芽，第二年才能开花结果。这就要求当年必须合理留果，保好叶片，管好肥水，才能保证第二年丰产优质。贮存性，是指葡萄春季萌芽、开花、坐果及新梢叶片的初期生长，主要依赖上一年树体贮存的养分。谢花后 40 天内，幼果的细胞分裂和新梢叶片的生长一方面依赖树体的贮存营养，一方面随着叶面积的扩大和叶功能的增强，叶片光合作用制造的养分作为补充，称为营养转换期。当新梢形成 10 片大叶以上、叶片制造的养分能够满足当天树体的消耗时，标志着营养转换期结束。因此，葡萄春季萌芽、开花、坐果、幼果膨大所需的养分，不是春季施肥提供的营养，而是主要依赖上一年树体积累贮存的营养。葡萄早熟品种成熟一般是在 7 月底至 8 月初，从其采收到落叶约 3 个月时间，此时正是叶片制造的有机物质回流期，使用基肥可显著地提高光合作用，增加树体营养贮存，对恢复树势和第二年的生长、花芽分化、结果等均起着很大的作用。

葡萄基肥使用的基本原则是早施，一般在果实采收 7 天以后至新梢充分成熟的 9 月底至 10 月初之间进行。因为秋施基肥正值葡萄根系的第 2 次生长高峰，在施肥过程中被切断的根系很容易愈合，并促进新根发生和有机肥的矿化分解，增加树体贮藏营养，以利于下一年的生长和结果。但因农事操作关系，也可延后到 10 月中下旬进行（因各地气候差异，葡萄最佳施肥期是当地气温连续 5 天昼夜平均温度在 22℃时最科学）。

基肥以有机肥为主，包括农家肥、有机肥料、微生物肥料等。基肥的使用量需根据土壤、品种、树龄、树势强弱及肥料质量来确定。一般来说，亩产 1 500~2 000 千克的葡萄园，基肥可按有机肥：葡萄产量为 2:1 的比例施入，即施有机肥 3 000~4 000 千克，有条件的最多可施入 10~15 吨。同时，配合使用磷、钾肥等化肥。根据亩产 1 500 千克的目标产量，可按照每亩 30~50 千克硫酸钾型复合肥（15-15-15）、30~60 千克过磷酸钙的标准施入化肥。

农家肥：就地取材，由植物、动物残体、排泄物等富含有机物的物料制作而成的肥料，包括秸秆肥、绿肥、厩肥、堆肥、沤肥、沼肥和饼肥等。

① 秸秆肥：以麦秸、稻草、玉米秸、豆秸、油菜秸等作物秸秆作为肥料。

② 绿肥：以新鲜植物作为肥料就地翻压还田或者异地使用，可分为豆科绿肥和非豆科绿肥两大类。

③ 厩肥：以圈养牛、马、羊、猪、鸡、鸭等畜禽的排泄物与秸秆等垫料发酵腐熟而成的肥料。

④ 堆肥：以动植物残体、排泄物等为主要原料，堆制发酵腐熟而成的肥料。

⑤ 沤肥：动植物残体、排泄物等有机物料在淹水条件下发酵腐熟而成的肥料。

⑥ 沼肥：动植物残体、排泄物等有机物料经沼气发酵后形成的沼液和沼渣肥料。

⑦ 饼肥：含油较多的植物种子经压榨去油后的残渣制成的肥料。

有机肥料：主要来源于植物和（或）动物，经过发酵腐熟的含碳有机物料，可改善土壤肥力、提供植物营养、提高作物品质。

微生物肥料：含有特定微生物活体的制品，应用于农业生产，通过其中所含微生物的生命活动，增加植物养分的供应量或促进植物生长，提高产量、改善农产品品质及农业生态环境的肥料。

成龄葡萄园一般采用开沟施入，距离主干 1.0 米左右开沟。随着树龄的增长和根系范围的增大，施肥位置距主干距离可适当增大（图 6-160~图 6-162）。

秋施基肥要注意的问题：

① 有机肥一定要腐熟之后再施，特别是鸡粪。

② 要避免伤害粗根。一般在距离根茎 1.0 米左右（树大就远，树小就近）开沟，沟宽30~50 厘米，深 30~50 厘米（寒冷区深，温暖区浅；土壤黏重深，沙性土浅）。

③ 根据园中土壤的含肥情况，酌定施肥量，并酌情添加缺乏的元素，特别是一些中、微量元素。

④ 施肥后一定要灌一次透水。

⑤ 如果是棚架的葡萄，施肥时要沿藤蔓生长方向逐年由里向外开沟。

⑥ 基肥不能总在一个地方施，易造成根系生长受阻而腐烂枯死。

图 6-160　开沟

图 6-161　施入有机肥与复合肥

图 6-162　回填土、翻匀

（2）土壤深翻。土壤深翻宜结合施入有机肥进行，应根据地形和土壤灵活选择深翻方式，常用的有深翻扩穴、隔行深翻和全园深翻。

①深翻扩穴：葡萄定植后，逐年向外深翻扩大定植穴，直至株间全部翻遍为止。每次深翻范围较小，一般需 3~4 次完成全园深翻。深翻扩穴需注意与原来的定植穴打通，不留隔墙，打破"花盆"式难透水的穴。

②隔行深翻：隔一行翻一行，一般分两次完成，每次只伤一侧根系，对葡萄生长发育影响较小，适宜机械化操作。隔行深翻应注意使定植穴与沟沟相通。

③全园深翻：将定植穴以外的土壤一次翻耕完毕，翻后便于平整土地，有利于果园耕作，但成本较高（图 6-163）。

图 6-163　全园深翻

深翻深度视土壤质地而异。黏重土壤要深；深层为沙砾时宜较深，以便捡出大的砾石；地下水位较高的土壤宜浅翻。深翻时尽量少伤根，以不伤骨干根为原则。深翻后须立即灌透水，使土壤与根系密切结合，以免引起旱害。

（3）水分管理。结合施基肥，灌透水1次，以促进肥料分解（图6-164）。

图6-164　结合施基肥灌透水

3. 病虫害防治　使用1∶1∶200波尔多液每间隔10~15天喷施1次，重点保护叶片，直至落叶。尽量多杀灭病原，减少病虫卵的过冬数量。

4. 间伐、补植　间伐过密植株，补植缺株，最好带土球移栽，土球直径为主干粗度的8~10倍，以提高成活率和缓苗期（图6-165、图6-166）。

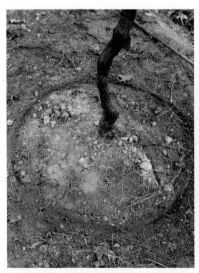

画出土球大小　　　　　　　　　挖土球　　　　　　　　　草绳捆绑土球

| 搬运到移栽位置 | 剪断草绳 | 灌透水 |

图6-165　葡萄带土球移栽

图6-166　葡萄不带土球移栽

（十一）11月葡萄管理

11月，葡萄进入落叶期和休眠期（图6-167），这一时期叶片继续制造养分，并在根和枝蔓内大量积累，植株组织内淀粉含量增加，水分减少，细胞液浓度升高，新梢自下而上充实并木质化。此时期葡萄树体生理活动进行得越充分，新梢和芽眼成熟得越好，抗冻能力就越强。随着气温的下降，叶片停止光合作用，叶柄产生离层、变黄而脱落，标志着葡萄当年的生长发育相对结束，进入休眠。一般情况下，北方地区葡萄落叶在11月，南方地区葡萄落叶在12月。

图6-167 葡萄落叶期

1. 间伐、补植 同10月管理。

2. 肥水管理

（1）施基肥。前期未施基肥的园区可在本月进行，具体方法参考一年生苗木管理11月施有机肥的方法。此时建议采用撒施方式，浅耕将有机肥与浅层土壤混匀。

（2）灌水。施有机肥后，灌透水。

（十二）12月葡萄管理

12月为葡萄植株的休眠期。

1. 冬季修剪　冬季修剪可以使葡萄植株按照栽培目的进行培养，通过对不同生长势的枝条采取不同的修剪方法，结合不同生长势的枝条选留果穗，可有效地调节葡萄植株生长势。

（1）修剪时期。葡萄理想的冬季修剪时期是在落叶后1个月左右，以每年12月至第二年1月底之间为宜，建议春节前完成修剪。过早修剪，树体耐寒性降低，易发生冻害，过晚修剪，易削弱树势，影响植株生长发育。

（2）留芽量。在树形结构相对稳定的情况下，冬季修剪以疏掉和短截一年生枝为主。单株或单位土地面积（亩）在冬剪后保留的芽眼数称为单株芽眼负载量或单位面积芽眼负载量。适宜的芽眼负载量是保证下一年适量的新梢数和花序、果穗数的基础。冬剪留芽量的多少主要取决于产量控制标准。大多数葡萄园在冬季修剪时留芽量偏大，常会造成高产低质。对于大多数葡萄品种，冬季修剪时，每1米架面留结果母枝10个，两侧各5个，以行距3米计算，每亩架面长220米，即每亩留结果母枝2 200个，留芽4 400个。此外，随着树龄增加，结果枝常出现缺位现象，应在缺位附近选择顺势的优质结果母枝进行压条补充，以确保冬芽均匀分布，无空缺。

如何确定最佳留芽量？

最佳留芽量也称芽眼负载量，在葡萄栽培中非常重要，必须既能保证产量和质量，又能保证植株长寿。留芽量过低，会降低产量（仅利用部分生产潜能），同时会促进新梢及徒长枝的生长，使树势过旺；过旺的树势会引起落花落果，进一步破坏营养生长和生殖生长的平衡。留芽量过大，不仅产量过高，新梢量也会过大，导致果实和枝条成熟度都低，植株早衰。

通常可根据以下几种方法确定最佳留芽量：

① 根据经验判断。该方法比较粗略，但也有实际参考价值。

② 根据上年的留芽量与当年的枝条生长状况确定。

冬剪时，将上年的留芽量（C，即所有两年生枝上的芽眼），与当年正常发育的一年生枝（包括徒长枝）的数量（N）进行比较。如果N=C，说明留芽量合理，可以保持上年的留芽量；如果N>C，说明上年的留芽量过低，应提高留芽量；如果N<C，说明留芽量过高，应减少留芽量。

这种方法只是经验方法，而且在确定一年生枝的数量（N）时，应将一年生枝的长势考虑进去；生长正常的一年生枝算1个，生长较弱的枝两个算1个，而生长太弱的枝则不予计算。

③ 根据单株所需结果枝数、萌芽率和果枝率确定单株留芽量。

$$单株留芽量 = 单株所需结果枝数 / （萌芽率 × 果枝率）$$

单株所需结果枝数可根据预定单株产量、果枝上果穗数和果穗平均重量计算。如某品种果枝平均穗数为1，平均单穗重0.5千克，预定株产量30千克，单株所需结果枝数为30÷0.5=60个。若其萌芽率为60%，果枝率为50%，则单株留芽量为60÷（60%×50%）=200个。

（3）修剪方法。

① 修剪部位。葡萄一年生枝的修剪部位一般在节间的中部或是在留芽上部芽眼处进行破芽修剪（图6-168、图6-169），如果剪口离芽太近，枝条失水后易造成芽干枯死亡。若进行短梢、超短梢修剪或修剪时间过晚时，为了避免对保留芽造成较大损伤，建议采用破芽修剪。

图6-168　一年生枝的修剪部位

图6-169　普通修剪（左）与破芽修剪（右）截面对比

温馨提示：春季修剪时间过晚时，破芽修剪可以最大限度地减少伤流，同时与常规修剪方法相比，也延长了枝条顶端距离保留芽的风干距离，延长的枝条能够给芽供给更多的养分。

② 修剪技法。

A. 短截：将当年生枝剪除一部分的修剪方法（图6-170），枝条保留的长度决定短截的轻重。通过短截，可使树体和根系上一年积累的养分集中在保留的芽眼中，以促进下一年枝芽生长发育。

B. 疏剪：将枝蔓从基部彻底疏除的修剪方法（图6-171）。通过疏剪疏除过密的枝条和生长发育不良的枝条，既可改善光照条件及营养分配，又能使葡萄植株均衡生长，从而实现优质、丰产。

图6-170　短截

图6-171　疏剪

C. 缩剪：将两年生或两年以上生的枝蔓剪除一段的修剪方法（图6-172），可以更新树势，防止结果部位外移和扩大。

图6-172 缩剪

③ 修剪方法。

A. 短梢修剪：一年生枝条修剪后保留1~3个芽的方法（图6-173）。

图6-173 短梢修剪

B. 中梢修剪：一年生枝条修剪后保留4~6个芽的方法，此方法常用来补充旁边出现缺位的结果母枝（图6-174）。

图6-174 中梢修剪

C.长梢修剪：一年生枝条修剪后保留7~9个芽的方法，此方法常用在成花节位高的品种上（图6-175）。

图6-175　长梢修剪

温馨提示：应根据品种、架形、结果部位、枝条成熟度，灵活运用修剪方法。欧美杂交种以短梢修剪为主；欧亚种以中梢修剪为主，结合长梢修剪为宜。长势强健的枝条以中、长梢混合修剪为主；长势弱的枝条，以短梢修剪为主，以增强枝条长势（图6-176~图6-180）。

④修剪步骤。

葡萄冬季修剪的步骤可以归纳为一看、二疏、三截、四查。

一看：修剪前的调查分析，即看树形、看架式，看树势，看与相邻植株之间的关系，以便初步确定植株的负载能力，再确定修剪量的标准。

二疏：疏去病虫枝、细弱枝、枯枝、过密枝、需局部更新的衰弱主侧蔓及无利用价值的萌蘖枝。

三截：根据修剪量标准，确定适当的母枝留量，对一年生枝进行短截。

四查：修剪后，检查是否有漏剪、错剪，也称为复查补剪。

总之，看是前提，做到心中有数，防止动手就剪；疏是纲领，根据看的结果疏理轮廓；截是加工，决定每个枝条的留芽量；查是结尾，查错补漏。

⑤修剪注意事项。

A.剪截一年生枝时，剪口宜高出枝条节部2厘米以上，剪口向芽的对面略倾，以保证剪口芽正常萌发和生长。

B.疏枝时，剪口/锯口剪的不要太靠近母枝，以免伤口向里干枯而影响母枝养分的输导。

C.去除老蔓时，锯口应削平，以利于愈合。不同年份的修剪伤口，尽量留在主蔓的同一侧，避免造成对口伤。

修剪前　　　　　　　　　　　　　　　　　　修剪后

图6-176　高宽垂架、高宽平架葡萄短梢修剪前后

日光温室　　　　　　　　　　　　　　　　　日光温室

单栋大棚　　　　　　　　　　　　　　　　　单栋大棚

图6-177　厂字形棚架葡萄修剪前后

修剪前　　　　　　　　　　　　　　　　　修剪后

图 6-178　T 形棚架葡萄短梢修剪前后

修剪前　　　　　　　　　　　　　　　　　修剪后

图 6-179　H 形棚架葡萄短梢修剪前后

修剪前　　　　　　　　　　　　　　　　　修剪后

图 6-180　王字形棚架葡萄短梢修剪前后

（4）枝蔓更新。

① 结果母枝更新。结果母枝更新可避免结果部位逐年上升外移和造成下部光秃，一般采用双枝更新和单枝更新两种方法。

A. 双枝更新：两个结果母枝组成一个枝组，修剪时上部母枝长留作为结果母枝，基部母枝留 2 芽短剪作为预备枝。预备枝在翌年冬季修剪时，上枝留作新的结果母枝，下枝再进行留 2 芽短剪，使其形成新的预备枝；原结果母枝于当年冬剪时被回缩掉，以后逐年采用这种方法依次进行。双枝更新要注意预备枝和结果母枝的选留，结果母枝一定要选留那些发育健壮充实的枝条，而预备枝应处于结果母枝下部，以免结果部位外移（图 6-181）。

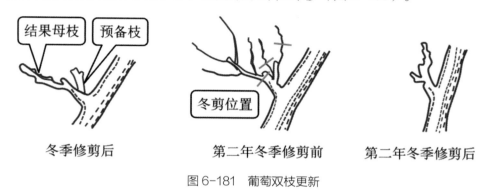

图 6-181　葡萄双枝更新

B. 单枝更新：只对一个结果母枝进行修剪。冬季修剪时对结果母枝留 2 芽进行修剪，第二年萌芽后，选留长势较好的 2 个新梢，上面的新梢用于结果，下面的新梢作为预备枝培养成下一年的结果母枝，冬季修剪时将上面结果的新梢疏除，下面的新梢作为结果母枝留 2 芽修剪。以后每年按照此方法进行修剪（图 6-182）。

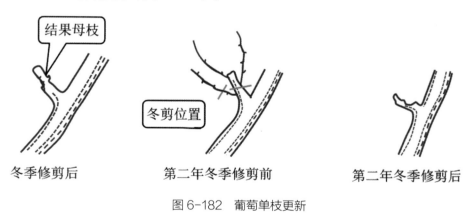

图 6-182　葡萄单枝更新

② 多年生枝蔓的更新。经过多年修剪，多年生枝蔓上的"疙瘩""伤疤"增多，影响输导组织的畅通；另外过度修剪的葡萄植株，下部出现光秃，结果部位外移，造成新梢细弱，果穗果粒变小，产量及品质下降，遇到这种情况就需对一些大的主蔓或侧枝进行更新。

A. 小更新：对侧蔓的更新称为小更新。一般在肥水管理差的情况下，侧蔓 4~5 年需要更新一次，一般采用回缩修剪的方法。

B. 大更新：凡是从基部除去主蔓进行更新的称为大更新。在大更新之前，必须积极培养从地表发出的萌蘖或从主蔓基部发出的新枝，使其成为新蔓，当新蔓足以代替老蔓时，可将老蔓除去。

2. 清园　将修剪后的枝条、病果、病叶及枯枝、落叶、老旧绑缚材料等杂物全部清理出葡萄园，集中销毁（图 6-183）。

图 6-183　清园

3. 肥水管理

（1）施基肥。前期未施基肥的园区可在本月进行，具体方法同 11 月葡萄管理。

（2）灌封冻水。土壤上冻前，全园葡萄灌透水，预防冻害发生（图 6-184）。

图6-184　灌封冻水

4. 贮藏葡萄检查　定期抽样检查冷库内不同品种、不同部位贮藏葡萄的保鲜情况，根据葡萄市场情况，制订葡萄销售计划，以获得最大效益。如发现腐烂情况，及时采取措施，尽快销售。

第七章
葡萄主要病虫草害防治

一、葡萄主要病害种类与防治

根据病害发生是否有病原菌侵染，可以将葡萄病害分为病理性病害和生理性病害。病理性病害是由病原生物引起的侵染性病害。按照病原物种类可以将病害分为真菌性病害、细菌性病害和病毒性病害等。生理性病害是由非生物因素即不适宜的环境条件引起的病害，这类病害没有病原物的侵染，不能在植物个体间互相传染，所以也称非传染性病害。造成生理性病害的因素包括气象因素、营养元素失调、有害物质因素、除草剂、植物生长调节剂等。

另外，生产中葡萄还会发生综合性病害，如酸腐病等。

葡萄病虫害防治要贯彻"预防为主，综合防治"的植保方针，优先采用农业防治，提倡生物防治、物理防治，必要时按照病虫害的发生规律科学使用化学防治技术。严禁使用国家禁用的农药和未获准登记的农药。

1. 农业防治方法 农业防治主要是通过调整和改善葡萄生长环境，增强其对病、虫、草害的抵抗能力，或者创造不利于病原菌、害虫和杂草生长发育或传播的条件，达到控制、避免或减轻病、虫、草害，具体方法有加强栽培管理、清洁田园、中耕除草、耕翻晒垡、避雨栽培等。

（1）加强栽培管理。

① 剪除病虫枝、病虫叶，使树体无病虫枝、叶、果，地面无病虫枝残体。

② 除掉园中无益杂草，园内及时排水。

③ 及时揭除老翘皮（图7-1）。

④ 适当多施磷、钾肥和注意配方施肥，防止缺素症。

⑤ 注意防冻。

⑥ 秋季结合施肥深翻树盘，以消灭越冬病虫源。

图7-1 揭除老翘皮

（2）清扫葡萄园。葡萄落叶后至萌芽前彻底清扫果园，清除枯枝、落叶、病果，集中深埋或远离烧毁，降低虫口、病源基数，为来年防治打下良好基础（图7-2）。

图7-2　清扫葡萄园

2. 物理防治　物理防治是利用病、虫对物理因素的反应规律进行病虫害防治，包括诱杀法、捕杀法、高温杀菌等。

（1）诱杀法。根据害虫的趋向性，利用黄、蓝色粘虫板，频振式杀虫灯，糖醋液等物理措施防控白粉虱、灰飞虱、梨木虱、潜叶蝇、实蝇、蚜虫、蓟马、蜡蚧、叶蝉等（图7-3~图7-5）。

| 蓝板 | 蓝板 | 黄板 |

图7-3　粘虫板

图 7-4 杀虫灯

图 7-5 诱捕器

（2）捕杀法。利用人工和机械捕杀害虫。

（3）高温杀菌。利用病虫卵对温度的不适应性减少病虫害的种群数量，如用 52~54℃ 的温水浸泡葡萄苗木进行苗木消毒。

3. 生物防治　生物防治是利用自然界中有益生物及其产品防治病虫害，具有对人畜安全、无药害、不污染环境等优点。通过利用生物物种间的相互关系，以一种或一类生物抑制另一种或另一类生物，从而降低杂草和害虫等有害生物的种群密度。生物防治大致可以分为以虫治虫、以鸟治虫、以菌治虫、以菌治菌四大类。生产上常用的生物防治制剂有芽孢杆菌制剂绿地康、木霉菌剂、苏云金杆菌制剂等，还有利用捕食螨防治螨虫、瓢虫防治介壳虫、赤眼蜂防治叶蝉等方法（图 7-6）。

图 7-6　投放捕食螨

4. 化学防治　化学防治是通过喷洒化学药剂来防治病、虫、草害。按照病虫草害防治关键时期用药，推广高效、低毒、低残留、环境友好型农药。使用农药过程中注意轮换使用、交替使用，防止病虫产生抗药性。

下面针对为害葡萄的具体病虫草害的发病条件、发病时期、发病症状、发病规律与防治措施进行介绍。

（一）真菌性病害

真菌性病害是由病原真菌引起的病害，占植物病害的 70%~80%。葡萄常见的真菌性病害有霜霉病、白腐病、黑痘病、炭疽病、灰霉病、白粉病、穗轴褐枯病、褐斑病、房枯病、蔓割病和黑腐病等。其中，霜霉病、炭疽病、灰霉病、白腐病和黑痘病在我国普遍发生，不采取措施进行防治或防治不力，会导致严重损失，被列为我国葡萄上的重要真菌性病害。白粉病、穗轴褐枯病、褐斑病在我国也普遍发生，但仅在个别地区或个别品种上严重或在特殊的栽培方式上严重，被列为我国葡萄上的主要真菌性病害。这些病害在田间主要通过气流、水流、人员操作等途径传播，还有通过风、雨、昆虫传播。真菌性病害的症状与真菌的分类有密切关系。

真菌性病害的常用防治方法：① 合理施肥，及时灌水排水，适度整枝打杈，提高树体抗病能力。② 清除病株、病部。③ 化学药剂防治，包括保护性药剂（波尔多液、代森锰锌等）和治疗性药剂（烯酰吗啉、苯醚甲环唑等）。

1. 霜霉病　霜霉病是世界和我国的第一大葡萄病害。从文献上看，我国葡萄在 20 世纪 80 年代才开始严重受害。霜霉病在夏、秋季多雨潮湿的地区发生严重，冬季和春季寒冷的地区，会抑制霜霉病的发生。霜霉病主要为害葡萄枝、叶片，造成叶片早落、早衰，影响树势和营养贮藏，从而成为果实品质下降、冬季冻害、春季缺素症、花序发育不良的重要原因。

（1）发病条件。多雨，潮湿，温度为20~25℃。

（2）发病时期。以葡萄生长的中后期为主。

（3）发病症状。葡萄霜霉病可以侵染葡萄的任何绿色部分或组织，主要为害叶片，也能侵染花序、花蕾、果实、新梢等幼嫩组织。霜霉病最容易识别的特征是在叶片背面、果实病斑处、花序或果梗上产生白色的霜状霉层。

① 叶片被害，初生淡黄色水渍状边缘不清晰的小斑点，以后逐渐扩大为褐色不规则形或多角形病斑，数斑相连变成不规则形大斑。天气潮湿时，病斑背面产生白色霜霉状物，即病菌的孢囊梗和孢子囊。发病严重时病叶早枯早落（图7-7）。

叶片背面（1）　　　　叶片背面（2）　　　　叶片背面（3）

叶片正面（1）　　　　叶片正面（2）　　　　叶片正面（3）

图7-7　葡萄叶片霜霉病症状

②新梢受害，形成水渍状斑点，后变为褐色略凹陷的病斑，潮湿时病斑也产生白色霜霉。病重时新梢扭曲，生长停止，甚至枯死。卷须、穗轴、叶柄被害，其症状与新梢相似（图7-8）。

图7-8　葡萄新梢霜霉病症状

③花蕾、花、幼果被害，最初形成浅绿色病斑，之后颜色变深，呈深褐色。开花前后造成落花落果。大一点的幼果在感病初期病斑颜色浅，为浅绿色，之后变深、变硬，随着果粒增大，病斑下陷，产生白色霜霉，病斑易萎缩脱落；天气干旱、干燥时，病粒凹陷、僵化皱缩脱落（图7-9、图7-10）。

花序被害症状（1）　　　　　花序被害症状（2）　　　　　幼果被害症状
图7-9　葡萄花序、幼果霜霉病症状

图 7-10　葡萄果实霜霉病症状

（4）发病规律。霜霉病的发生与气候条件密切相关，冷凉潮湿有利于发病，最适发病温度为 20~25℃，多雾、多露、多雨地区霜霉病发生严重。园区低温高湿，植株和枝叶过密，棚架过低，通风透光不良，发病较重；果园通风不好，湿度大，氮肥偏多，有利于发病。一般霜霉病的发生在后期雨季来临后开始，目前已经提前到葡萄开花前后，北方地区一般 6 月即可发病，8~9 月为发病盛期。春季，在条件适宜时卵孢子萌发产生孢子囊，由孢子囊产生游动孢子借风雨传播，从叶背气孔侵入，潜育期约 10 天即可发病；在葡萄生长期内可多次侵染。秋季多雨、多露和低温时，霜霉病易大发生。

（5）防治措施。

① 清除落叶、病枝深埋或烧毁。

② 及时摘心、整枝、排水和除草，增施磷、钾肥。

③ 发病初期开始喷药。在北方，一般 6 月上中旬开始，每隔 15 天喷药一次。进入秋季，

重点防治霜霉病。常用的防治药剂及浓度有 100 克 / 升氰霜唑悬浮剂 2 000~2 500 倍液、50% 烯酰吗啉 3 000 倍液、66.8% 丙森锌·缬霉威可湿性粉剂 700~1 000 倍液、22.5% 啶氧菌酯悬浮剂 1 500~2 000 倍液、60% 唑醚·代森联水分散粒剂 1 000~1 500 倍液、25% 烯肟菌酯·霜脲氰可湿性粉剂 27~53 克 / 亩、68% 精甲霜灵·代森锰锌水分散粒剂 100~120 克 / 亩、86% 波尔多液水分散粒剂 400~450 倍液、47% 烯酰吗啉·唑嘧菌胺悬浮剂 1 000~2 000 倍液、10% 氟噻唑吡乙酮可分散油悬浮剂 2 000~3 000 倍液等。银法利是由治疗性杀菌剂氟吡菌胺和强内吸传导性杀菌剂霜霉威盐酸盐复配而成的混剂，两种有效成分增效作用显著。

2. 灰霉病 灰霉病俗称"烂花穗"，病原菌为灰葡萄孢霉，发生普遍，为害严重，尤其是在降水量大、气温低的地区和年份发病严重，引起果穗腐烂。

（1）发病时期。开花期前后、成熟期和贮藏期，冬季雨水多和春季多雨的地区，早春也侵染葡萄的幼芽、新梢和幼叶。

（2）发病条件。凉爽、潮湿多雨，温度为 15~20℃，空气相对湿度在 90% 以上。

（3）发病症状。葡萄灰霉病主要为害花序、幼果和已经成熟的果实，有时也为害新梢、叶片和果梗。花序多在开花前发病，花序受害初期似被热水烫状。果梗感病后呈黑褐色，有时病斑上产生黑色块状的菌核。果穗染病初呈淡褐色水渍状，然后病斑变褐色并软腐，空气潮湿时，病斑上可产生灰色霉状物。空气干燥时，感病的花序、幼果逐渐失水、萎缩，后干枯脱落，造成大量的落花落果，严重时，可整穗落光。果实在近成熟期感病，先产生淡褐色凹陷病斑，很快蔓延全果，使果实腐烂。新梢及幼叶感病，产生淡褐色或红褐色、不规则的病斑，病斑多在靠近叶脉处发生，叶片上有时出现不太明显的轮纹，后期空气潮湿时病斑上也可出现灰色霉层（图 7-11~ 图 7-14）。

图 7-11 葡萄叶片灰霉病症状

图 7-12　葡萄枝梢灰霉病症状

图 7-13　葡萄花序灰霉病症状

图 7-14　葡萄果实灰霉病症状

（4）发病规律。葡萄灰霉病菌以分生孢子及菌核在病枝、树皮和僵果中越冬。翌年春天形成分生孢子侵染花序及幼叶。分生孢子借风雨甚至空气流动传播到花穗及幼果穗上，病菌侵入后常潜伏不发病，待条件具备时侵染，造成大流行。但在盛夏，随着高温季节的到来，该病又停止流行，直到天气转凉时再度发病。一年中灰霉病有 3 次发病高峰，第 1 次在开花前后，5 月中旬至 6 月上旬，主要为害花序及幼果，常引起花序腐烂、干枯和脱落，并进一步侵染果穗和穗轴；第 2 次发病在果实转色至成熟期，病菌最易从伤口侵入，果粒、穗轴上出现凹陷的病斑，很快果穗软腐、果梗变黑，形成鼠灰色霉层；第 3 次在采后贮藏过程中，若管理不当会发生灰霉病，发病时有明显的鼠灰色霉层，造成果穗腐烂，损失极大。

（5）防治措施。

① 加强栽培管理，控制果穗大小和产量及枝条徒长，防止架面与棚内郁闭，是预防灰霉病发生的根本方法。在葡萄新梢生长期，适时抹芽、摘心、剪副梢，避免枝叶过密，及时绑扎枝蔓，

使架面通风透光；适当控制氮肥的用量，增施磷钾肥、多种微量元素和有机肥，使树体健壮生长，增强植株自身的抗病力。

②选择抗病品种种植。如玫瑰香、黑汉、京亚、京优等。红宝石无核易感灰霉病。

③避免间作其他作物。因灰霉菌寄主范围广，除了为害葡萄外，还为害草莓、番茄、茄子、黄瓜等470余种植物。如与其他作物间作时易造成交叉重复感染，造成病害大流行，同时增加防治成本。

④葡萄不同生长期要经常观察田间病害发生情况，对已发病的部分病穗或个别病粒用剪刀剪掉，放入塑料桶中，移出葡萄园进行深埋处理，防止病原的扩散及重复侵染，消除侵染源。及时进行药剂防治，选择生物农药和高效低毒、环境友好型化学农药。果实采收后及时清除病残体及杂草，摘除被害病部组织，集中焚烧或深埋，减少菌源越冬。结合清园，并于早春对树体及地表喷布一遍3~5波美度石硫合剂，铲除越冬菌源。

⑤适时药剂防治，一般在花序分离期、开花前、套袋前和果实近成熟期规范用药防治。无病症时选用保护剂，如科博、波尔多液等。一旦发现有病症，立即喷施治疗剂，如50%速可灵1 000倍液、400克/升嘧霉胺悬浮剂1 000~1 500倍液、50%异菌脲可湿性粉剂750~1 000倍液、50%嘧菌环胺水分散粒剂625~1 000倍液、50%啶酰菌胺水分散粒剂500~1 500倍液、24%双胍三辛烷基苯磺酸盐·吡唑酯可湿性粉剂1 000~2 000倍液、40%咯菌腈悬浮剂4 000倍液、40%嘧霉·咯菌腈（含32%嘧霉胺和8%咯菌腈）1 500~2 000倍液等，或与生防菌剂绿地康—芽孢杆菌1 000倍液混合使用，具有较好的防控效果。葡萄灰霉菌抗药性较强，用药时应选择不同类型的杀菌剂和保护剂交替使用，提高药剂防效。

需要注意的是灰霉病容易从伤口侵入，凡是在灰霉病发生条件具备时，如果由于农事操作或天气影响等造成树体伤口产生，应及时进行药剂喷雾保护伤口。

⑥充分利用生物防治与化学防治相结合的防控技术。生防菌剂绿地康可以在葡萄果实上定植、繁殖，抑制病原菌的侵染，可与化学杀菌剂混合使用（杀细菌剂除外），这也是芽孢杆菌的独特之处。当化学杀菌剂发挥作用时，生防菌剂以芽孢休眠体的形式存在，杀菌剂的有效期过后，生防菌剂在葡萄植株上进行大量繁殖，从而抑制病原菌的侵入，达到了良好的防控效果，这也为减少化学农药的使用提供了很好的思路。

3. 黑痘病　在我国，黑痘病也称为疮痂病、鸟眼病，南北各产区都有发生。在我国南方地区，尤其是春季雨水多的地区，如黄河以南地区、长江流域产区、浙江、上海等地，发生比较严重；常引起新梢和叶片枯死，果实失去食用价值，造成较大经济损失。

（1）发病时期。生长前期和中期。

（2）发病条件。长期高湿多雨。

（3）发病症状。黑痘病为害葡萄新梢、叶片及卷须等绿色幼嫩部分。幼果受害，首先果面出现褐色小圆斑，然后逐渐扩大，之后病斑中央呈灰白色，稍凹陷，病斑上产生黑色小粒点，似鸟眼状。新梢、卷须、叶柄和果柄受害，初期呈褐色圆形或不规则形小斑点，然后扩大为近椭圆形，灰黑色，边缘深褐色，中部显著凹陷并开裂。蔓上形成溃疡斑，溃疡斑有时向下深入直到形成层；病梢停止生长，以致枯萎变干变黑。嫩叶受害，初期呈现针头大小的褐色或黑色小点；斑点很多时，嫩叶皱缩以致枯死（图7-15~图7-18）。

图 7-15　叶片黑痘病症状

图 7-16　枝梢黑痘病症状

图 7-17　花序黑痘病症状　　　　　　图 7-18　果实黑痘病症状

（4）发病规律。黑痘病病原菌属半知菌类痂圆孢菌属。病原菌以菌丝体在病枝梢溃疡斑内越冬，也能够在病果及病痕内越冬，第二年 5 月产生分生孢子，借风雨传播，进行初次侵染。远距离传播主要是靠苗木和插条。春季葡萄萌芽后开始直至 9 月间均可发病。

（5）防治措施。

① 彻底清园。黑痘病的初侵染主要来自病残体上越冬的菌丝体，做好冬季的清园工作，可以减少次年年初侵染的菌原数量和减缓病情。

② 苗木消毒。黑痘病的长距离传播主要通过带病菌的苗木或插条，葡萄园定植时应选择无病的苗木，或进行苗木消毒处理。

③ 利用抗病品种。如巨峰、康拜尔、玫瑰露、吉丰 14、白香蕉等较抗黑痘病，可根据各地的情况选用。

④ 药剂防治。从萌芽后 15 天左右开始喷药，每 10~15 天喷一次，连续喷至落花后 15 天左右。在北方葡萄产区，开花前、落花 70%~80%、落花后 15 天左右是药剂防治黑痘病的三个关键时期，主要防治药剂有 50% 咪鲜胺锰盐可湿性粉剂 1 500~2 000 倍液、250 克 / 升嘧菌酯悬浮剂 833~1 250 倍液、400 克 / 升氟硅唑乳油 8 000~10 000 倍液、80% 代森锰锌可湿性粉剂 500~800 倍液、12.5% 烯唑醇可湿性粉剂 2 000~3 000 倍液、43% 氟吡菌酰胺·肟菌酯悬浮剂 2 000~4 000 倍液、75% 肟菌酯·戊唑醇水分散粒剂 5 000~6 000 倍液等。

4. 炭疽病　俗称晚腐病、熟腐病等，是葡萄发生最普遍、为害最严重的病害之一，在果实生长中后期尤其严重，常造成产量的严重损失。

（1）发病时期。开花前后侵染，成熟期表现出症状。

（2）发病条件。高温，高湿，28~32℃。

（3）发病症状。葡萄炭疽病能侵染果实、枝蔓、叶和卷须等部位。被侵染处发生褐色小圆斑点，逐渐扩大并凹陷，病斑上产生同心轮纹状近圆形线纹，并生出排列整齐的小黑点。这些黑点是分生孢子盘，潮湿天气分生孢子盘漏出粉红色胶状分生孢子团，是该病特征。病斑可扩展到整个果面，病果逐渐干缩成僵果，有时整穗干缩成整穗僵果（图 7-19）。

图 7-19　果实炭疽病症状

（4）发病规律。此病以分生孢子和菌丝在病组织处过冬，以分生孢子借风雨传播。分生孢子可从皮孔、气孔、伤口侵入，也可直接从果皮上侵入，病菌侵入后 10~20 天即可发病，果实转色期发病加重，直至采收。一般自 6 月可以侵入发病，7~8 月为发病盛期，近成熟期发病日渐加重。多雨年份或在果园排水不良和架式低、枝蔓过密、树龄增加等条件下，薄皮品种、晚熟品种病情较重。早熟品种轻。北方以巨峰品种比较抗病。

（5）防治措施。

① 彻底清除病穗、病蔓和病叶等，以减少菌源。

② 加强栽培管理，及时整枝、绑蔓、摘心，使架面通风。增施磷、钾肥，控制氮肥用量。

③ 南方自 4 月下旬，北方 5 月下旬，进行喷药防治，以后一般每隔 10~15 天喷药一次。幼果期、套袋前是预防的最佳时期，可以使用 30% 吡唑醚菌酯 2 000~3 000 倍液、10% 苯醚甲环唑水分散粒剂 800~1 300 倍液、25% 咪鲜胺乳油 1 250~2 000 倍液、40% 腈菌唑可湿性粉剂 4 000~6 000 倍液、20% 抑霉唑水乳剂 800~1 200 倍液、16% 多抗霉素可溶粒剂 2 500~3 000 倍液、40% 氟硅唑乳油 8 000~10 000 倍液、400 克 / 升克菌丹·戊唑醇悬浮剂 1 000~1 500 倍液等。

5. 白腐病 在潮湿多雨的年份，白腐病易于发生。

（1）发病时期。主要发生在葡萄转色期前后。

（2）发病条件。冰雹或连阴雨后的高湿条件，24~27℃。

（3）发病症状。果梗和穗轴上发病处先产生淡褐色水渍状近圆形病斑，病部腐烂变褐色，很快蔓延至果粒，果粒变褐软烂，后期病粒及穗轴病部表面产生灰白色小颗粒状分生孢子器，湿度大时由分生孢子器内溢出灰白色分生孢子团，病果易脱落，病果干缩时呈褐色或灰白色僵果（图 7-20）。枝蔓上发病，初期呈水渍状淡褐色病斑，形状不定，病斑多纵向扩展成褐色凹陷的大斑，表皮生灰白色分生孢子器，呈颗粒状，后期病部表皮纵裂与木质部分离，表皮脱落，维管束呈褐色乱麻状，当病斑扩及枝蔓表皮一圈时，其上部枝蔓枯死。叶片发病多发生在叶缘部，初生褐色水渍状不规则病斑，逐渐扩大成圆形，有褐色轮纹（图 7-21）。

图 7-20　果实白腐病症状

图 7-21　叶片白腐病症状

（4）发病规律。分生孢子可借风雨传播，由伤口、蜜腺、气孔等部位侵入，经 3~5 天潜伏期即可发病，并多次重复侵染。该病菌发病的适宜温度为 28~30℃、空气相对湿度为 95% 以上。高温、高湿多雨的季节病情严重，雨后出现发病高峰。在北方，自 6 月至采收期都可发病，果实转色期发病增加，暴风雨后发病出现高峰。近地面处以及在土壤黏重、地势低洼和排水不良条件下病情严重。杂草丛生、枝叶密闭或湿度大时易发病。偏旺和徒长植株易发病。

（5）防治措施。

① 彻底清除病枝蔓、病穗和病叶。

② 及时整枝，抬高结果部位，及时除草，注意排水。对徒长植株，花前严禁使用氮肥。

③ 种植抗病品种。白腐病在巨峰葡萄上发病较轻。在南方，尽可能发展成熟期早于巨峰的品种，或通过促早栽培以避开白腐病发病高峰期。

④ 在北方，葡萄出土后喷布 5 波美度石硫合剂或 100 倍百菌清；幼果期开始（6 月上旬）每隔 15 天左右喷药预防一次，直至采收。在南方，要抓住花序分离期（4 月下旬至 5 月上旬）、谢花后 7 天、成熟前半个月的关键防治时期，主要防治药剂有 250 克 / 升戊唑醇水乳剂 2 000~3 300 倍液、30% 戊唑·多菌灵悬浮剂 800~1 200 倍液、50% 福美双可湿性粉剂 500~1 000 倍液、30% 苯醚甲环唑悬浮剂 4 000~6 000 倍液、40% 氟硅唑乳油 8 000~10 000 倍液等。喷药时，如逢雨季，可在配制好的药液中加入 0.5% 皮胶或其他展着剂，以提高药液黏着性。

6. 白粉病　葡萄白粉病也是葡萄上的重要病害之一，分布很广。总体上，雨水比较多的地区，发生程度比较轻，为害损失比较小。近年来，随着避雨栽培技术在我国多雨地区的大面积应用，虽然减轻了葡萄霜霉病、炭疽病等病害发生，但是造成植株表面没有水珠或水膜，适合葡萄白粉病发生和流行，白粉病日趋加重。

（1）发病时期。整个生长阶段。

（2）发病条件。设施栽培、高温干燥、闷热、通风透光不良。

（3）发病症状。葡萄白粉病主要为害叶片、枝梢及果实等部位，以幼嫩组织最敏感。果实受害，先在果粒表面产生一层灰白色粉状霉，擦去白粉，表皮呈现褐色花纹，最后表皮细胞变为暗褐色。叶片受害，在叶表面产生一层灰白色粉状霉，逐渐蔓延到整个叶片，严重时病叶卷缩枯萎。新枝蔓受害，初期呈现灰白色小斑，然后扩展蔓延使全蔓发病，病蔓由灰白色变成暗灰色，最后呈黑色（图7-22、图7-23）。

图 7-22　叶片、枝梢白粉病症状

图 7-23　果实、穗轴白粉病症状

（4）发病规律。白粉病病原菌属子囊菌类钩丝壳属，无性世代属半知菌类粉孢属。病原菌以菌丝体在被害组织上或芽鳞片内越冬，第二年春季产生分生孢子，分生孢子借风力传播到寄主表面；菌丝上产生吸器，直接伸入寄主细胞内吸取营养，菌丝则在寄主表面蔓延，果面、枝蔓及叶面呈暗褐色，主要受吸器的影响。病害一般在 7 月上中旬至 10 月均可发生。

（5）防治措施。

① 加强栽培管理，增施有机肥，增强树势，提高抗病力；及时摘心，疏剪过密枝叶和绑蔓，保持通风透光良好，可减轻病害发生。

② 注意果园卫生，清除病残体，集中烧毁或深埋，减少病源。

③ 药剂防治。在葡萄芽膨大而未发芽前喷 29% 石硫合剂 7~12 倍液，6 月开始每 15 天喷 1 次波尔多液，连续喷 2~3 次进行预防；发病初期喷药防治，常用的药剂有 36% 甲基硫菌灵悬浮剂 800~1 000 倍液、5% 己唑醇微乳剂 1 667~2 500 倍液、75% 百菌清可湿性粉剂 600~700 倍液、30% 氟环唑悬浮剂 1 600~2 300 倍液、10% 戊菌唑乳油 2 000~3 000 倍液、30% 己唑醇·嘧菌酯悬浮剂 4 000~6 000 倍液、40% 苯甲·吡唑醚菌酯悬浮剂 1 500~2 500 倍液、42.4% 吡唑醚菌酯·氟唑菌酰胺悬浮剂 2 500~5 000 倍液等。

7. 穗轴褐枯病 穗轴褐枯病主要发生于山东、河北、河南、湖南、辽宁等葡萄产区，春季多雨的年份为害严重。

（1）发病时期。葡萄开花期前后。

（2）发病条件。开花前后低温多雨。

图 7-24 穗轴褐枯病症状

（3）发病症状。葡萄穗轴褐枯病主要为害葡萄果穗幼嫩的穗轴组织。发病初期，先在幼穗的分枝穗轴上产生褐色水渍状斑点，迅速扩展后致穗轴变褐坏死，果粒失水萎蔫或脱落（图7-24）。

幼小果粒染病，仅在表皮产生直径2毫米圆形深褐色小斑，随着果粒不断膨大，病斑表面呈疮痂状。果粒长到中等大小时，病痂脱落，果穗也萎缩干枯。有时病部表面产生黑色霉状物，即病菌分生孢子梗和分生孢子。该病一般很少向主穗轴扩展，发病后期干枯的小穗轴易在分枝处被风折断脱落。

（4）发病规律。病菌以分生孢子在枝蔓表皮或幼芽鳞片内越冬，翌春幼芽萌动至开花期分生孢子侵入，形成病斑后，病部又产出分生孢子，借风雨传播，进行再侵染。该菌是一种兼性寄生菌，侵染与否取决于寄主组织的幼嫩程度和抗病力。若早春花期低温多雨，幼嫩组织（穗轴）持续时间长，木质化缓慢，植株瘦弱，病菌扩展蔓延快，随着穗轴老化，病情渐趋稳定。一般老龄树较幼龄树易发病，肥料不足或氮磷配比失调者病情加重；地势低洼、通风透光差、环境郁闭时发病重。高抗品种有龙眼、玫瑰露、康拜尔早生、蜜而紫、玫瑰香，其次是北醇、白香蕉、黑罕等，感病品种有红香蕉、红香水、黑奥林、红富士，巨峰最感病。

（5）防治措施。

① 选用抗病品种。

② 结合修剪，做好清园工作，清除越冬菌源。葡萄幼芽萌动前喷3~5波美度石硫合剂或45%晶体石硫合剂30倍液1~2次保护鳞芽。

③ 加强栽培管理，控制氮肥用量，增施磷、钾肥。同时，搞好果园通风透光、排涝降湿，也有降低发病的作用。

④ 药剂防治。葡萄绒球期，用石硫合剂重点喷洒结果母枝，以消灭越冬菌源；葡萄叶片充分展开后，选用80%代森锰锌可湿性粉剂500~800倍液、78%波尔·锰锌可湿性粉剂500~600倍液、50%福美双可湿性粉剂400~500倍液、50%异菌脲可湿性粉剂750~1 000倍液等药剂喷洒，具有一定的保护作用；在花序分离期和花后1周，选用36%甲基硫菌灵悬浮剂800~1 000倍液、400克/升嘧霉胺悬浮剂1 000~1 500倍液、300克/升醚菌酯·啶酰菌胺悬浮剂1 000~2 000倍液、20%丙硫唑悬浮剂1 600~2 000倍液等喷洒。

8. 黑腐病 葡萄黑腐病发生普遍，在很多高湿地区经常会造成毁灭性为害。

（1）发病时期。从6月下旬至果实采收期都可发病。

（2）发病条件。高温、多雨、潮湿。

（3）发病症状。黑腐病主要发生在葡萄果实、叶片、叶柄和新梢上。果实被害后发病初期产生紫褐色小斑点；然后逐渐扩大，边缘褐色，中央灰白色，稍凹陷，发病果软烂；而后变为干缩僵果，有明显棱角，不易脱落，病果上产出许多黑色颗粒状小突起，即病菌的分生孢子器或子囊壳（图7-25）。叶片发病时，初期产生红褐色小斑点，逐渐扩大成近圆形病斑，直径可达4~7厘米，中央灰白色，外缘褐色，边缘黑褐色，上面产生许多黑色小突起，排列成环状（图7-26）。新梢受害处产生褐色椭圆形病斑，中央凹陷，其上产生黑色颗粒状小突起。

图7-25　果实黑腐病症状

图7-26　叶片黑腐病症状

（4）发病规律。黑腐病菌主要以子囊壳在浆果上过冬，也可以分生孢子过冬，夏季以子囊孢子借风雨传播，有适宜的水分和湿度即可萌发侵染。孢子发芽需36~48小时，在22~24℃时萌发需10~12小时。在果实上潜育期8~10天。分生孢子生活力很强。8~9月高温多雨和近成熟期发病严重。在南方，其消长规律同白腐病近似。

（5）防治措施。

① 清除越冬病源。

② 及时排水，增施有机肥。

③ 药剂防治。雨前喷药保护果实，主要药剂有36%甲基硫菌灵悬浮剂800~1 000倍液、50%多·福可湿性粉剂400~500倍液、80%代森锰锌可湿性粉剂500~800倍液、80%烯酰吗啉水分散粒剂3 200~4 800倍液、250克/升戊唑醇水乳剂2 000~3 300倍液、250克/升嘧菌酯悬浮剂833~1 250倍液等。

9. 锈病　在全国葡萄产区均有发生，但以南方葡萄产区发生比较严重。一般欧亚种葡萄较抗病，欧美杂交种葡萄易感病。

（1）发病时期。葡萄生长中后期发生较多。

（2）发病条件。有雨或夜间多露的高温季节易发生。

（3）发病症状。葡萄锈病主要发生于植株中下部叶片，该病症初期会使叶面出现零星单个小黄点，周围水渍状，之后病变叶片的背面形成橘黄色夏孢子堆，逐渐扩大，沿叶脉处较多。夏孢子堆成熟后破裂，散出大量橙黄色粉末状夏孢子，布满整个叶片，致叶片干枯或早落（图7-27）。秋末病斑变为多角形灰黑色斑点，形成冬孢子堆，表皮一般不破裂。偶见叶柄、嫩梢或穗轴上出现夏孢子堆（图7-28）。

图 7-27　叶片锈病症状

图 7-28　果实锈病症状

（4）发病规律。葡萄锈病病菌在寒冷地区以冬孢子越冬，初侵染后产生夏孢子，夏孢子堆裂开散出大量夏孢子，通过气流传播，当叶片上有水滴及适宜温度时，夏孢子长出芽孢，通过气孔侵入叶片。菌丝在细胞间蔓延，以吸器刺入细胞吸取营养，然后形成夏孢子堆。潜育期约一周，在生长季适宜条件下可以进行多次再侵染，至秋末又形成冬孢子堆。

夏孢子萌发温度为 8~32℃，适宜温度为 24℃。在适宜温度条件下，孢子经 60 分钟即可萌发，5 小时达 90%。冬孢子萌发温度为 10~30℃，适宜温度为 15~25℃，适宜相对湿度为 99%。冬孢子形成担孢子的适宜温度为 15~25℃，担孢子萌发的适宜温度为 20~25℃，适宜相对湿度为 100%。高湿有利于夏孢子萌发，光线对萌发有抑制作用，因此，夜间的高温成为此病流行的必要条件。生产上有雨或夜间多露的高温季节利于锈病发生，管理粗放且植株长势差易发病，山地葡萄较平地发病重。

（5）防治措施。

①清洁葡萄园，加强越冬期防治。秋末冬初结合修剪，彻底清除病叶，集中烧毁。

② 结合园艺性状选用抗病品种。抗性强的品种有玫瑰香、红富士等。

③ 加强葡萄园管理。发病初期适当清除老叶、病叶，既可减少田间菌源，又有利于通风透光，降低葡萄园湿度。

④ 药剂防治。发病初期喷洒 29% 石硫合剂水剂 6~9 倍液、77% 硫酸铜钙可湿性粉剂 500~700 倍液、40% 多·福可湿性粉剂 320~400 倍液、250 克 / 升嘧菌酯悬浮剂 833~1 250 倍液、25% 咪鲜胺乳油 800~1 500 倍液等。

10. 轮斑病　葡萄轮斑病是一种常见病害，全国各葡萄产区均有发生。

（1）发病时期。7 月下旬至 8 月上旬开始发病，9~10 月进入发病盛期。

（2）发病条件。高温高湿是发生流行的重要条件，通风透光不良的葡萄园易感病。

（3）发病症状。葡萄轮斑病主要为害叶片，以中下部叶片受害较多。受害叶片初期呈现红褐色不规则形的斑点，扩展呈近圆形，直径约 2 厘米。病斑正面有明显的深色浅色相间的同心环纹（图 7-29），而病斑背面在天气潮湿时布满浅褐色霉状物，不显环纹。严重的造成叶片早枯脱落。

图 7-29　叶片轮斑病症状

（4）发病规律。病原菌为葡萄生扁棒壳菌，病原菌以子囊壳在落叶上越冬，第二年夏天温度上升、湿度加大时散发出子囊孢子，经气流传播到叶片。病原菌从叶背气孔侵入，发病后产出分生孢子进行再侵染，该病为害美洲种葡萄。因发病期较晚，对当年产量影响较轻，为害严重时引起早期落叶，影响越冬和下一季葡萄长势与结果。高温高湿是该病发生和流行的重要条件，管理粗放、植株郁闭、通风透光差的葡萄园发病重。

（5）防治措施。葡萄轮斑病的防治要以预防为主，结合农业防治和药剂防治。

① 农业防治：认真清洁田园，加强田间管理。

② 药剂防治：在发病初期及时喷施药剂。常用的药剂有 10% 苯醚甲环唑水分散粒剂 1 000 倍液、80% 戊唑醇可湿性粉剂 8 000~9 000 倍液、30% 醚菌酯悬浮剂 2 200~3 200 倍液、40% 氟硅唑乳油 8 000~10 000 倍液等。

11. 褐斑病　又称叶斑病、斑点病。葡萄褐斑病是一种常见病害，在雨水较多的地区都有发生，仅侵害葡萄叶片，引起叶片早期脱落。

（1）发病时期。葡萄生长中期易发病，一般于 6 月开始发生，7~8 月进入发病盛期。

（2）发病条件。高温高湿。

（3）发病症状。褐斑病是由葡萄假尾孢菌侵染引起，主要为害叶片。根据病斑的大小和病原菌的不同，褐斑病可以分为大褐斑病和小褐斑病（图7-30）。大褐斑病初发时，在叶片上出现小圆形斑点，呈淡褐色、不规则的角状斑点，病斑逐渐扩展，直径可达1厘米，病斑由淡褐色变为褐色，进而变成赤褐色，周缘黄绿色，严重时数斑连结成大斑，边缘清晰，叶背面周边模糊，后期病部枯死，多雨或湿度大时发生灰褐色霉状物。有些品种病斑带有不明显的轮纹。小褐斑病为束梗尾孢菌寄生引起，侵染点发病出现黄绿色小圆斑点并逐渐扩展为2~3毫米的圆形病斑；病斑部逐渐枯死变褐色进而变为茶褐色，后期叶背面病斑生出黑色霉层。

图7-30　叶片褐斑病症状

（4）发病规律。

① 分生孢子萌发和菌丝体在寄主体内发展需要高湿和高温条件，故在高湿和高温条件下，病害发生严重。

② 褐斑病一般在5、6月初发，7~9月为发病盛期。多雨年份发病较重。发病严重时可使叶片提早1~2个月脱落，严重影响树势和第二年的结果。

③ 病菌以菌丝体和分生孢子在落叶上越冬，至第二年初夏长出新的分生孢子梗，产生新的分生孢子，新分生孢子通过气流和雨水传播，引起初次侵染。

④ 分生孢子发芽后从叶背气孔侵入，发病通常自植株下部叶片开始，逐渐向上蔓延。病菌侵入寄主后，经过一段时期，于环境条件适宜时，产生第二批分生孢子，引起再次侵染，造成陆续发病。直至秋末，病菌又在落叶病组织内越冬。

（5）防治措施。

① 农业防治：认真清洁田园，加强田间管理；及时绑蔓、摘心，去除过密副梢、叶片和卷须等改善通风透光条件；控制氮肥使用量，适当增施有机肥。

② 药剂防治：常用药剂有75%百菌清可湿性粉剂600~700倍液、80%代森锌可湿性粉剂500~800倍液、25%嘧菌酯悬浮剂1 000~2 000倍液交替使用，每7~10天防治1次，连续2~3次。

12. 溃疡病　葡萄溃疡病近几年才引起重视，现已在我国多个省份发现，成为葡萄生产的重大障碍。

（1）发病时期。4~6月为主要发病时期，果实出现症状多在果实转色期。

（2）发病条件。多雨、树势弱易感病。

（3）发病症状。葡萄溃疡病引起果实腐烂、枝条溃疡。果实出现症状是在果实转色期，穗轴出现黑褐色病斑，向下发展引起果梗干枯致使果实腐烂脱落，有时果实不脱落，逐渐干缩

（图7-31）。叶片上表现为叶肉变黄呈虎皮斑纹状。在田间还观察到大量当年生枝条出现灰白色梭形病斑，病斑上着生许多黑色小点，横切病枝，维管束变为褐色；也有的枝条病部表现出红褐色，尤其是分枝处比较普遍（图7-32）。

图7-31　果实溃疡病症状

图7-32　枝干溃疡病症状

（4）发病规律。病原菌可以在病枝条、病果等病组织上越冬越夏，主要通过雨水传播，树势弱容易感病。发病后引起果实腐烂、枝条溃疡，严重时导致裂果烂果和枝干枯死，病菌主要通过雨水传播，防控需及时，方法需综合。

（5）防治措施。

①尽量剪除有溃疡斑的枝条，然后用40%氟硅唑乳油8 000倍液处理剪口或发病部位。

②对枝干病斑进行刮治，使用50%福美双可湿性粉剂＋有机硅均匀涂抹，涂抹范围要大出刮治范围2~3厘米，严重的间隔7天补抹1次；使用50%福美双可湿性粉剂30~60倍液＋

有机硅进行枝干喷雾或涂刷。

③ 药剂防治。套袋前用25%嘧菌酯悬浮剂1 000~2 000倍液、40%苯醚甲环唑悬浮剂4 000~5 000倍液、41%甲硫·戊唑醇悬浮剂800~1 000倍液、20%抑霉唑水乳剂800~1 200倍液等。

13. 酸腐病 葡萄酸腐病是一种复合侵染性病害，由酵母菌（真菌）、醋酸菌（细菌）、多种真菌、醋蝇等多种生物混合引起的，主要由醋蝇传播，已经成为我国葡萄普遍发生的重要病害之一。

（1）发病时期。在葡萄果实成熟期发病。一般在果实转色后发生。

（2）发病条件。醋蝇是该病的传播者，伤口是病菌存活和繁殖的场所，醋蝇在伤口处产卵，在爬行、产卵的过程中传播细菌。醋蝇卵孵化或若虫取食同时造成果实腐烂，随着醋蝇数量增多，引起病害的流行。

（3）发病症状。葡萄酸腐病主要发生在葡萄转色成熟期，具有六大特点：一是有腐烂的果粒，套袋葡萄在果袋的下方有一片深色湿迹（习惯称为"尿袋"）（图7-33）；二是果穗上有粉红色的小蝇子（这是酸腐病区别于炭疽病或白腐病的关键）；三是果穗有醋酸味；四是烂果内可见到白色的小蛆；五是腐烂的汁液沾染的地方（果实、果梗、穗轴等）均产生腐烂；六是果粒腐烂后干枯至只剩果皮和种子（图7-34）。

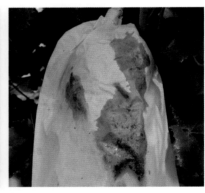

图7-33 尿袋

图7-34 果实酸腐病症状

（4）发病规律。

① 由醋酸细菌、酵母菌、多种真菌、醋蝇等多种生物混合引起。

② 酸腐病是二次侵染病害。首先是由于伤口的存在，从而成为真菌及细菌存活和繁殖的初始因素。

③ 伤口引诱醋蝇来产卵。醋蝇身上有细菌的存在，爬行、产卵的过程中传播细菌。醋蝇卵孵化、若虫取食同时造成腐烂，之后醋蝇指数增长，引起病害的流行。

④ 品种的混合种植，尤其是不同成熟期的品种混合种植，会增加酸腐病的发生。

⑤ 机械损伤（如冰雹、风、蜂、鸟等造成的伤口）或病害（如白粉病、裂果等）造成的伤口容易引来病菌和醋蝇，从而造成发病。

⑥ 雨水、喷灌和漫灌等造成空气湿度过大、叶片过密、果穗周围和果穗内的高湿度会加重酸腐病的发生和为害。

（5）防治措施。

① 发病重的地区选栽抗病品种，尽量避免在同一果园种植不同成熟期的品种。

② 葡萄园要经常检查，发现病粒及时摘除，集中深埋；增加果园的通透性、合理密植；在葡萄成熟期时控制灌溉。

③ 合理使用或不使用激素类药物，避免果皮伤害和裂果；合理疏粒；避免果穗过紧；合理使用肥料，尤其避免过量使用氮肥等，成熟期控制水分供应，防止裂果，防治鸟害。

④ 推荐药剂有：真菌性药剂 + 细菌性药剂 + 杀醋蝇药，如 80% 波尔多液 800 倍液 +50% 灭蝇胺水溶性粉剂 1 500 倍液、25% 嘧菌酯悬浮剂 1 000~2 000 倍液、40% 苯醚甲环唑悬浮剂 4 000~5 000 倍液等。

（二）细菌性病害

细菌性病害是由病原细菌侵染造成的病害。我国常见的细菌性病害有葡萄根癌病、酸腐病（醋酸细菌侵染）、细菌性枯萎病等，世界其他地区还有葡萄皮尔斯氏病等细菌性病害。细菌性病害表现为萎蔫、腐烂、穿孔等，发病后期遇到雨水会在病害部位溢出黏液。与真菌性病害症状的区别是没有霉状物。常用的防治方法是培养壮树，防治药剂有硫酸铜、氢氧化铜、波尔多液等铜制剂，农用链霉素、中生霉素等生物制剂。

1. 根癌病　葡萄根癌病又称冠瘿病或根头癌肿病。我国主要葡萄栽培地区均有发生，尤其在北方冬季寒冷地区发病严重。植株得病后生长逐渐衰弱，产量下降，经济寿命变短，重者枯枝或死树。

（1）发病时期。一般 5 月下旬开始发病，6 月下旬至 8 月为发病高峰期。在葡萄整个生长期均会发生。

（2）发病条件。重茬地繁育苗木，嫁接、农事操作、冻伤等造成伤口。

（3）发病症状。主要发生在葡萄的根、根颈和老蔓上，也会发生在幼龄枝蔓、新梢、叶柄、穗轴等器官上，症状是发病部分形成一至数个大小不等、形状各异的癌瘤。初发时稍带绿色和乳白色，质地柔软；随着瘤体的长大，逐渐变为深褐色，质地变硬，表面粗糙，瘤的大小不一，有的数十个瘤簇生成大瘤；老熟病瘤表面龟裂，在阴雨潮湿天气易腐烂脱落，并有腥臭味。受害植株由于皮层及输导组织被破坏，树势衰弱、植株生长不良，叶片小而黄，果穗小而散，果粒不整齐，成熟也不一致。病株抽枝少，长势弱，严重时植株干枯死亡（图7-35）。

图7-35　葡萄根颈根癌病症状

（4）发病规律。根癌病由土壤杆菌属细菌所引起。该种细菌可以侵染苹果、桃、樱桃等多种果树，病菌随植株病残体在土壤中越冬，条件适宜时，通过剪口、机械伤口、虫伤、雹伤及冻伤等各种伤口侵入植株，雨水和灌溉水是该病的主要传播媒介，苗木带菌是该病远距离传播的主要方式。细菌侵入后，刺激周围细胞加速分裂，形成肿瘤。病菌的潜育期从几周至一年以上，一般5月下旬开始发病，6月下旬至8月为发病的高峰期，9月以后很少形成新瘤，病菌生长的最适宜温度为25~30℃，温度适宜，降雨多，湿度大，癌瘤的发生量也大；土质黏重，地下水位高，排水不良及碱性土壤，发病重。起苗定植时伤根、田间作业伤根及冻害等都能助长病菌侵入，尤其是冻害，是葡萄感染根癌病的重要诱因。

品种间抗病性有所差异，玫瑰香、巨峰、红地球等高度感病，而龙眼、康太等品种抗病性较强。砧木品种间抗根癌病能力差异很大，SO4、河岸2号、河岸3号等是优良的抗性砧木。

（5）防治措施。

① 选择无病苗木。选择无菌苗木是预防根癌病发生的主要途径。一定要选择未发生过根癌病的地块做育苗苗圃，杜绝在患病园中采取插条或接穗。在苗圃或初定植园中，发现病苗应立即拔除并挖净残根集中烧毁，同时用1%硫酸铜溶液消毒土壤。

② 苗木消毒。在苗木或砧木起苗后或定植前将嫁接口以下部分用1%硫酸铜浸泡5分钟，再放于2%石灰水中浸泡1分钟，或用3%次氯酸钠溶液浸泡3分钟，以杀死附着在根部的病菌。

③ 加强田间管理。在田间发现病株时，可先将癌瘤切除，然后抹石硫合剂、福美双等药液，也可用 50 倍菌毒清或 100 倍硫酸铜消毒后再涂波尔多液，对此病均有较好的防治效果。

④ 加强栽培管理。多施有机肥料，适当使用酸性肥料，改良碱性土壤，使之不利于病菌生长。农事操作时防止伤根。田间灌溉时合理安排病区和无病区排灌水的流向，以防病菌传播。

⑤ 药剂防治。农杆菌素、E76 生防菌素能有效地保护葡萄伤口不受致病菌的侵染，使用方法是将葡萄插条或幼苗浸入 MI15 农杆菌素或 E76 放线菌稀释液中 30 分钟或喷雾。

2. 酸腐病　见上文描述。

（三）病毒性病害

病毒性病害是由病毒侵染造成的病害。葡萄是携带病毒最多的果树之一，目前，国际上已经报道的有 80 多种病毒侵染葡萄，分别属于 29 个属和 5 种未命名的病毒，其中，在中国已经报道的有 18 种葡萄病毒，生产中常见的有葡萄扇叶病、葡萄卷叶病等。根据国内外专家对 50 余个葡萄品种的研究，发现有近 80% 的品种带有一种或多种病毒，个别品种的带毒株率达 100%。

葡萄繁殖材料（砧木、接穗）是该病的主要传播途径，可以通过蚜虫、线虫等进行传播，欧亚种葡萄症状较轻，欧美杂交种葡萄症状明显。

1. 葡萄扇叶病　葡萄扇叶病又称为葡萄扇叶退化病、葡萄传染性退化病，是由葡萄扇叶病毒侵染所引起的一种病害。葡萄植株感染葡萄扇叶病毒后，植株生长逐渐衰弱，对不良环境的抵抗力减弱，经济寿命缩短，一般可减产 20%~50%，且果品质量下降。利用其枝条做繁殖材料时，枝条的扦插生根力下降 60% 以上，且嫁接成活率仅为 30%~50%。

（1）发病时期。春季病害症状明显，气温升高，病害受到抑制。

（2）发病条件。一般通过葡萄繁殖材料传播。

（3）发病症状。葡萄扇叶病的症状表现因病毒的不同株系、不同品种所表现的症状也不相同，大致可以分为三种类型。

Ⅰ型：扇形叶或畸形叶（图 7-36）。春天长出新梢后，叶片皱缩畸形，叶缘缺刻深，有时缺口深达叶子主脉，叶脉不对称，叶缘锯齿锐呈不规则状。叶柄洼开角大，呈扇叶状，有时上面有浅绿色斑点。叶脉扭曲、明脉。枝条畸形、节间短或节间长短不等，节部有时膨大并常常出现双节现象。

Ⅱ型：花叶形。叶片上分布有许多边缘不清晰、形状不规则的黄色斑点或斑块，颜色浓淡不同，呈黄色网纹或环状线纹，褪绿环状圆形或不规则形；叶片黄化，有时是局部叶片黄化，有时是新梢上部全部叶片黄化。

Ⅲ型：脉带形或镶脉形。叶脉呈现黄色、白色褪绿斑纹，逐渐向脉间扩展，叶脉呈褪绿宽带形，还有时伴随有叶片畸形。同时，患病植株表现为整株矮化、枝蔓上双芽率高、节间缩短、节间距离不等或不规律，染病植株落花落果严重，果穗、果粒变小，果穗轻散，产量降低。病株生长衰弱，发育不良。

除上述症状外，植株还会表现出矮化、枝蔓上双芽、拐节、节间缩短、距离不等，果穗小而散、果粒大小不齐、坐果差、幼果表皮下暗色坏死等症状。

图 7-36　葡萄扇叶病症状

（4）发病规律。葡萄扇叶病毒随活体在病株上越冬，借植株的汁液、嫁接和线虫传播。但不能借种子传播。因此，带病植株是主要传染源。病毒的近距离传播主要是靠修剪工具、植株间的接触和土壤中的线虫；远距离传播是靠带毒苗木、砧木、插条、接穗等繁殖材料。带毒植株在园中的分布是以发病中心呈圆形向外扩散蔓延，而带毒线虫则随苗木、砧木向大田中扩散，还可通过灌溉水进行蔓延。

（5）防治措施。

① 加强病毒检疫，选择无病毒苗木。防止病毒侵入和扩散到新建园，必须从无病毒区引进苗木、插条或接穗。无病毒苗木培育方法：利用热治疗法，将苗木置于38℃、适当光照条件下，经3个月后切取茎尖、分生组织进行培养；用微型嫁接法繁育苗木，以组织培养法培育无病毒母株，再采母株上的接穗、枝条繁育无病毒苗木；嫁接时挑选无病的接穗或砧木。

② 农业防治。葡萄定植前施足充分腐熟的有机肥，生长期根据植株长势，合理追肥，增强根系和树体发育；细致修剪、绑蔓，增强植株对病毒抵抗力。

③ 化学防治。葡萄扇叶病在田间可以通过土壤线虫传播，因此，可以使用5%克线磷颗粒剂浸根，处理浓度为100~400毫克/升，浸5~30分钟。此外，也可以用溴甲烷、棉隆等处理土壤，都有消灭线虫、减少田间传毒作用。

2. 葡萄卷叶病　葡萄卷叶病是由长线性病毒组侵染所引起的病害。葡萄卷叶病的症状主要表现在果实和叶片上，其中最典型的症状是叶片反卷和变色。该病对葡萄的为害是慢性过程，其为害程度的差异也很大，一般表现为植物的树势衰弱、发育不良，重者萎缩、停止生长。一般可造成减产10%~70%，果实的成熟期推迟1~2周，果实的含糖量比正常果低20%以上，病株抗逆性差，不耐寒。

（1）发病时期。在干旱园内，初夏叶子上就会出现症状，在采收至初秋这段时间最严重，发病严重的酿酒品种有赤霞珠、梅鹿辄、蛇龙珠，鲜食品种有无核白等。

（2）发病条件。葡萄卷叶病主要由人为栽培活动传播，用病株的插条或芽及砧木做无性繁殖材料，都可以传播。多数砧木为隐症带毒，因此通过根茎传病的危险性较大，田间粉蚧、菟丝子可以从病葡萄将病毒传给健康葡萄。

（3）发病症状。葡萄卷叶病的症状主要表现在果实和叶片上，其中最典型的症状是叶片反卷和变色（图7-37）。

① 叶片：从结果枝基部起，叶片从叶缘向下反卷。在红色品种上，发病初期，主脉间出现很小的红色斑点，然后红色斑点不断扩大，逐渐连接成片，呈红叶状。在非红色品种上，主脉间变为黄色，呈现绿色脉带，叶片黄化褪绿。在不同的品种上，均表现为叶片反卷、皱缩、发脆。严重时，叶片坏死呈灼焦状。从植株的分布情况看，先从枝蔓基部的叶开始，之后依次向枝梢方向发展，到秋天，几乎涉及所有叶片，严重时，叶片坏死。

② 果实：得病后红色品种的果实颜色变淡，非红色品种果实颜色变黄变暗。并且果实含糖量都会明显下降，果粒变小，着色不良，成熟期延长，植株萎缩。在某些鲜食品种上，如无核白，叶片边缘变黄或灼伤焦枯，但不反卷。病株枝蔓和根系一般发育不良，嫁接成活率低，插条的生根能力差，病株的抗逆性降低，易遭受不良环境及病菌的侵染。

图 7-37 葡萄卷叶病症状

（4）发病规律。葡萄卷叶病相关病毒主要在患病的活体植株内越冬，因此，带病植株是病害的最初传染源。该病毒由嫁接、汁液等传播，在干旱园内，初夏叶子上就出现症状，在采收至初秋这段时间最严重，发病严重的酿酒品种有赤霞珠、梅鹿辄、蛇龙珠，鲜食品种有无核白等。

（5）防治措施。

①加强检疫。新建葡萄园，必须从无病毒病地区引进苗木或其他繁殖材料。

②控制病毒源。选择新地时，最好避免选用有病毒源的地块，种苗也是一个重要的病毒源传播途径，选择无毒种苗很重要，有畸形黄化的种苗尽量不要种植。田间若发现部分植株受此病为害，应及时销毁病株，控制病毒源。

③控制传播媒介。定期进行线虫检测，严格控制线虫的暴发；及时防治各种害虫，如粉蚧等传播病毒的昆虫。

④土壤消毒，治虫防病。扇叶病在田间经土壤线虫传播，可以使用5%克线磷颗粒剂浸根，处理浓度为100~140毫克/升，浸5~30分钟。也可以在播种育苗时，条施或点施，亩用量为

250~300 克。此外，也可用溴甲烷、棉隆等处理土壤，都有消灭线虫、减少田间传毒的作用。

⑤ 加强田间管理。葡萄定植前施足充分腐熟的有机肥，生长期根据植株长势，合理追肥，增强根系和树体发育；细致修剪，摘梢、绑蔓，增强植株对该病的抵抗力。

（四）生理性病害

生理性病害是由非生物因素即不适宜的环境条件引起的病害，这类病害没有病原物的侵染，不能在植物个体间互相传染，所以也称非传染性病害。造成生理性病害的因素包括气象因素（温度过高或过低、雨水失调、光照过强或过弱等）、营养元素失调（氮、磷、钾、钙、镁及其他微量元素过多或过少）、有害物质因素（土壤含盐量过高、pH 值过大或过小）、除草剂、植物生长调节剂、无纺布袋等。

生理性病害具有突发性、普遍性、散发性的特点。突发性是指病害在发病时间上比较一致，往往有突然发生的现象，病斑的形状、大小、色泽较为固定。普遍性是指成片、成块地普遍发生，常与温度、湿度、光照、土质、水、肥、废气、废液等特殊条件有关，因此，无发病中心，相邻植株的病情差异不大，甚至附近某些不同的作物或杂草也会表现出类似的症状。散发性是指整个植株呈现病状，且在不同植株上的分布比较有规律，若采取相应的措施改变环境条件，植株一般可以恢复健康。生理性病害只有病状没有病症。

防控措施：加强土、肥、水的管理，平衡施肥，增施有机肥料；及时除草，勤松土；合理控制单株果实负载量，增加叶果比。在平衡施肥上，生长前期要注意追施速效氮肥，在果实成熟前要控制使用氮肥，采收后及时追施速效氮肥，增强后期叶片的光合作用，对树体养分的积累和花芽分化有良好的作用。

1. 日灼病　葡萄日灼病是普遍发生的一种自然伤害，也叫日烧病，主要发生在果实上，是由太阳光直射果实造成局部失水而引起的生理性病害。美人指、红地球、阳光玫瑰、新雅等品种易发生，巨峰系品种不易发生。

（1）发病时期。果实日灼病主要发生在果实快速膨大期，叶片日灼病可以发生在整个生长期。

（2）发病条件。果实日灼病发生的直接原因是果实受到强光照射，果面温度急剧升高，果实局部细胞失水受伤害而造成生理紊乱。无风、晴天、土壤干旱且无植被是发病的几个关键因素。一般情况下，地下水位高、排水不良的葡萄园发病重；密闭、不通风的葡萄园发病重；果穗上叶片少，没有遮挡，阳光直射果面时易发病；果皮薄的品种发病较重，如阳光玫瑰、美人指、红地球、新雅等。

（3）发病症状。日灼病在果实、叶片、卷须上均会发生（图 7-38、图 7-39）。最初受害果粒表面出现黄豆粒大小、黄褐色、近圆形斑块，边缘不清晰，之后病斑不断扩大，果肉组织坏死，逐渐呈凹陷斑，严重时病斑可占据整个果粒，果粒皱缩、变褐，果梗乃至穗轴干枯。硬核期或成熟期发生时，常出现果面凹陷症状。坏死斑上易遭受病菌侵染而引起果实腐烂。

图 7-38　果实日灼病症状

图 7-39　叶片日灼病症状

（4）发病规律。有夏季日灼和冬季日灼两种。

夏季日灼常常在干旱的天气条件下产生，其实质是干旱失水和高温的综合为害，主要为害果实和枝条的皮层。由于水分供应不足，植物的蒸腾作用减弱，在灼热的阳光下，果实和枝条因向阳面剧烈增温而遭受伤害。受害果实上出现淡紫色或淡褐色的凹陷斑，严重时表现为果实开裂、枝条表面出现裂斑。

冬季日灼出现于隆冬或早春，其实质是在白天有强烈辐射的条件下，因剧烈变温而引起伤害。葡萄的主干和大枝的向阳面由于阳光的直接照射，温度上升很快。据测定，日间平均气温在 0℃ 以上时，树干皮层温度可升高至 20℃ 左右，此时原来处于休眠状态的细胞解冻；但到夜间树皮温度急剧降到 0℃ 以下，细胞内又发生结冰现象。冻融交替的结果使树干皮层细胞死亡，在树皮表面呈现浅紫红色块状或长条状日灼斑，严重时可危及木质部，并可使树皮脱落。

（5）防治措施。

① 采用棚架栽培，提高结果部位，加强通风，减少篱架或 V 形架栽培。

② 适时摘心，在果穗对面及上、下位置保留副梢 1~3 片叶，以叶遮果。

③ 果实坐稳后，结合追肥田间灌水，以保持土壤潮湿，降低地温。

④ 果园生草，以降低地温，减少地面水分蒸发。

⑤ 喷肥降温，阴雨过后的高温天气，在叶面和果穗上喷布 0.2% 磷酸二氢钾等，可起到降温补肥的作用。

⑥ 避开高温疏果、套袋，降低果皮机械损伤。

⑦ 搭建遮阳网，防止强光直射果实。

⑧ 增施有机肥，保持土壤疏松，增加其保水性能，减少使用化肥尤其是氮肥。

⑨ 冬季，在树干涂白以缓和树皮温度骤变（图 7-40）。修剪时，在树体的西南方向多留枝条也可减轻为害。

图 7-40　葡萄枝干涂白

2. 气灼病　俗称缩果病，是一种与特殊气候条件有直接或间接关系的生理性病害，也是"生理性水分失调症"的表现之一，在全国葡萄产区均有发生。气灼病是红地球等葡萄品种的常见病害，果实套袋后易发生，其他葡萄品种，气灼病时有发生，严重时病穗率达80%以上。

（1）发病时期。一般发生在幼果期，落花后45天至转色前均可发生，幼果期至封穗期发生比较严重。

（2）发病条件。葡萄气灼病是特殊气候、栽培管理条件下表现的生理性病害，与阳光直射与否关系不大，通常在1~2小时内受害。任何影响葡萄水分吸收、加大水分流失和蒸腾的气候条件及田间操作，都会引起或加重气灼病的发生，如久旱逢雨、雨后转晴、灌水不当等易发生病害，土壤板结、施肥量过大、根系过浅等会加重病害发生。

（3）发病症状。葡萄气灼病初期表现为失水、凹陷、浅褐色小斑点，并迅速扩大为大面积病斑，整个过程基本在2小时内完成。病斑一般占果粒的5%~30%，严重时一个果实有2~5个病斑，导致整个果粒干枯（图7-41）。病斑分布具有一定的随意性，常发生在果梗基部或果面中上部。

图 7-41　果实气灼病症状

（4）发病规律。连续阴雨后、天气转晴时的闷热天气易发生气灼病。葡萄地上部分和地下部分生长不协调，如地上部生长旺盛，地下部根系不好，容易发生气灼病。

（5）防治措施。

① 增施有机肥，提高土壤透气性，改良土壤结构，提升根系活性。

② 少施氮肥，多施叶面钙肥，结合根外施肥，追施硼砂，可减少病害的发生。

③ 合理安排灌水，注意调节园区的湿度和温度。连续阴雨低温期间，降低灌溉定额（包括滴灌），少量多次，避免土壤积水，降低田间空气湿度，避免或减少果面附着水珠；天气突然放晴、气温骤然升高时，可在夜间至清晨灌水。

温馨提示：气灼病与日灼病（日烧病）的区别：日灼病是太阳的紫外线、强光线与高温共同作用造成的灼伤，颜色比较深，类似于"火烧"状；气灼病是水分生理病害，病斑颜色比较浅，类似于"开水烫"状。

3.裂果

（1）发病时期。一般发生在果实生长后期，土壤水分变化过大，果实膨压骤增所致。

（2）发病条件。

① 果粒间排列紧密、挤压过度造成裂果。

② 土壤水分变化过大。如葡萄生长前期比较干旱，果实近成熟期遇到大雨或大水漫灌，根系从土壤中吸收水分，通过果刷输送到果粒，其靠近果刷的细胞生理活动和分裂加快，而靠近果皮的细胞活动比较缓慢，果实膨压增大，致使果粒裂开。

（3）发病症状。

果粒开裂，有时露出种子，裂口处易感染霉菌腐烂，失去经济价值（图7-42）。

图 7-42　果实裂果症状

（4）发病规律。前期干旱，果实近成熟期突降大雨或大水漫灌，果实膨压骤增，造成果实开裂。在灌溉条件差、地势低洼、土壤黏重、排水不良的地区或地块，发生裂果严重，裂口处易感染霉菌而腐烂，造成很大的经济损失。

（5）防治措施。

① 适时灌水、及时排水，经常疏松土壤，防止土壤板结，使土壤内保持一定的水分，避免土壤内水分变化过大。

② 对果粒紧密的品种进行疏果，使树体保持适宜的坐果量。

③ 增施有机肥，改良土壤结构，避免土壤水分失调。

④ 果实生长后期土壤干旱需要灌水时，采用滴灌，且控制灌溉量，切忌大水漫灌。

4. 缺铁病

（1）发病时期。新梢生长期，尤其是春季。

（2）发病条件。土壤中可吸收铁的含量不足，土壤条件差。

（3）发病症状。葡萄缺铁症主要表现在刚刚发出的嫩梢上，新梢先端叶片呈鲜黄色，叶脉间先发生叶绿素破坏，褪色从叶缘开始向叶脉间逐渐扩展，最后整叶黄化或白化，严重时，叶片自上而下逐渐变褐坏死、干枯脱落（图7-43）。受害新梢生长量小，花穗变黄色，坐果率低，有时花蕾全部脱落，果粒小（图7-44）。

图 7-43 叶片缺铁症状

图 7-44 新梢缺铁症状

（4）发病规律。

① 最主要的原因是土壤的 pH 值过高，土壤溶液呈碱性反应，以氧化过程为主，从而使土壤中的二价铁离子转化为不溶性的三价铁盐，不能被根系吸收而缺乏。

② 土壤条件不佳，如土壤黏重、排水不良，春天地温低又持续时间长，均会影响葡萄根系对铁元素的吸收。

③ 树龄过大、树体老化、结果量多亦可影响根系对铁元素的吸收，引起发病。

（5）防治措施。

① 加强土壤管理。在土壤盐碱重的葡萄园，应增施有机肥料，降低土壤的 pH 值。

② 土壤施铁。发病严重的葡萄园，可以用叶绿宝或 2% 硫酸亚铁 +0.15% 柠檬酸溶液灌根。

③ 叶面施铁。葡萄刚刚开始黄化时，用 0.5% 硫酸亚铁 +0.15% 柠檬酸 +400~600 倍叶绿宝药液细致喷布叶面，之后隔 10~15 天再喷一次，连喷 2~3 次。

5. 其他生理性病害　如图 7-45 所示。

无纺布袋为害（左侧果穗）　　　　　　　　　　　药害

冻害（1）　　　　　　　　　　　　　　　冻害（2）

高温干旱造成叶片黄化　　　　　　　淹水造成叶片黄化

缺钾症　　　　　　　　　　　　缺磷症

缺素症（1）　　　　　　　　　　缺素症（2）

图 7-45　其他生理性病害

二、葡萄主要虫害种类与防治

据资料显示，我国为害葡萄的害虫有 130 多种。根据为害部位不同，大致可分为五大类：叶片害虫，枝蔓害虫，花序、幼果害虫，果实害虫和根系害虫（表 7-1）。

表 7-1　常见害虫种类及为害部位

为害部位	常见害虫种类
叶片	绿盲蝽、烟蓟马、葡萄虎蛾、叶甲、象甲、金龟子及各种螨类等
枝蔓	葡萄透翅蛾、斑衣蜡蝉、葡萄虎天牛、象甲、介壳虫类等
花序、幼果	绿盲蝽、金龟子等
果实	金龟子、棉铃虫、吸果夜蛾等
根系	葡萄根瘤蚜、蛴螬及叶甲若虫等

1. 绿盲蝽　葡萄早春第一虫害，在全国葡萄产区普遍分布，是葡萄乃至多种果树、蔬菜及经济作物的重要害虫。

（1）为害部位。幼芽、嫩叶、花蕾、幼果等。

（2）为害时期。早春萌芽后至果实膨大期均可为害。

（3）为害条件。春季温暖、潮湿环境，温度为 20~30℃，相对湿度为 80%~90%。

（4）为害特点。绿盲蝽是一种体长在 5 毫米以下，能跳跃、会飞翔、昼伏夜出、行动敏捷的刺吸式口器害虫。绿盲蝽春季即开始为害葡萄嫩叶、花和幼果，造成叶片缺失、落花、裂果、落果等症状，该虫以刺吸式口器为害葡萄的嫩叶、花序和幼果。被害叶片呈红褐色针头大小的坏死点，随着叶片的生长，被害处形成撕裂或不规则的孔洞，并且叶片起伏不平皱缩。幼果被害一般表现在落花后 4~10 天，幼果表面呈黑褐色凹陷，被害面积占果面的 1/3~1/2，影响果实生长和膨大，幼果枯萎脱落，严重影响葡萄的生长发育，降低果实品质，造成减产，给葡萄生产带来经济损失（图 7-46~ 图 7-49）。

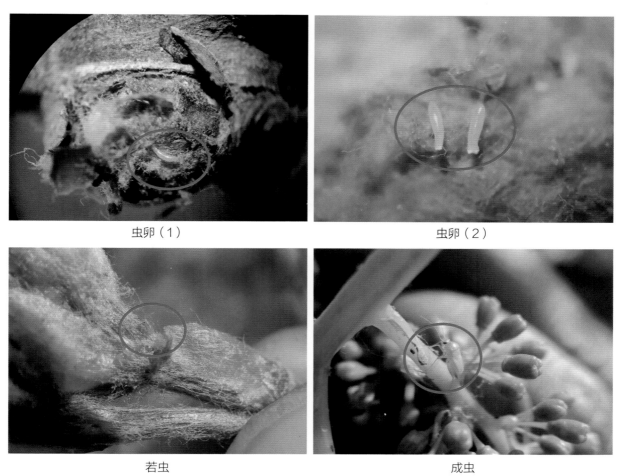

虫卵（1）　　　　　　　　　　虫卵（2）

若虫　　　　　　　　　　　　　成虫

图 7-46　绿盲蝽虫卵、若虫、成虫

图 7-47　绿盲蝽为害叶片、新梢症状

图 7-48　绿盲蝽为害花序症状

图 7-49　绿盲蝽为害果实症状

（5）发生规律。

① 来得早，在其他病虫害都没有发生的时候，绿盲蝽就开始为害，葡萄的绒球吐绿和绿盲蝽的孵化同时进行，葡萄一发芽即开始为害。

② 为害时间长，葡萄发芽开始至大幼果期，时间几乎长达两个月，直到葡萄果皮老化。

③ 为害症状隐蔽，当看到绿盲蝽的为害症状时，它对葡萄的为害就已经形成，随着葡萄的生长，症状越来越明显。

④ 难防难治，因为绿盲蝽昼伏夜出习性，若虫颜色与叶片相似，体积小，且具有迁飞性，防治难度大。

（6）防治措施。

① 清园。3 月份以前，结合清园除去田埂、路边和园地的杂草，消灭越冬卵，减少早春虫口基数，收割绿肥不留残茬，翻耕绿肥时全部埋入地下，减少向棉田转移的虫量。

② 药剂防治。在葡萄新梢 2~3 叶时、花序分离期及落花后 3 个关键时期，可以用 25%噻嗪酮可湿性粉剂 1 000~1 500 倍液、40% 毒死蜱微乳剂 1 000~2 000 倍液、5% 啶虫脒乳油3 300~4 200 倍液、52.25% 氯氰·毒死蜱乳油 1 400~1 600 倍液、15.5% 甲维·毒死蜱微乳剂2 000~3 000 倍液、25% 氯氰菊酯乳油 2 000~4 000 倍液、10% 吡虫啉可湿性粉剂 3 000~4 000倍液、1% 苦皮藤素水乳剂 30~40 毫升 / 亩等药液防治。

2. 蓟马　蓟马广泛分布于全国各葡萄产区，除为害葡萄外，还为害棉花、瓜类、烟草、马铃薯、甜菜等 20 多种作物。

（1）为害部位。嫩叶、新梢、枝蔓、幼果等。

（2）为害时期。初花期到落叶前都可为害。

（3）为害特点。蓟马成虫呈黄色、棕色或黑色，体形微小，长 0.5~2 毫米，能挫破植物表皮，吸吮幼嫩组织的汁液。该类昆虫因个体较小，常隐藏于植物各部位取食为害，如嫩叶、花蕾等，造成叶片呈现大面积坏死斑点、萎缩，严重时枯死脱落，为害花序时，造成植株不能孕穗、结果或果实后期形成大面积锈状斑点。蓟马主要是若虫和成虫以锉吸式口器锉吸幼果、嫩叶和新梢表皮细胞的汁液。幼果被害时不变色，第二天被害部位失水干缩，形成小黑斑，影响果粒外观，降低商品价值，严重时引起裂果，影响产量和品质（图 7-50、图 7-51）。

图 7-50　蓟马若虫、成虫

蓟马为害花序症状

蓟马为害果实症状（1）

蓟马为害果实症状（2）

蓟马为害果实症状（3）

蓟马为害叶片症状　　　　　　　　　　　蓟马为害枝梢症状

图 7-51　蓟马为害症状

（4）发生规律。

① 蓟马多为孤雌生殖，少见雄虫，卵多产在叶背皮下和叶脉内，卵期 6~7 天，初孵若虫活动少，集中在叶背叶脉两侧为害，长大后分散。

② 成虫扩散很快，怕阳光，于早晚或阴天在叶面上为害。

③ 北方多以成虫在未收获的葱、蒜叶鞘或杂草残株上越冬，春季葱蒜返青时恢复活动，为害一段时间后迁飞至杂草、作物及果树上为害繁殖。

④ 叶片受害，因叶绿素被破坏，先出现褪绿的黄斑，然后叶片变小，卷曲畸形，干枯，有时还出现穿孔。

（5）防治措施。

① 早春清除葡萄园杂草和残株枯枝败叶，集中烧毁或深埋，可减少虫源。

② 保护和利用天敌小花蝽和姬猎蝽等，对蓟马的发生有抑制作用。

③ 田间悬挂黄板诱杀蓟马成虫。

④ 可选喷 25% 氯氟·噻虫胺微囊悬浮剂 25~30 毫升 / 亩、60 克 / 升乙基多杀菌素悬浮剂 1 000~2 000 倍液、20% 甲维·吡丙醚悬浮剂 20~30 克 / 亩、25% 联苯·虫螨腈微乳剂 45~60 克 / 亩等。

3. 斑衣蜡蝉　又称斑蜡蝉，在全国葡萄产区广泛分布，寄主种类广泛，除为害葡萄外，还为害桃、梨、石榴、桂花、香椿、杨树等多种植物。

（1）为害部位。嫩叶、新梢。

（2）为害时期。从春季新梢 50 厘米左右时开始为害，至 10 月下旬。

（3）为害特点。斑衣蜡蝉以成虫、若虫刺吸葡萄枝蔓和叶片的汁液（图 7-52）。幼嫩叶片被害后，叶面有淡黄色的坏死斑点，随着叶片的生长造成叶片穿孔、破裂；枝条被害后，会逐渐变黑。其排泄物落在叶片、枝条或果实表面，像刚喷过水，有亮斑，夏季易招真菌寄生，发霉变黑，严重影响叶片的光合作用，降低果品质量（图7-53）。

| 孵化 | 若虫 | 成虫 |

图7-52　斑衣蜡蝉孵化、若虫和成虫

图7-53　斑衣蜡蝉为害葡萄叶片、枝梢症状

（4）发生规律。斑衣蜡蝉在葡萄园发生为害有两个阶段，即若虫为害阶段和成虫为害阶段。从4月中旬越冬卵开始孵化，田间开始见到若虫，5月上旬到6月上旬是若虫主要发生阶段。6月上旬在田间可以见到成虫，成虫以为害葡萄枝条为主，被害枝条变成黑色，诱发煤污病；8~9月是成虫为害的主要时期；进入9月中旬后成虫开始产卵，一直可以延续到10月，以卵进行越冬。

（5）防治措施。

①葡萄园周围最好不要种植臭椿、苦楝等斑衣蜡蝉喜食的寄主，以减少虫源。

②产卵期由于成虫行动迟缓，极易捕捉，因此，人工捕捉成虫可有效降低越冬卵基数。结

合冬季修剪和果园管理，人工将水泥柱上的越冬卵块压碎，彻底消灭越冬卵。

③ 利用斑衣蜡蝉1、2龄若虫的寄生性与捕食性天敌——螯蜂抑制其为害，效果显著。此外，平腹小蜂可以寄生斑衣蜡蝉的卵，也能起到一定的抑制作用。

④ 在低龄若虫和成虫为害期，交替选用22%氟啶虫胺腈悬浮剂1 000~1 500倍液、25%噻虫嗪水分散粒剂4 000~5 000倍液、1.5%苦参碱可溶液剂3 000~4 000倍液、20%氰戊菊酯乳油10 000~20 000倍液、77.5%敌敌畏乳油1 600~2 000倍液、30%敌百虫乳油150~200毫升/亩等。

4. 蚜虫 又称腻虫、蜜虫，是最具破坏性的害虫之一，可为害250余种农、林及园艺作物，可传播病毒，在全国葡萄产区均有分布。

（1）为害部位。嫩叶、新梢、花蕾、幼果等。

（2）为害时期。葡萄开花前后。

（3）为害特点。蚜虫是一类植食性昆虫，主要是通过随风飘荡的形式来进行扩散。若蚜吸食叶片、嫩茎、嫩梢和嫩穗汁液，进而为害葡萄（图7-54）。

图7-54 蚜虫为害葡萄果实症状

（4）发生规律。

① 蚜虫分布很广、体小、繁殖力强，种群数量巨大，夏季4~5天可繁殖一代，1亩年可繁殖几十代。

② 由于大量繁殖，嫩叶、嫩茎、花蕾等组织器官上很快布满蚜虫，使为害加重。

③ 蚜虫以刺吸式口器刺吸植株的茎、叶，尤其是幼嫩部位，常群居为害。

（5）防治措施。

① 人工防治：秋、冬季在树干基部刷白，防止蚜虫产卵；结合修剪，剪除被害枝梢、残叶，集中烧毁，降低越冬虫口；冬季刮除树皮上密集越冬的卵块，及时清除枯枝落叶，刮除粗老树皮，减少越冬虫卵。

② 保护天敌：蚜虫的天敌很多，有瓢虫、草蛉、食蚜蝇和寄生蜂等，对蚜虫有很强的抑制作用。尽量少施广谱性农药，避免在天敌活动高峰时期施药，有条件的可人工饲养和释放蚜

虫天敌。

③ 常用的防治药物有 50% 抗蚜威可湿性粉剂 10~20 克 / 亩、25 克 / 升溴氰菊酯乳油 2 000~3 000 倍液、20% 吡虫啉可溶液剂 5 000~6 000 倍液、1.5% 苦参碱可溶液剂 3 000~4 000 倍液等。

5. 红蜘蛛 又称葡萄短须螨，主要分布于辽宁、河北、北京、山东、河南、江苏、四川、云南等省份，寄主范围广泛，除为害葡萄外，还可为害柑橘、石榴、柿、海棠、枇杷、连翘、月季等多种植物。

（1）为害部位。叶片、新梢、果实等。

（2）为害时期。5~10 月均有发生，7~8 月为害较重。

（3）为害特点。红蜘蛛主要为害葡萄叶片，以成螨或若螨活动于叶片背面，吸取汁液。受害叶片缺绿有黄点，叶片向下反卷，影响光合作用。前期数量少时，在叶片正面局部形成团状的比针尖还小的黄点；当叶片营养丰富、较厚时，叶片正面几乎没有症状，不易发现，背面局部地区失绿变白；当后期数量逐渐多时，失绿变白的区域增大，直到全叶背细胞失去功能，叶背变红（图 7-55）。

图 7-55　红蜘蛛为害叶片症状

（4）发生规律。

① 在土层土缝等处越冬。第二年春天气温回升，植物开始发芽生长时，越冬雌成螨开始活动为害。展叶以后转到叶片上为害，先在叶片背面主脉两侧为害，从若干个小群逐渐遍布整个叶片。

② 发生量大时，在植株表面拉丝爬行，借风传播。一般情况下，在 5 月中旬达到盛发期，7~8 月是全年的发生高峰期，尤其以 6 月下旬到 7 月上旬为害最为严重。常使全树叶片枯黄泛白。

③ 该虫完成一代平均需要 10~15 天，既可以两性生殖，又可以孤雌生殖，雌虫一生只交配一次，雄虫可交配多次。越冬代雌虫出现时间的早晚与寄主本身的营养状况好坏密切相关。寄主受害越重，营养状况越差，越冬虫出现得越早；反之，到 11 月上旬仍有个体为害。

（5）防治措施。加强葡萄植株间的管理，及时清除园子的病残株及落叶；在葡萄红蜘蛛生长初期及产卵期，用20%哒螨灵可湿性粉剂3 000~4 000倍液、1.8%阿维菌素乳油3 000~6 000倍液、200克/升双甲脒乳油液、20%四螨嗪悬浮剂2 000~2 500倍液等喷施葡萄叶背，及时控制葡萄红蜘蛛为害。

6. 金龟子 金龟子是一种杂食性害虫，在我国分布广泛，全国葡萄产区均有发生，主要在东北、华北、新疆和黄淮海流域等地区发生为害。

（1）为害部位。芽、叶、花、果实。

（2）为害时期。6~9月均有发生，开花期和成熟期为害较重。

（3）为害特点。成虫以葡萄的花、叶、果实和幼芽等为食（图7-56），以群集为害成熟果实为主，造成果实腐烂，失去商品性。若虫则在土壤中啃食幼苗根茎。葡萄花蕾受害时，开花受到影响，进而妨碍结果。

（4）发生规律。

① 在我国完成一代的时间一般为1~2年，以若虫和成虫越冬。

② 生活史较长，除成虫有部分时间出土外，其他虫态均在地下生活。

③ 金龟子有夜出型和日出型两种，夜出型夜晚取食为害，多有不同程度的趋光性，而日出型则白天活动取食。

图7-56 金龟子为害葡萄叶片症状

（5）防治措施。

① 人工防治：若虫每年随地温升降而垂直移动，当地温20℃左右时，若虫多在深10厘米以上处取食。一般在夏季清晨和黄昏由深处爬到表层，咬食近地面的茎部、主根和侧根。在新鲜被害植株下深挖，可以找到若虫集中处理。

② 生物防治：利用天敌防治，如白僵菌、苏云金杆菌等。

③ 物理防治：用灯光诱杀、糖醋液诱杀。金龟子成虫对蓝光、黄光比较敏感，可用杀虫灯诱杀。在架电方便的园区，可以用频振式杀虫灯；无电源的园区，可以用太阳能杀虫灯。

④ 化学防治：大量发生时，可采用20%甲氰菊酯乳油1 000~2 000倍液、15%甲氰·哒螨灵乳油1 500~2 000倍液、5%高效氯氟氰菊酯水乳剂10~15毫升/亩、40%辛硫磷乳油60~75毫升/亩等灌根消灭金龟子成虫。

7. 斜纹夜蛾 斜纹夜蛾是一类杂食性和暴食性害虫，为害寄主广泛，在全国葡萄产区均有发生，主要发生在长江流域的江西、江苏、湖南、湖北、浙江、安徽，黄河流域的河南、河北、山东等省。

（1）为害部位。叶片、花蕾、果实等。

（2）为害时期。一般发生在 7~9 月，干旱、高温条件容易发生。

（3）为害特点。斜纹夜蛾主要以若虫为害，若虫食性杂，且食量大，咬食叶片、花蕾、花及果实（图 7-57）。初孵若虫在叶背为害，取食叶肉，仅留下表皮；3 龄若虫造成叶片缺刻、残缺不堪，甚至全部吃光，蚕食花蕾造成缺损，容易暴发成灾；4 龄以后进入暴食，咬食叶片，仅留主脉；老龄时形成暴食，其食性既杂又为害各器官（图 7-58）。

图 7-57　斜纹夜蛾若虫

图 7-58　斜纹夜蛾为害葡萄叶片症状

（4）发生规律。

① 该虫每年发生 4 代（华北）至 9 代（广东），一般以老熟若虫或蛹在田地边杂草中越冬，长江流域多在 7~8 月大发生，黄河流域多在 8~9 月大发生。

② 活动习性：成虫白天潜伏在叶背或土缝等阴暗处，夜间出来活动。每只雌蛾能产卵 3~5 块，每块有卵位 100~200 个，卵多产在叶背的叶脉分杈处，经 5~6 天就能孵出若虫，初孵时聚集叶背，4 龄以后和成虫一样，白天躲在叶下土表处或土缝里，傍晚后爬到植株上取食叶片。

③ 趋性：成虫有强烈的趋光性和趋化性，黑光灯的效果比普通灯的诱蛾效果明显，另外，对糖、醋、酒味很敏感。

④ 生育与环境：卵的孵化适温是 24℃左右，若虫在气温 25℃时，历经 14~20 天化蛹，适宜的土壤湿度是土壤含水量为 20% 左右，蛹期为 11~18 天。

（5）防治措施。

① 农业防治：清除杂草，收获后翻耕晒土或灌水，以破坏或恶化其化蛹场所，有助于减少虫源。

② 物理防治：利用成虫趋光性、趋化性，使用诱蛾灯、糖醋液诱杀。

③ 药剂防治：交替喷施 1% 苦皮藤素水乳剂 4 000~5 000 倍液、21% 氰戊·马拉松乳油 2 800~4 200 倍液、10% 溴氰虫酰胺可分散油悬浮剂 10~14 毫升／亩、2% 高氯·甲维盐微乳剂

40~60 克 / 亩、18% 鱼藤酮·辛硫磷乳油 60~120 毫升 / 亩、10 亿 PIB/ 克斜纹夜蛾核型多角体病毒可湿性粉剂 50~60 克 / 等。

8. 其他虫害　如图 7-59 所示。

叶蝉为害叶片背面

叶蝉为害叶片正面

跗线螨为害穗轴（1）

跗线螨为害穗轴（2）

毛毡病（葡萄缺节瘿螨为害叶片背面）

毛毡病（葡萄缺节瘿螨为害叶片正面）

棉铃虫为害叶片

棉铃虫为害穗轴

甜菜夜蛾为害叶片

甜菜夜蛾为害果实

桃蛀螟若虫为害果实

桃蛀螟成虫为害果实

桔小实蝇为害果实（1）　　　　　　桔小实蝇为害果实（2）

桔小实蝇为害果实（3）　　　　　　桔小实蝇为害果实（4）

果蝇为害果实　　　　　　　　　　豆天蛾为害叶片

图7-59　其他虫害症状

三、杂草识别与防控

（一）杂草种类识别

杂草与葡萄争夺水分、养分，恶化葡萄生长环境，并影响葡萄光合作用和养分积累。此外，杂草是许多病菌害虫的栖息地，能够传播病虫害，从而影响葡萄产量与质量。

葡萄园常见的一年生杂草有早熟禾、牛繁缕、繁缕、狗尾草、牛筋草、大画眉草、马齿苋等；多年生杂草有莲子草、香附子、白茅等（图7-60~图7-68）。

图7-60 早熟禾　　　　　　　图7-61 牛繁缕　　　　　　　图7-62 繁缕

图7-63 牛筋草　　　　　　　图7-64 大画眉草　　　　　　图7-65 马齿苋

图 7-66　莲子草

图 7-67　香附子

图 7-68　白茅

（二）杂草防控方法

葡萄园全年杂草防控模式为"一耕、二盖、三封、四杀、五补充"。即机械旋耕是前提，地膜覆盖是基础，芽前封闭是根本，封杀结合是保障，局部灭生是补充。

1. 人工除草　人工除草安全、方便，除用人工外，不需要其他投入，是目前生产上主要的除草方法。人工除草的技巧是及时、干净，要除小、除了，否则费工又费力，达不到预期效果。随着用工成本的增加，人工除草只能在杂草少、生长慢的季节和地块采用，或者作为其他方法的辅助措施，如使用土壤除草剂前。

注意：使用除草剂前、播种绿肥前或覆盖之前也需铲除地面杂草，有的除草剂还需要先人工除草后混土喷药。

2. 覆盖法

（1）覆草法。即在冬季杂草没有萌芽或出土前，在葡萄行间覆盖厚度在 20 厘米左右作物秸秆、干杂草，抑制杂草生长（图 7-69）。这种方法不但能提高土壤有机质，改善土壤物理性状，保护土壤，增强树势，提高葡萄越冬抗冻能力，还有良好的除草效果。缺点是秸秆用量大，人工收集秸秆、运输秸秆、覆盖用工多，成本相对较高。

图 7-69　覆草

（2）覆膜法。即全园或部分覆盖地膜压草，特别是杀草膜、黑膜效果十分显著，在覆盖期不需要除草。这种方法应用最多，尤其是株间应用效果较好。葡萄园覆盖地膜能减少雨水渗地，降低土壤湿度，同时可保墒，防止水土流失（图7-70）。

图7-70　葡萄园覆膜

3. 生草法　葡萄园生草法是一种常见的葡萄园地面管理措施，对降低地温、增加葡萄园湿度、保墒及提高土壤有机质含量起到积极作用。生草法有两种形式，一是种植绿肥，以草压草，常用的豆科绿肥有箭舌豌豆、毛叶苕子、三叶草、紫花苜蓿等，在果园行间种植，有固土、压草、肥地的功效，绿肥刈割后集中翻压；二是葡萄行间杂草自然生草，保持合理的草层高度，用割草机多次切割杂草，割下的草让其就地腐烂（图7-71~图7-73）。

自然生草（1）　　　　　　　　　　自然生草（2）

油菜　　　　　　　　　　　　　　毛叶苕子

三叶草　　　　　　　　　　　　　紫花苜蓿

图 7-71　葡萄园生草

图 7-72　割草

图 7-73　割草后

4. 化学除草法　化学除草法主要包括发芽前防除（土壤处理剂）和生长期防除（茎叶处理剂）。化学除草法的优点是适用于大面积除草，便于机械化，劳动强度低，费用低，除草快等；缺点是技术性强，对作物、环境安全性风险大等（图 7-74 所示为打药机）。化学除草法与覆盖法、生草法等各种措施搭配使用，效果更好。

化学除草法具体分类操作如下：

（1）化学封闭处理。封闭除草的重点时期是 4 月下旬至 5 月初。具体方法是在杂草出土前，或旋耕土壤后，先灌水，最好趁下透雨后全园喷雾，用 33% 二甲戊灵乳油 50~60 毫升，兑水 15 千克表土喷雾，喷匀。人工、机械喷雾均可。如果新植苗人工定向喷雾，切勿喷到葡萄叶片上。

（2）化学茎叶处理。6 月下旬至 8 月下旬杂草多，生长快，是有效防治临界期，此时必须采用茎叶处理与封闭除草相结合。具体方法是在杂草已经出土情况下，先灌水，最好趁下透雨后，用 24% 乙氧氟草醚乳油 20 毫升 +33% 二甲戊灵乳油 50~60 毫升，兑水 15 千克均匀喷雾。

具有封闭与杀草作用。

（3）化学灭生处理。6月下旬至8月下旬恶性杂草（如香附子等）易于猖獗，多点片发生，可以用88%草甘膦铵盐可溶粒剂25克兑水15千克或用41%草甘膦异丙胺盐水剂183~488毫升/亩定向喷雾。

图7-74　打药机

四、葡萄全生育期病虫害防治措施

（一）萌芽期

惊蛰以后，温度稳步回升，树体开始活动，葡萄进入吐绒期到绒球见绿阶段（图7-75~图7-77）。

图 7-75　芽体膨大期　　　　图 7-76　吐绒期　　　　　图 7-77　绒球见绿

1. 防治对象　主要防治对象包括各种越冬病菌、虫卵、螨类。

葡萄园尤其是成龄葡萄园在经过上一年的生长生产后，在园地当中积累了大量的病菌和虫卵等，这些病菌和虫卵为了进行自我繁衍，会以多种形式在葡萄园土壤、树体、枯枝落叶及架材等处进行越冬。待到翌年温度、湿度等达到病虫活动的要求时（惊蛰前后），会再次开始活动繁殖，对树体为害。

2. 防治措施

（1）清园：剥除老翘皮，剪除病残枝，树体伤流前，完成树体复剪工作；人工抹除树体、立柱、架材等上的虫卵；将枯枝落叶等集中带出园地，进行烧毁或深埋；喷施清园药剂，消灭越冬病虫卵。

（2）药剂防治：常见清园药剂是通过石硫合剂的强碱性进行病菌、虫卵的灼烧、触杀，同时进行外界病菌等的隔绝，起到保护作用。清园的药剂有 45% 晶体石硫合剂 50 倍液，或 24% 甲硫·己唑醇悬浮剂 1 000 倍液 +15% 氯氟·吡虫啉悬浮剂 1 000 倍液 +440 克 / 升丙溴磷·氯氰菊酯乳油 1 000 倍液等。

（二）2~3 叶期

2~3 叶期始，叶片陆续展开，新梢进入快速生长阶段，幼嫩组织增多，各类病虫集中潜入侵染（图 7-78）。必须做好新梢叶片等的病害安全防护工作，同时注意前期低温下绿盲蝽等刺吸式害虫的防控。

图 7-78　2~3 叶期

1. 防治对象

（1）主要病害：黑痘病、灰霉病、白腐病、白粉病等。

（2）主要虫害：绿盲蝽、蚜虫、金龟子等。

2. 防治措施

（1）灯诱、醋诱、粘虫板捕杀害虫。

（2）药剂防治：建议使用3次杀菌剂，1~2次杀虫剂。常用药剂：45%唑醚·甲硫灵悬浮剂1 500倍液+1.8%阿维菌素乳油1 000倍液；80%代森锰锌可湿性粉剂800倍液+4%高效氯氰菊酯乳油1 000倍液；45%唑醚·甲硫灵悬浮剂1 500倍液+40%苯醚甲环唑悬浮剂4 000倍液+15%氯氟·吡虫啉悬浮剂1 500倍液等。

（三）花序展露期

此时葡萄叶片有5~6片叶子展开，花序已清晰可见（图7-79）。早春多雨时节，重点防治黑痘病发生。

图7-79　花序展露期

1. 防治对象

（1）主要病害：灰霉病、黑痘病等。

（2）主要虫害：绿盲蝽、红蜘蛛、斑衣蜡蝉等。

2. 防治措施

（1）苗木消毒、利用抗病品种。

（2）生物防治：利用捕食螨防治螨虫，螯蜂防治斑衣蜡蝉。

（3）药剂防治：80%代森锰锌可湿性粉剂500~800倍液+16%多抗霉素B可溶粒剂2 500~3 000倍液+15%氯氟·吡虫啉悬浮剂1 500倍液；40%嘧霉胺悬浮剂1 500倍液+30%敌百虫乳油1 000倍液等。

（四）花序分离期

花序基本长成，花蕾相互分离（图7-80）。此时期是葡萄灰霉病和穗轴褐枯病的发病初期，也是白腐病的传播期、炭疽病的传染期，应使用广谱性好、药效好的杀菌剂。

图 7-80　花序分离期

1. 防治对象

（1）主要病害：灰霉病、穗轴褐枯病、白腐病等。

（2）主要虫害：红蜘蛛、绿盲蝽等。

2. 防治措施

（1）清除病源、加强栽培管理。

（2）药剂防治：58% 甲霜·锰锌可湿性粉剂 1 000 倍液、50% 嘧菌酯水分散粒剂 1 500~2 000 倍液、40% 嘧霉胺悬浮剂 1 000 倍液、50% 多菌灵可湿性粉剂 600~1 000 倍液、36% 甲基硫菌灵悬浮剂 800~1 000 倍液等。

（五）开花前

此时期是营养生长与生殖生长并行、转换的关键时期，也是人为干预（摘心，花序整形等）最多的时期（图 7-81）。开花前植株最为虚弱，易受到多种病菌侵染，也是最容易发生药害，造成落花的敏感时期。此时期重点防治灰霉病和霜霉病，兼防黑痘病，同时注意硼肥的补充，保证花穗正常发育。

图 7-81　开花前

1. 防治对象

（1）主要病害：灰霉病、炭疽病、白腐病、霜霉病、穗轴褐枯病等。

（2）主要虫害：绿盲蝽、蓟马等。

2. 防治措施

（1）粘虫板、杀虫灯诱杀害虫。

（2）药剂防治：40％咯菌腈悬浮剂3 000~4 000倍液+40％烯酰吗啉悬浮剂1 500~2 000倍液+250克/升嘧菌酯悬浮剂833~1 250倍液+液体硼2 000倍液；36％甲基硫菌灵悬浮剂800~1 000倍液+液体硼肥1 500倍液+糖醇锌肥1 500倍液等。

（六）谢花后

葡萄谢花后的用药要与花前用药配合，防好花果病害，增强防治效果，同时注意添加增效展着剂和微量元素锌肥，以防止大小粒的发生（图7-82）。

图7-82　谢花后

1. 防治对象

（1）主要病害：灰霉病、炭疽病、白腐病、溃疡病、霜霉病、白粉病等。

（2）主要虫害：绿盲蝽、斑衣蜡蝉等。

2. 防治措施

落花后是防治病害的最关键时期，重点防治霜霉病和穗轴褐枯病，兼防灰霉病，同时注意锌肥的补充。

（1）清除落叶、病枝，进行深埋或烧毁。

（2）清除杂草，特别是豆科和阔叶杂草，防治绿盲蝽寄生。

（3）药剂防治：40％苯醚甲环唑悬浮剂4 000~5 000倍液+40％嘧霉胺悬浮剂1 500~3 500倍液；25％嘧菌酯水分散粒剂1 000~2 000倍液+80％代森锰锌可湿性粉剂500~800倍液等。

温馨提示：坐果后至套袋前防止果面污染是药剂选择的标准，应选择悬浮、水乳等高端的水性化剂型药剂。避免使用乳油、可湿性粉剂等常规剂型，保护果粉完整。同时，注意药剂间的合理轮换、配合使用，提高药效。果实类病害（如黑痘病、白腐病、炭疽病）是本阶段关注的重点。

（七）幼果期

花的残留物脱落，幼果开始膨大，果穗逐渐成为悬挂状态（图7-83、图7-84）。此时期是规范化防治的关键期，一般7~15天用一次药，可选用广谱且药效长、药斑轻、对幼果安全的药。

图7-83　小幼果期

图7-84　大幼果期

1.防治对象

（1）主要病害：霜霉病、炭疽病、白粉病、黑痘病、白腐病、溃疡病等。

（2）主要虫害：绿盲蝽、蓟马、金龟子等。

2.防治措施

（1）彻底清除病穗、病蔓和病叶等，以减少菌源。

（2）使用粘虫板、杀虫灯诱杀害虫。

（3）药剂防治：70%吡虫啉水分散粒剂7 000倍液，80%代森锰锌可湿性粉剂500~800倍液+40%烯酰吗啉悬浮剂1 600~2 400倍液，25%嘧菌酯悬浮剂1 000~2 000倍液等。

（八）套袋前

果实套袋前，必须针对果穗用药，此时期是防治黑痘病和霜霉病的关键时期（图7-85）。

图 7-85　套袋前

1. 防治对象

（1）主要病害：黑痘病、白腐病、白粉病、锈病、炭疽病、灰霉病、溃疡病、酸腐病等。

（2）主要虫害：蓟马、夜蛾等。

2. 防治措施

（1）利用天敌小花蝽和姬猎蝽抑制蓟马的发生。

（2）药剂防治：50% 唑醚·丙森锌水分散粒剂 800~1 600 倍液 +5% 己唑醇微乳剂 1 667~2 500 倍液，40% 苯醚甲环唑悬浮剂 4 000~5 000 倍液 +2% 阿维菌素·高效氯氰菊酯乳油 3 000~4 000 倍液，50% 啶酰菌胺水分散粒剂 500~1 000 倍液 +40% 苯醚甲环唑悬浮剂 4 000~5 000 倍液，10% 苯醚甲环唑（世高）2 000 倍液 + 嘧霉胺 1 500 倍液 + 噻虫嗪 + 糖醇钙 + 展着剂等。

（九）套袋后

葡萄果实套袋栽培具有改善果面光洁度、提高着色、预防病虫害、减少农药使用次数、降低果实中农药残留及鸟类为害等优点。套袋后，要注意中、微量营养元素的使用，如钙、锌、硼等（图 7-86）。

图 7-86　套袋后

1. 防治对象

（1）主要病害：霜霉病、炭疽病、褐斑病、灰霉病、溃疡病等。

（2）主要虫害：蓟马、鸟类、红蜘蛛等。

2. 防治措施

（1）彻底清除病穗、病蔓和病叶等，以减少菌源。

（2）架设防鸟网、人工驱鸟、置物驱鸟等。

（3）药剂防治：58% 甲霜·锰锌可湿性粉剂 1 000 倍液 +25% 己唑醇悬浮剂 8 350~11 000 倍液 + 2% 阿维菌素·高效氯氰菊酯乳油 3 000~4 000 倍液等喷洒。

（十）转色成熟期

该时期重点工作是保叶，确保养分供应，保证果实正常成熟（图 7-87~ 图 7-89）。此时期为防治黑霉病和酸腐病的关键时期，霜霉病容易大暴发，应重点防治，是葡萄整个防治的最关键时期。

1. 防治对象

（1）主要病害：溃疡病、炭疽病、白腐病、酸腐病、黑霉病、霜霉病。

（2）主要虫害：红蜘蛛、鸟类等。

图 7-87　开始转色

图 7-88　转色中

图 7-89　转色完成

2. 防治措施

（1）及时整枝，抬高结果部位，及时除草，注意排水。

（2）药剂防治：45% 唑醚·甲硫灵悬浮剂 1 000~1 500 倍液 + 40% 苯醚甲环唑悬浮剂 4 000~5 000 倍液 + 5% 阿维·哒螨灵乳油 1 000~2 000 倍液 +0.2% 磷酸二氢钾，40% 苯甲·吡唑酯悬浮剂 1 500~2 000 倍液 +0.2% 磷酸二氢钾 +0.3% 苦参碱水剂 600~800 倍液等。

3. 霜霉病暴发后救灾方案　叶片霜霉病暴发后应立即用药剂防治，建议使用治疗剂 + 保护剂，两天后病情控制后，必须再用一次药进行巩固；果实霜霉病暴发后，剪去发病的果粒或果穗，对受侵染的果穗重点进行蘸穗或喷穗处理，同时对全园进行喷穗。

（十一）采收后

果实采收后的重点是保叶，保持叶片正常的光合作用，持续地为树体提供养分，保证花芽的完全发育和枝条的正常老熟，为来年的发芽、抽梢和花序形成奠定坚实的基础（图 7-90）。

图 7-90　采收后

1. 防治对象

（1）主要病害：霜霉病、白粉病、褐斑病等。

（2）主要虫害：斜纹夜蛾、红蜘蛛等。

2. 防治措施

药剂防治：选择 80% 硫黄水分散粒剂 500~1 000 倍液、10% 高效氯氟氰菊酯水分散粒剂 2 000~3 000 倍液、1% 苦皮藤素水乳剂 4 000~5 000 倍液、21% 氰戊·马拉松乳油 2 800~4 200 倍液等性价比较高的常规产品。

特别提醒：采收后用药要注意浓度的选择，不宜过高，容易烧叶，同时药液沉积在叶片表面，容易堵塞气孔，影响正常的光合作用。因此，喷药应做到均匀周到，树体、架材和地面应喷施到位。

附表　常用化学农药及稀释配比

1. AA 级和 A 级绿色食品生产均允许使用的农药如表 7-2 所示。

表 7-2　AA 级和 A 级绿色食品生产均允许使用的农药清单（NY/T 393—2020）

类别	组分名称	备注
植物和动物来源	楝素（苦楝、印楝等提取物，如印楝素等）	杀虫
	天然除草菊酯（除虫菊科植物提取物）	杀虫
	苦参碱及氧化苦参碱（苦参等提取物）	杀虫
	蛇床子素（蛇床子提取物）	杀虫、杀菌
	小檗碱（黄连、黄柏等提取物）	杀菌
	大黄素甲醚（大黄、虎杖等提取物）	杀菌
	乙蒜素（大蒜提取物）	杀菌
	苦皮藤素（苦皮藤提取物）	杀虫
	藜芦碱（百合科藜芦属和喷嚏草属植物提取物）	杀虫
	桉树油精（桉树叶提取物）	杀虫
	植物油（如薄荷油、松树油、香菜油、八角茴香油等）	杀虫、杀螨、杀真菌、抑制发芽
	寡聚糖（甲壳素）	杀菌、植物生长调节剂
	天然诱集和杀线虫剂（如万寿菊、孔雀草、芥子油等）	杀线虫
	具有诱杀作用的植物（如香根草等）	杀虫
	植物醋（如食醋、木醋、竹醋等）	杀菌
	菇类蛋白多糖（菇类提取物）	杀菌
	水解蛋白质	引诱
	蜂蜡	保护嫁接和修剪伤口
	明胶	杀虫
	具有驱避作用的植物提取物（大蒜、薄荷、辣椒、花椒、薰衣草、柴胡、艾草、辣根等的提取物）	驱避
	害虫天敌（如寄生蜂、瓢虫、草蛉、捕食螨等）	控制虫害

类别	组分名称	备注
微生物来源	真菌及真菌提取物（白僵菌、轮枝菌、木霉菌、耳霉菌、淡紫拟青霉、金龟子绿僵菌、寡雄腐霉菌等）	杀虫、杀菌、杀线虫
	细菌及细菌提取物（芽孢杆菌类、荧光假单胞杆菌、短稳杆菌等）	杀虫、杀菌
	病毒及病毒提取物（核型多角体病毒、质型多角体病毒、颗粒体病毒等）	杀虫
	多杀霉素、乙基多杀菌素	杀虫
	春雷霉素、多抗霉素、井冈霉素、嘧啶核苷类抗菌素、宁南霉素、申嗪霉素、中生霉素	杀菌
	S-诱抗素	植物生长调节
生物化学产物	氨基寡糖素、低聚糖素、香菇多糖	杀菌、植物诱抗
	几丁聚糖	杀菌、植物诱抗、植物生长调节
	苄氨基嘌呤、超敏蛋白、赤霉酸、烯腺嘌呤、羟烯腺嘌呤、三十烷醇、乙烯利、吲哚乙酸、吲哚丁酸、芸薹素内酯	植物生长调节
矿物来源	石硫合剂	杀菌、杀虫、杀螨
	铜盐（如波尔多液、氢氧化铜等）	杀菌，每年使用量不能超过6千克/公顷
	氢氧化钙（石灰水）	杀菌、杀虫
	硫黄	杀菌、杀螨、驱避
	高锰酸钾	杀菌，仅用于果树和种子处理
	碳酸氢钾	杀菌
	矿物油	杀虫、杀菌、杀螨
	氯化钙	用于治疗缺钙带来的抗性减弱
	硅藻土	杀虫
	黏土（如斑脱土、珍珠岩、蛭石、沸石等）	杀虫
	硅酸盐（硅酸钠、石英）	驱避
	硫酸铁（3价铁离子）	杀软体动物
其他	二氧化碳	杀虫，用于贮存设施
	过氧化物类和含氯类消毒剂（如过氧乙酸、二氧化氯、二氯异氰尿酸钠、三氯异氰尿酸等）	杀菌，用于土壤、培养基质、种子和设施消毒
	乙醇	杀菌
	海盐和盐水	杀菌，仅用于种子（如稻谷等）处理
	软皂（钾肥皂）	杀虫
	松脂酸钠	杀虫
	乙烯	催熟等
	石英砂	杀菌、杀螨、驱避
	昆虫性信息素	引诱或干扰
	磷酸氢二铵	引诱

注：国家新禁用或列入《限制使用农药名录》的农药自动从该清单中删除。

2. A 级绿色食品生产允许使用的其他农药如表 7-3 所示。

表 7-3　A 级绿色食品生产允许使用的其他农药清单

杀虫杀螨剂	苯丁锡、吡丙醚、吡虫啉、吡蚜酮、虫螨腈、除虫脲、啶虫脒、氟虫脲、氟啶虫胺腈、氟啶虫酰胺、氟铃脲、高效氯氰菊酯、甲氨基阿维菌素苯甲酸盐、甲氰菊酯、甲氧虫酰肼、抗蚜威、喹螨醚、联苯肼酯、硫酰氟、螺虫乙酯、螺螨酯、氯虫苯甲酰胺、灭蝇胺、灭幼脲、氰氟虫腙、噻虫啉、噻虫嗪、噻螨酮、噻嗪酮、杀虫双、杀铃脲、虱螨脲、四聚乙醛、四螨嗪、辛硫磷、溴氰虫酰胺、乙螨唑、茚虫威、唑螨酯
杀菌剂	苯醚甲环唑、吡唑醚菌酯、丙环唑、代森联、代森锰锌、代森锌、稻瘟灵、啶酰菌胺、啶氧菌酯、多菌灵、噁霉灵、噁霜灵、噁唑菌酮、粉唑醇、氟吡菌胺、氟吡菌酰胺、氟啶胺、氟环唑、氟菌唑、氟硅唑、氟吗啉、氟酰胺、氟唑环菌胺、腐霉利、咯菌腈、甲基立枯磷、甲基硫菌灵、腈苯唑、腈菌唑、精甲霜灵、克菌丹、喹啉铜、醚菌酯、嘧菌环胺、嘧菌酯、嘧霉胺、棉隆、氰霜唑、氰氨化钙、噻呋酰胺、噻菌灵、噻唑锌、三环唑、三乙膦酸铝、三唑醇、三唑酮、双炔酰菌胺、霜霉威、霜脲氰、威百亩、萎锈灵、肟菌酯、戊唑醇、烯肟菌胺、烯酰吗啉、异菌脲、抑霉唑
除草剂	2甲4氯、氨氯吡啶酸、苄嘧磺隆、丙草胺、丙炔噁草酮、丙炔氟草胺、草铵膦、二甲戊灵、二氯吡啶酸、氟唑磺隆、禾草灵、环嗪酮、磺草酮、甲草胺、精吡氟禾草灵、精喹禾灵、精异丙甲草胺、绿麦隆、氯氟吡氧乙酸（异辛酸）、氯氟吡氧乙酸异辛酯、麦草畏、咪唑喹啉酸、灭草松、氰氟草酯、炔草酯、乳氟禾草灵、噻吩磺隆、双草醚、双氟磺草胺、甜菜安、甜菜宁、五氟磺草胺、烯草酮、烯禾啶、酰嘧磺隆、硝磺草酮、乙氧氟草醚、异丙隆、唑草酮
植物生长调节剂	1-甲基环丙烯、2,4-D（2,4-滴）、矮壮素、氯吡脲、萘乙酸、烯效唑

3. 农药稀释配比如表 7-4 所示。

表 7-4　农药稀释配比表

稀释倍数	兑水量（千克）					
	15	30	40	45	50	500
	用药量（毫升或克）					
100 倍	150	300	400	450	500	5 000
200 倍	75	150	200	225	250	2 500
300 倍	50	100	133.3	150	166.7	1 666.7
400 倍	37.5	75	100	112.5	125	1 250
500 倍	30	60	80	90	100	1 000
600 倍	25	50	66.7	75	83.3	833.3
700 倍	21.4	42.9	57.1	64.3	71.4	714.3
800 倍	18.8	37.5	50	56.3	62.5	625
900 倍	16.7	33.3	44.4	50	55.6	555.6
1 000 倍	15	30	40	45	50	500
1 500 倍	10	20	26.7	30	33.3	333.3
2 000 倍	7.5	15	20	22.5	25	250
2 500 倍	6	12	16	18	20	200
3 000 倍	5	10	13.3	15	16.7	166.7
3 500 倍	4.3	8.6	11.4	12.9	14.3	142.9
4 000 倍	3.8	7.5	10	11.3	12.5	125
4 500 倍	3.3	6.7	8.9	10	11.1	111.1
5 000 倍	3	6	8	9	10	100

若药剂的稀释倍数是 3 000 倍，需要配成 30 千克药液，所需要的药剂量是 10 毫升或 10 克；若药剂的稀释倍数是 2 000 倍，需要配成 40 千克药液，所需要的药剂量是 20 毫升或 20 克，以此类推。

温馨提示：配制药液时建议采用二次稀释法，即先将农药溶于少量水中，待均匀溶解后再加够水，这样可以使药剂在水中溶解更均匀，效果更好。

如果一次喷施多种农药，包括杀虫剂、杀菌剂、叶面肥等时，应先加叶面肥，再加粉剂型的药剂，最后加乳油剂型的药剂。按此顺序，药效受影响较小；反之，可能会对农药效果造成较大影响、甚至失效。

第八章
阳光玫瑰葡萄
绿色优质高效栽培

　　阳光玫瑰葡萄是由日本果树试验场安芸津葡萄、柿研究部于 1983 年通过杂交选育的中晚熟品种，20 世纪 90 年代开始在日本各县农业试验场试栽。该品种是目前国内外最受消费者喜爱的鲜食葡萄品种之一，近年来，其栽培面积发展迅速。河南省农业科学院园艺研究所自 2012 年引进后，依托国家葡萄产业技术体系豫东综合试验站、河南省葡萄工程技术研究中心等项目、平台，通过多年的栽培技术研究，采用设施栽培、高光效树形、花果精细化管理、无核化处理及病虫害综合防治等技术措施，实现了绿色优质高效栽培。现将阳光玫瑰葡萄绿色、优质、高效栽培技术要点介绍如下。

一、品种特点

（一）果实特点

　　阳光玫瑰（Shine Muscat），中晚熟葡萄品种，欧美杂交种，二倍体，亲本为安芸津 21 号 × 白南，河南地区露地栽培和避雨栽培条件下于 8 月中下旬至 9 月上中旬成熟。自然果穗圆锥形或圆柱形，松散，坐果不稳定；果粒椭圆形或卵圆形，果粉较多，果皮无光泽，存在大小粒现象，果锈发生严重，平均单粒重 6~8 克；果肉软，有籽，含糖量高，香味浓郁；不耐贮运，商品性较差（图 8-1）。

图 8-1　阳光玫瑰葡萄自然果穗

　　经植物生长调节剂处理、疏花疏果等精细化管理后，阳光玫瑰葡萄果实品质、产量、商品性及贮运性均显著提升，具体特点如下：

　　1. 品质佳　果穗近圆柱形，果粒着生紧密，平均单穗重 600~800 克（图 8-2）；果粒椭圆形，平均单粒重 12 克左右，大小均匀一致；果皮绿色至黄绿色，果粉少，果面有光泽，阳光下翠绿耀眼；果肉脆甜爽口，玫瑰香味浓郁，皮薄可食，无涩味，成熟期可溶性固形物含量达 18%以上，最高可达 30% 左右，糖酸比适宜，鲜食风味极佳。

图 8-2　阳光玫瑰葡萄标准果穗

2.丰产性好　可连年丰产、稳产，建议亩产量控制在 1 500 千克左右（图 8-3~图 8-5）。

图 8-3　连栋大棚栽培阳光玫瑰葡萄丰产结果状

图 8-4　单栋大棚栽培阳光玫瑰葡萄丰产结果状

图 8-5　避雨栽培阳光玫瑰葡萄丰产结果状

3. 果穗成型好　果穗形状稳定，成型好，存放过程中不软塌、不变形（图 8-6）。

图 8-6　采摘后的阳光玫瑰葡萄果穗

4. 抗病性强　对白粉病、霜霉病等病害抗性较强，但叶片易受绿芒蝽、病毒病为害（图 8-7~图 8-9）。

避雨栽培 　　　　　　　　　　　　连栋大棚栽培

单栋大棚栽培 　　　　　　　　　　露地栽培

图 8-7　阳光玫瑰葡萄果实采收后叶片仍完好

图 8-8　绿盲蝽为害阳光玫瑰葡萄叶片、果实

图 8-9　阳光玫瑰葡萄病毒病

5. 挂果期长　成熟后可挂树 2 个月左右，但后期易出现果锈，果实变黄（图 8-10、图 8-11）。

大棚栽培　　　　　　　　　　　　　　　避雨栽培

图 8-10　成熟后挂树 2 个月的阳光玫瑰葡萄（2016 年 11 月 8 日拍摄）

图 8-11　成熟后挂树 2 个月的阳光玫瑰葡萄（2021 年 11 月初拍摄）

6. 耐贮运　果穗果粒耐贮运，冷库可较长时间贮藏，果实品质保持良好（图 8-12）。

贮藏 2 个月　　　　　　　　贮藏 4 个月　　　　　　　　贮藏 6 个月

图 8-12　冷库贮藏保鲜 2~6 个月的阳光玫瑰葡萄

（二）植株特点

1. 生长特点　春季土壤温度达到 10℃ 左右时，阳光玫瑰葡萄根系开始活动生长，树液开始流动，由于地上部没有叶片蒸腾，树液会从冬季修剪的剪口处流出，称为伤流，此时期也被称为伤流期。待温度继续回升，冬芽膨大，绒球，萌发，伤流结束（图 8-13）。

冬芽萌发后，开始展叶，抽生新梢，进入新梢生长期（图 8-14）。新梢生长初期，营养供应主要来源于树体上一年的养分积累，其生长势的强弱也主要由养分积累决定。树体养分积累充足，芽眼饱满，新梢生长速度快；反之，则生长速度慢，长势弱。随着叶片数量的增加和叶面积增大，叶片的光合能力逐渐增强，通过光合作用制造的营养物质逐渐增加，树体养分积累所占的营养供应比例逐渐降低。

在葡萄的年生长周期中，新梢有两个快速生长期。第一次是萌芽后到开花前，此时期的新梢生长量占全年生长总量的 60% 左右。此时期新梢生长势的强弱，对当年的花芽分化与产量的形成影响较大，过强或过弱的生长势均对冬芽的花芽分化和当年的开花结果不利。第二次快速生长期是在果实进入硬核期后，果实生长减缓，营养物质需求量下降，新梢开始第二次快速生长，此时期以副梢生长为主。

此外，新梢生长具有顶端优势，在新梢处于直立状态时表现明显，生长较快，而在新梢处于倾斜或水平状态时生长较缓慢。因此，在生产中，为了促进坐果和果实生长，应将新梢架面放平或者倾斜来缓和树势，抑制新梢过旺生长，即采用平棚架、高宽垂架或高宽平架，尽量不要使用篱壁架。

| 伤流期 | 绒球期（1） | 绒球期（2） |
| 绒球期（3） | 吐绿 | 发芽期 |

图 8-13　阳光玫瑰葡萄从伤流期到发芽期

图 8-14　阳光玫瑰葡萄从发芽期到转绿期

阳光玫瑰葡萄幼叶叶背密布茸毛，叶缘和叶正面微红，成熟叶片正面浓绿，叶背密布茸毛；枝条中等偏粗，成熟度良好（图 8-15）。

阳光玫瑰葡萄植株长势较旺，定植当年应加强肥水管理，促进树体成形、枝条健壮，为下一年的结果奠定基础。根据近年来的观察，植株越旺、叶片越大且浓绿，果实品质越好。

图 8-15　阳光玫瑰葡萄成熟叶片

此外，阳光玫瑰葡萄存在个别植株长势很弱、幼苗长势不一致的现象。针对小而不长的幼苗，易出现僵化现象，即叶片皱缩、卷曲、畸形、褪绿斑驳等症状，应及时进行挖除更换。如果是由于土壤长期干旱或其他原因造成幼苗发生病毒病而不生长，应加强水分管理，并将发生病毒病严重的新梢部分摘除或剪除，让副梢重新萌发。

2. 开花坐果习性　阳光玫瑰葡萄花芽分化好，萌芽率高，结果枝率高，一般每个结果枝上有 1~2 个花序，花序通常着生于结果枝第 3~6 节（图 8-16）。

第3节　　　　　　　　第4节　　　　　　　　第5节

第3、4节　　　　　　第4、5节　　　　　　第5、6节

图8-16　阳光玫瑰葡萄花序着生位置

　　阳光玫瑰葡萄的花为两性花，可以自花结实或者异花结实。通常花序中部的花质量最好，最早开放，然后是花序上部的花开放，花序尖部的花最后开放，此时可以看到幼果（图8-17、图8-18）。

花序　　　　　　　　花序中部花开放　　　　　花序中上部花开放

花序尖部花开放（1）　　　　花序尖部花开放（2）　　　　　坐果

图8-17　阳光玫瑰葡萄开花坐果

图8-18　阳光玫瑰葡萄开花

二、建园定植

（一）园区建设

阳光玫瑰葡萄园的选址、规划及土地整理与其他品种葡萄园基本一致，具体方法同第四章设施葡萄高标准建园与定植相关部分。

（二）苗木选择

优质健壮苗木是阳光玫瑰葡萄优质高效生产的关键因素。在自然环境、土壤等条件均满足葡萄正常生长的前提下，可以使用阳光玫瑰自根苗，果实品质相对较好；对于多湿地区，宜使用SO4砧嫁接苗；对于埋土防寒区，宜使用贝达、抗砧3号嫁接苗，但盐碱黏土地慎用贝达砧嫁接苗（图8-19）；对于砂壤土，5BB、贝达、抗砧3号、夏黑嫁接苗及自根苗均可使用；对于黏土地，可以使用5BB、抗砧3号的嫁接苗；对于根瘤蚜、线虫等虫害较严重的地区，建议使用3309、5BB、抗砧3号和SO4砧嫁接苗。

图8-19 贝达砧嫁接苗在碱性偏黏土壤中叶片易黄化

注意事项：新种植园建议选用长势较旺的5BB、SO4等砧木嫁接苗，不宜选用贝达、巨峰系等砧木嫁接苗。

（三）苗木定植

1. 定植时期 阳光玫瑰葡萄可以在春、秋两季定植。春季，日均气温达到10℃左右时进行定植，即土壤解冻后，越早越好，最晚不要超过发芽期，黄河故道地区一般在2月底至3月定植。秋季定植通常在11~12月进行，即苗木停止生长后，定植后应将枝干埋入土中，防止冬季受冻或枝条抽干。冬季较冷、且易受冻害的地区，不宜进行秋季定植。

2. 苗木处理 同第四章设施葡萄高标准建园与定植的苗木处理部分。

3. 苗木定植 阳光玫瑰葡萄定植的株行距通常由选择的树形架式决定。高宽平架、高宽垂架适宜的株行距为（2.0~4.0）米×3.0米，每亩56~111株；T形棚架适宜的株行距为（2.5~3.0）米×（4.0~8.0）米，每亩28~67株；H形棚架适宜的株行距为（3.0~4.0）米×6.0米，每亩28~37株；厂字形棚架适宜的株距为2.5~3.0米。

为了防止苗木不发芽或生长季节死亡造成空株现象，准备的苗木数量应比计划定植的数量多5%左右，多余的苗木可以用无纺布袋种植，需要补苗时，再用袋装苗木进行更换（图8-20）。

图8-20　无纺布袋种植阳光玫瑰葡萄苗木

定植方式同第四章设施葡萄高标准建园与定植的苗木定植部分（图8-21）。

图8-21　阳光玫瑰葡萄定植后竖立竹竿绑缚

三、栽培管理

阳光玫瑰葡萄的田间栽培管理措施与其他葡萄品种差异不大，关键在于精细化的花果管理，这是阳光玫瑰葡萄栽培管理中最重要的环节之一，也是最容易被忽视的环节，直接影响果实的商品性和售价。

（一）枝蔓管理

1. 轻简化枝梢管理　为了简化省工，阳光玫瑰葡萄的枝梢修剪，可以使用6叶剪梢+9叶摘心，即第一次6叶剪梢后，待顶端发出一次副梢长至9叶时摘心，可以减少1次剪梢用工。具体做法如下：

（1）6叶剪梢：在开花前15天左右，多数新梢长出6~7片叶时，进行一次性水平剪梢，利于新梢基部及中部芽的花芽分化。

注意：一次性水平剪梢，不是多次摘心，不必单独摘除卷须。

（2）9叶摘心：第一次剪梢后，顶端发出的副梢长至9片叶时摘心。对于棚较高、行距较宽的园区，也可在副梢长至15片叶时摘心。注意及时剪除花序以上长出的副梢。

2. 不留副梢省工管理　开花前，分批次剪除花序以下的副梢；开花坐果期和坐果后，分批次剪除花序以上的副梢。待新梢上叶片总数达到计划保留叶片数量后及果实采收后，均需及时剪除新梢顶端发出的副梢。

注意：第一次剪梢后5天内不能处理副梢，否则会倒逼上部冬芽萌发。

3. 枝梢绑缚　为了提高工效，节省用工，可以采用扎丝、尼龙夹、绑梢器等绑缚枝梢（图8-22）。

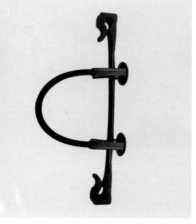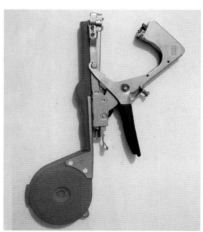

| 扎丝 | 尼龙夹 | 绑梢器 |

图 8-22　阳光玫瑰葡萄枝梢绑缚方法

（二）疏花

阳光玫瑰葡萄在良好的管理条件下，每个结果新梢都会分生出 1~2 个花序，为了提升果品质量，通常在花序发育到 5~8 厘米时，根据植株生长势和单株花序分布情况，合理调控负载量（根据年度负载量，计算出单株应该预留的果穗数量），进行疏花序（图 8-23）。如按照每亩 1 500 千克、单穗重 600~700 克计算，每亩保留花序 2 150~2 500 个。

阳光玫瑰葡萄疏花序原则：生长势较强旺的结果枝留 2 个花序，中庸枝留 1 个花序，细弱枝及延长枝不留花序。

图 8-23　阳光玫瑰葡萄疏花序时期

简易疏花疏果方法：

（1）花前疏花，保留穗尖 16~18 个枝梗，即 8 层或 9 层花。

（2）保果后 7 天左右，能分清果粒大小时开始疏果。上部明显分层的大枝梗，留单层果，每个枝梗留 5~6 粒果，朝上果粒保留；中下部枝梗，剪除朝上和朝下的果粒，留下平行的 3~4 粒，修出层次感，穗轴 15~18 厘米，总果粒数 65 粒左右。

修花疏果专用剪刀见图 8-24。

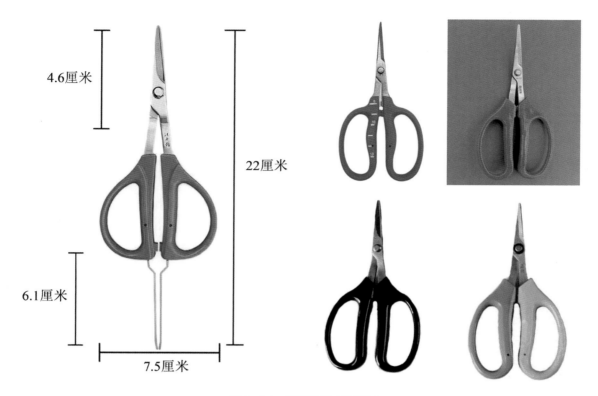

图 8-24　修花疏果专用剪刀

（三）无核栽培

生产中，建议阳光玫瑰葡萄进行无核栽培。有核栽培的果穗存在大小粒、坐果不良、果锈严重、耐贮运性差等问题，果实商品性相对较差。

1. 花序修整　阳光玫瑰葡萄花序修整一般在开花前 7~10 天至初花期进行，即花序分离后开始花序修整。河南省农业科学院园艺研究所葡萄技术团队研究了开花前留不同花序长度对疏果用工和果实品质的影响，确定了适合阳光玫瑰葡萄的花序修整方式，具体如下：

随着留花序长度的增加，疏果时间和刀数也逐渐增加，花序修整为 5 厘米、6 厘米、7 厘米、8 厘米和 9 厘米的果穗疏果时间分别为 62.4 秒、69.9 秒、83.8 秒、92.2 秒和 97.1 秒，疏果刀数依次为 32、36、42、48 和 49，成熟期的果穗长度分别为 20.5 厘米、20.7 厘米、22.8 厘米、23.9 厘米和 25.0 厘米（图 8-25）。

| 5厘米 | 6厘米 | 7厘米 | 8厘米 | 9厘米 |

图 8-25　阳光玫瑰葡萄花序修整后的果穗情况

　　花序长度越大，成熟期的果穗长度越大，未修整花序的果穗在成熟期的长度达38.5厘米（图8-26）。果穗越长，单粒重越小，花序修整为5厘米时，单粒重为15.3克，单穗重为759.8克；未修整花序的果穗，单粒重为9.5克，单穗重为3 020克，且存在裂果和病害现象。另外，果穗越小，成熟度越高，果实可溶性固形物含量越高，其中花序修整为5厘米时，果实可溶性固形物含量达27.5%；花序修整为9厘米时，果实可溶性固形物含量最低，仅为20.4%。另外，花序越短，成熟后果实的糖酸比也越高。上述结果表明，合理的疏花疏果，不仅能提高果实的品质，还可以减少病虫害的发生，最终提高果实的商品果率。

图 8-26　未进行花序整形的阳光玫瑰葡萄果穗（进行保果和膨大处理后）

因此，适宜的花序整形方法：保留穗尖 6 厘米左右，其余支穗全部去除，穗尖开花较一致，方便无核化处理（图 8-27）。另外，在花穗上部留一个小支穗作为标记，无核化处理后再将其疏除。如果花序有多个穗尖，保留一个生长比较顺的穗尖，其余穗尖疏除（图 8-28）。

花序修整前

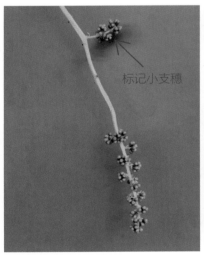

花序修整后

花序修整后（6 厘米）

图 8-27　阳光玫瑰葡萄花序整形

2 个穗尖　　　　　　　3 个穗尖　　　　　　　4 个穗尖

图 8-28　阳光玫瑰葡萄多穗尖花序

葡萄花序整形的方法有很多，用剪刀、手掐、整形器等。使用剪刀和手掐整完一穗平均用时 25 秒，使用整形器也需要 9 秒。中国农业科学院郑州果树研究所陈锦永老师团队发明了一种快速花序整形的方法——"捋花穗法"（仅需 3~5 秒）。

葡萄"捋花穗法"花序整形时间：见花前 3~4 天至始花期（萌芽后约 35 天），此时葡萄花穗的分枝梗变脆，极易捋掉。过早捋花序容易扯皮，过晚捋花序木质化变硬，不容易捋掉。

葡萄"捋花穗法"操作方法：根据自己手指关节长度，伸手定穗长，保留穗尖向上捋花序，一气呵成。

2. 无核化保果处理　阳光玫瑰是一个适合无核化处理的品种。经过无核化处理不仅果粒大小均匀一致，而且果穗紧凑、果粒大（12 克以上）、香味浓郁，果实商品性更好。

在河南地区，阳光玫瑰葡萄的开花期一般在5月中上旬。花期分为始花期、盛花期和落花期，始花期是指花序上有5%左右的花开放；盛花期是指有60%~70%的花开放；落花期是指有5%左右的花尚未开放（图8-29）。

开花前	初花期	盛花期	盛花后1~3天

图8-29 阳光玫瑰葡萄花期

阳光玫瑰葡萄无核化处理应在盛花末期（盛花后1~3天，花序尖部花开放）进行。处理过早，易造成果穗弯曲、坐果量过大或起不到无核化及保果作用；处理过晚，则会造成无核率低或者起不到无核化及保果作用。辨别盛花末期的方法，花序顶端花帽顶起，可以看到花帽下方的小果粒。由于阳光玫瑰葡萄无核化处理的时期对其坐果和无核均有较大影响，因此，生产中进行无核化处理时，最好分批次进行，以保证每串果穗都能达到商品果标准。无核化处理最好采用花序浸渍的方法（图8-30~图8-34）。

无核化保果前	无核化保果处理	无核化保果后（1）	无核化保果后（2）

图8-30 阳光玫瑰葡萄无核化处理

图 8-31　处理过早导致果穗弯曲

图 8-32　处理过早导致坐果量过多

无核　　　　　　　　　　　　　　　　　　　有核

图 8-33　处理过晚未起到无核化作用

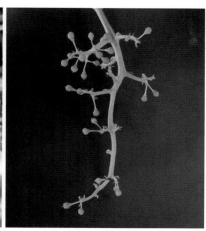

图 8-34　保果处理过晚导致落果严重

　　河南省农业科学院园艺研究所葡萄技术团队通过试验研究，确定了适合阳光玫瑰葡萄无核化处理的植物生长调节剂配比及浓度，建议使用 25 毫克 / 升赤霉酸 +（3~5）毫克 / 升氯吡脲分批次浸渍果穗，以达到无核保果作用。噻苯隆处理的果穗外观效果较好，但果粒内在品质较差，且易出现果粒空心现象。另外，幼树或者树势较弱的植株，应适当降低无核化处理的植物生长调节剂浓度，以免造成大量的僵果发生（图 8-35）。

　　对照　　　　　　25 毫克 / 升赤霉酸　　25 毫克 / 升赤霉酸　　25 毫克 / 升赤霉酸
　　　　　　　　　　+2 毫克 / 升氯吡脲　　+3 毫克 / 升氯吡脲　　+5 毫克 / 升氯吡脲

25 毫克 / 升赤霉酸　　25 毫克 / 升赤霉酸　　25 毫克 / 升赤霉酸　　25 毫克 / 升赤霉酸
　　　　　　　　　　+2 毫克 / 升噻苯隆　　+3 毫克 / 升噻苯隆　　+5 毫克 / 升噻苯隆

图 8-35　不同浓度植物生长调节剂处理效果

注意：天气条件对无核化处理的效果也有较大影响，高温及降雨时，处理效果均不好。因此，无核化处理最好在上午10时之前或下午4时之后进行，若处理后遇到降雨，应进行2次处理。

3. 疏果 阳光玫瑰葡萄坐果后，应尽早将果穗上部的支穗疏成单层果，然后再进行精细疏果，依次去除病虫果粒、畸形果粒、无核果粒和着生紧密的内膛果粒。疏果后，应使果穗上果粒分布均匀、松紧适度，果穗大小基本一致，建议每串果穗留果50~70粒，以保证成熟期单穗重600~800克。

注意，如果坐果后不及时将果穗上部支穗疏成单层果，支穗将会远离主穗轴向外生长，造成果穗松散、不紧凑，影响果穗美观。

疏果步骤：

第一次疏果：定穗长，留单层果。阳光玫瑰葡萄使用赤霉酸、氯吡脲等植物生长调节剂处理后，果穗上部分枝会迅速拉长分离。因此，在保果处理后3~7天内，果粒已明显长大、能分清大小、生理落果已结束、果粒坐稳后，根据目标穗重留穗尖9~12厘米，将上部过长的分枝剪掉，然后将靠上部有明显分层的支穗剪留成单层果粒（图8-36）；对于有分权的穗尖，可以剪掉1个、保留1个长势比较顺畅的穗尖，也可以都剪掉，使果穗呈柱状。

图8-36　阳光玫瑰葡萄疏单层果前（上排）后（下排）（第一次疏果）

第二次疏果：保果一周后，果粒大小似黄豆粒时进行。首先剪去畸形果、小粒果和个别突出的大粒果，最顶端保留部分朝上果粒，末端保留穗尖，以达到封穗效果，其余中部小穗去除向上、向下、向内生长的果粒。整个果穗从上到下，采用 5-4-3-2-1 的原则，即最上层 2~3 个小穗保留 5 粒果，再往下 4 个小穗保留 4 粒果，再往下 5~6 个小穗保留 3 粒果，最下端着生 1~2 粒果的小穗不修剪。疏果后，整个果穗呈中空的圆柱体。留果量不同的果穗，每个支穗上的留果量也不同，最终使整个果穗上的果粒分布均匀、松紧适度（图 8-37~ 图 8-39）。

图 8-37　阳光玫瑰葡萄果穗果粒分布（上：40 粒，下：50 粒）

图 8-38　阳光玫瑰葡萄果穗果粒分布（上：60 粒，下：70 粒）

图 8-39 阳光玫瑰葡萄疏果前（上排）后（下排）

需要注意的是阳光玫瑰越早疏果，果粒膨大越快，且剪掉果粒的果梗容易掉落；而疏果过晚，越不利于果粒膨大，且剪掉果粒的果梗不容易掉落（图 8-40）。

图 8-40 阳光玫瑰葡萄疏果早（左）晚（右）

第三次疏果：一般在套袋前进行，主要去除僵果及个别凸出和过密位置的果粒，最终确定标准穗形（图 8-41、图 8-42）。

图 8-41　阳光玫瑰葡萄第三次疏果前

图 8-42　阳光玫瑰葡萄第三次疏果后

4.膨大处理　阳光玫瑰葡萄无核化处理后的第 12~15 天，即可进行膨大处理（图 8-43），通常用 25 毫克 / 升赤霉酸或 25 毫克 / 升赤霉酸 +（3~5）毫克 / 升氯吡脲进行膨大处理，此次处理可将无核化处理时间相隔在 7 天以内的所有果穗浸泡，不需要分批次处理。

　　阳光玫瑰葡萄无核化处理后，需要对膨果时间精准把握，才能发挥出最佳效果。膨果用药过早，效果不佳且副作用明显，加重僵果产生风险；用药过晚，则对果实膨大作用小。膨果的最佳时间通常为保果后 12~15 天，最晚不要超过 20 天。另外，果粒的大小不但与所处理的植物生长调节剂的浓度有关，强壮的树势和肥水管理也是保证果实膨大生长的基础。因此，加强肥水管理、培育壮树才是果实膨大的前提保证（图 8-44~ 图 8-46）。

图 8-43　阳光玫瑰葡萄膨大处理

图 8-44　阳光玫瑰葡萄幼果膨大期

图 8-45　阳光玫瑰葡萄封穗期

图 8-46　阳光玫瑰葡萄处理不当造成僵果（左：僵果，右：正常果）

5. 套袋　阳光玫瑰葡萄套袋与其他葡萄品种相似，具体可见第六章"葡萄十二月管理"的"二年及以上结果树管理"的 6 月葡萄管理。

由于阳光玫瑰葡萄成熟期易出现果锈，生产中常使用套深颜色果袋（绿色或蓝色）的方法来降低果锈发生，但深颜色果袋会造成果实成熟延迟。另外，为了使阳光玫瑰葡萄整个果穗上的果粒成熟一致，生产中建议使用渐变色果袋，即果袋颜色从上到下逐渐变浅（图 8-47~图 8-50）。

绿色纸袋　　　　　　　　蓝色纸袋　　　　　　　　渐变蓝色纸袋

渐变绿色纸袋　　　　　　　　　白色纸袋　　　　　　　　　　伞袋

图 8-47　阳光玫瑰葡萄常用果袋

图 8-48　阳光玫瑰葡萄套袋后（绿色纸袋）

图 8-49　阳光玫瑰葡萄套袋后（渐变色果袋）

图 8-50　阳光玫瑰葡萄套袋后（白色纸袋）

6. 阳光玫瑰葡萄无核栽培注意事项

（1）无核栽培需要培养强壮的树势，赤霉酸一般使用浓度为 20~25 毫克 / 升，当树势弱时用高浓度（25 毫克 / 升），树势旺时用低浓度（20 毫克 / 升）；氯吡脲、噻苯隆一般使用浓度 2~5 毫克 / 升，当树势弱时用高浓度，树势旺时用低浓度；花穗感病和落花落果严重时用高浓度；无核化及保果处理早时用低浓度，无核化及保果处理晚时用高浓度；特别是已经开始生理落果时用高浓度。树势太弱时不建议进行无核栽培，可自然坐果。

（2）植物生长调节剂处理后，应及时加强肥水管理，一般保果结束后立即进行滴灌或冲施腐殖酸类水溶性肥料或海藻精水溶肥，能够快速被树体吸收利用。保持土壤湿度在 80% 左右，可提高植物生长调节剂的效果，促进果实快速膨大。

（3）植物生长调节剂最好现用现配，在满花后 48 小时内分批次用保果药剂进行处理。

（4）浸穗是最好的处理方式，也可用小型喷雾器喷施，一定要喷布均匀。植物生长调节剂处理后，应将多余的药液晃动下来，否则会积聚在果穗底部，造成局部僵果。

（四）有核栽培

1. **修整花序**　去掉副穗和基部较分散的 1~2 个分枝，回剪部分较长的分枝，并去掉穗尖 1~2 厘米，使果穗穗形紧凑。

2. **疏果**　阳光玫瑰葡萄自然坐果较好，待坐稳果、果粒大小分明时，进行疏果。疏去病虫果、畸形果和过密部位的果粒，使果穗松散适度，利于果实膨大，提高果实的商品性（图 8-51）。

3. **套袋**　同无核栽培。

| 有核 | 只膨大处理 | 无核化 |

图 8-51　不同栽培方式的阳光玫瑰葡萄果穗

（五）合适负载量

阳光玫瑰葡萄的合适负载量与气候条件、栽培管理水平等因素有关。

在年均温度较高、降水量较大的广西、广东地区，阳光玫瑰葡萄可以一年两收，两茬果的适宜负载量分别为 1 270 千克 / 亩和 1 477 千克 / 亩；在气候干燥、年均温度较高的云南干热河谷地区，阳光玫瑰葡萄的适宜负载量为 2 000 千克 / 亩；在浙江磐安、山东泰安，阳光玫瑰葡萄的适宜负载量为 1 000 千克 / 亩；安徽的阳光玫瑰葡萄负载量应控制在 1 500 千克 / 亩左右；河南地区的阳光玫瑰葡萄适宜负载量为 1 250~1 500 千克 / 亩（图 8-52）。

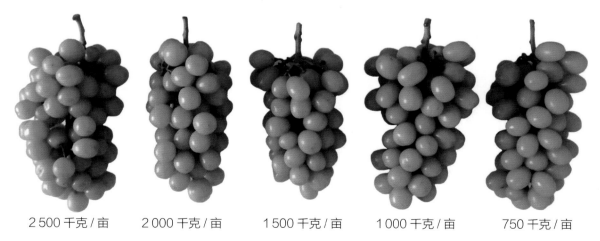

| 2 500 千克 / 亩 | 2 000 千克 / 亩 | 1 500 千克 / 亩 | 1 000 千克 / 亩 | 750 千克 / 亩 |

图 8-52　不同负载量的阳光玫瑰葡萄果穗

（六）肥水管理

阳光玫瑰葡萄对肥水需求量较大，生产中应加强肥水供应（图 8-53），可适当多施基肥，保持树势旺盛。

河南省农业科学院园艺研究所经多年栽培及试验研究，总结出了适于河南地区阳光玫瑰葡萄关键时期的施肥方案，供广大种植户参考，方案如下：

1. **基肥**　9 月中下旬至 10 月，亩施腐熟有机肥 4 000 千克（鸡粪、牛粪、羊粪等）＋（30~50）千克过磷酸钙＋（30~50）千克氮、磷、钾复合肥。

2. **膨果肥**　5 月中旬至 7 月中旬，亩施平衡型水溶肥（21-21-21+TE）5 千克，每隔 7~10 天一次，共施 5~6 次。亩施水溶性钙肥 1 升，共施 3~4 次。钙肥不能与平衡型水溶肥同时使用，应间隔 3~4 天使用。

3. **膨果着色肥**　7 月中旬至 8 月下旬，亩施高钾型水溶肥（14-6-40+TE）5 千克，每隔 7~10 天一次，共施 5~6 次。亩施水溶性钙肥 1 升，共施 3~4 次。钙肥不能与高钾型水溶肥同时使用，应间隔 3~4 天。

图 8-53　水肥一体化供应

（七）病虫害绿色防控

1. **生理性病害**　阳光玫瑰葡萄常发生的生理性病害有日灼病、气灼病、果锈病、裂果、药害、雹害、缺素黄化、冻害等（图 8-54）。

日灼病

气灼病

果锈病

裂果

药害

雹害

畸形果 　　　　　　　　　　　　　冻害

叶片缺铁黄化 　　　　　　　　树体缺铁黄化

图 8-54　阳光玫瑰葡萄常见生理性病害

生理性病害通常可以通过以下措施防治：

（1）加强土肥水管理，平衡施肥，增施有机肥。

（2）及时除草，勤松土。

（3）合理控制单株果实负载量，增加叶果比。

2. 病理性病害　　病理性病害一般是由真菌、细菌及病毒引起的侵染性病害。阳光玫瑰葡萄常见的病害及防治方法如表 8-1 所示，具体症状参照图 8-55~图 8-60。

表 8-1　阳光玫瑰葡萄常见病害及防治方法

种类	发病部位	症状	发病时期和条件	防治药剂
霜霉病	叶片、新梢、叶柄、果实	白色霜状霉层	发病时期：以生长中后期为主发病 发病条件：多雨、潮湿、高温	保护性药剂：代森锰锌、波尔多液、嘧菌酯·福美双 治疗性药剂：烯酰吗啉、甲霜灵等

种类	发病部位	症状	发病时期和条件	防治药剂
灰霉病	花序、果穗、新梢、叶片	灰色霉层	发病时期：花期前后、成熟期 发病条件：凉爽、潮湿多雨	保护性药剂：嘧菌酯·福美双、腐霉利、异菌脲等 治疗性药剂：抑霉唑、啶酰菌胺等
穗轴褐枯病	幼嫩的花蕾、穗轴、幼果	穗轴干枯	发病时期：开花前后 发病条件：低温多雨	保护性药剂：嘧菌酯·福美双、代森锰锌等 治疗性药剂：戊唑醇、苯醚甲环唑等
炭疽病	果实、叶片	初侵染时褐色小圆斑点，逐渐扩大并凹陷，随后病斑上产生同心轮纹状的分生孢子	发病时期：开花前后侵染，成熟期表现症状 发病条件：阴雨天气、高湿	保护性药剂：嘧菌酯·福美双、代森锰锌 治疗性药剂：苯醚甲环唑、吡唑醚菌酯、溴菌清等
白腐病	果粒、穗轴、枝蔓、叶片	果粒灰白色软腐；枝蔓病斑周围肿状，皮层与木质部呈丝状纵裂；叶片从叶尖、叶缘开始呈轮纹状病斑。病斑上生灰白色小粒点	发病时期：软化期前后 发病条件：冰雹或连阴雨后的高湿条件	保护性药剂：嘧菌酯·福美双 治疗性药剂：苯醚甲环唑、戊唑醇、烯唑醇、乙蒜素等
酸腐病	果实	烂果，如果是套袋葡萄，在果袋的下方有一片深色的湿润（习惯称为尿袋）。有醋蝇出现在烂果穗周围，有醋酸味	发病时期：果实生长后期 发病条件：由伤口处侵染发病，醋蝇传播	防止裂果、鸟害 药剂：波尔多液＋灭蝇胺
白粉病	叶片、果实、新梢	病斑上产生灰白色粉状物	发病时期：整个生长阶段 发病条件：设施栽培、高温干燥、闷热、通风透光差	保护性药剂：硫制剂 治疗性药剂：苯醚甲环唑、嘧菌酯、烯唑醇等
病毒病	叶片、嫩梢	叶片小、畸形、扭曲、卷叶、花叶、斑点等	发病时期：整个生长阶段，尤其是早春 发病条件：植株带病毒，低温、干旱、负载量过大等	使用脱毒苗建园；加强肥水管理，培养壮树；合理控制负载量

图 8-55　阳光玫瑰葡萄霜霉病

图 8-56　阳光玫瑰葡萄灰霉病

图 8-57　阳光玫瑰葡萄炭疽病

图 8-58　阳光玫瑰葡萄白腐病＋黑曲霉病

图 8-59　阳光玫瑰葡萄酸腐病

图 8-60　阳光玫瑰葡萄白粉病

3. 虫害　生产中，常见为害阳光玫瑰葡萄的害虫有绿盲蝽、蚜虫、蓟马、螨类、桔小实蝇、棉铃虫、甜菜夜蛾等，一般采取农业防治、物理防治、化学防治、生物防治等方法进行综合防治（图 8-61~图 8-68）。

（1）农业防治：培养壮树，适时修剪，及时中耕松土，科学施肥，及时排涝抗旱等。

（2）物理防治：利用捕杀、诱杀、烧杀等方法，杀灭虫卵、若虫及成虫。

（3）化学防治：利用化学农药防治虫害，具体方法可见本书第七章"葡萄主要病虫害防治"。

（4）生物防治：利用捕食性与寄生性生物防治虫害，如食虫益鸟、寄生蜂等。

图 8-61　绿盲蝽为害

图 8-62　蚜虫为害

图 8-63　蓟马为害

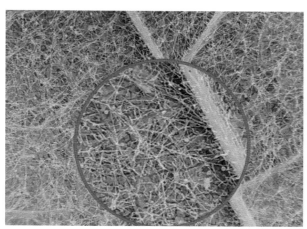

图 8-64　红蜘蛛为害

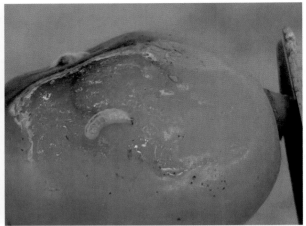

图 8-65　桔小实蝇为害

图 8-66　甜菜夜蛾为害

图 8-67　棉铃虫为害

图 8-68　桃蛀螟为害

4. 鸟害　鸟类啄食，不仅直接影响阳光玫瑰葡萄的品质和产量，而且被啄果实的伤口易造成酸腐病、灰霉病等病害或腐生微生物的大量繁殖或流行，引起更大范围的果实腐烂（图 8-69）。

图 8-69　阳光玫瑰葡萄鸟害

生产中，通常采用架设防鸟网防止鸟害（图 8-70）。

图 8-70　架设防鸟网（蓝色网）

四、采收保鲜

（一）采收

在河南郑州地区，简易避雨栽培条件下，阳光玫瑰葡萄一般在 8 月下旬至 9 月成熟，单栋大棚、温室等设施促早栽培的成熟期会提前。因阳光玫瑰葡萄成熟后易发生果锈，成熟后应及时采收销售。销往外地、需要远途运输的果实，成熟度不宜过高；观光采摘园，果实充分成熟后销售即可，此时果实风味更佳。若果实集中成熟或当地市场不景气，也可适当延迟采收，阳光玫瑰葡萄成熟后挂果期较长，且能够保持良好的风味和不落粒，但在生产中不建议较长时间的挂树销售，因为挂树时间过长，既影响树体安全越冬，又影响第二年的产量。

阳光玫瑰葡萄采收的基本标准：果面呈透亮黄绿色，果香浓郁，可溶性固形物含量达到 18% 以上（图 8-71、图 8-72）。

图 8-71　阳光玫瑰葡萄成熟果穗

图 8-72 阳光玫瑰优质丰产结果

（二）包装

阳光玫瑰葡萄销售时，需要对果穗进行分级，使果品在市场上更有竞争力，获得较高的销售价格。

阳光玫瑰葡萄果穗的基本要求是果穗完整、洁净、无病虫害、发育良好、不腐烂、不发霉、无异味；果粒的基本要求是果实充分成熟、果形正、果蒂部不皱皮等。具体分级标准如表 8-2 所示。

表 8-2 阳光玫瑰葡萄果穗分级标准

级别	单穗重（克）	单粒重（克）	可溶性固形物含量（%）	外观
特级	600~800	≥ 12	18	黄绿色，光亮，锈斑果粒在5%以下
一级	500~590	10~12	16~18	黄绿色，锈斑果粒在5%~50%
二级	300~490	8~10	<16	黄绿色，锈斑果粒在50%以上

　　为了提高阳光玫瑰葡萄等级及果品档次，以获得良好的销售价格，需要在包装前对果穗进行修整，以达到整齐美观。修整果穗主要是把果穗中的小果粒、青果粒、病虫果、裂果等去除，并对果穗整形中没有去除的副穗或歧肩等进行修饰美化。修整之后，将大小、颜色均基本一致的果穗进行包装（图8-73、图8-74）。

图8-73　阳光玫瑰葡萄修整、分级、包装

图8-74　阳光玫瑰葡萄装筐

　　阳光玫瑰葡萄包装箱一般以单层为好，作为高档果品销售时可单穗包装。建议根据包装箱大小，每箱固定一定的果穗数量（图8-75~图8-79）。

图8-75　阳光玫瑰葡萄单穗包装

图 8-76　阳光玫瑰葡萄单穗包装

图 8-77　阳光玫瑰葡萄单穗包装

图 8-78　阳光玫瑰葡萄双穗包装

图 8-79　阳光玫瑰葡萄三穗包装

近年来，随着快递物流产业的发展，葡萄专用的快递包装不断涌出，效果较好的有充气包装和真空压缩包装（图 8-80～图 8-82）。

真空压缩前

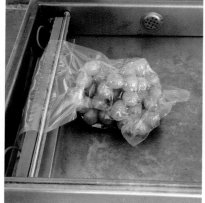
真空压缩后

装箱

图 8-80 真空压缩物流包装

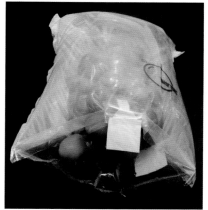
充气包装

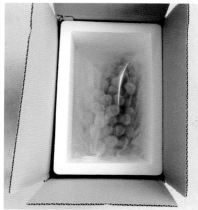
装箱

放入冰袋

图 8-81 充气物流包装

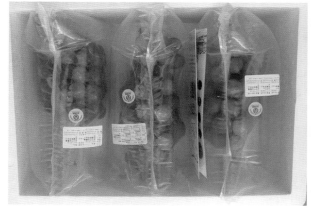
充气包装

充气＋真空压缩包装

图 8-82 阳光玫瑰葡萄物流包装方式

（三）挂树保鲜

生产中，如果遇到葡萄集中成熟上市价格低，果实销售困难，可以采取挂树保鲜的方法（图8-83）。挂树保鲜建议先采摘部分成熟度较高的果穗进行销售，剩余果穗采用延迟采收，待价格有所回升后再进行销售。河南省农业科学院园艺研究所葡萄技术团队通过多年的挂树保鲜试验研究，综合考虑近年来阳光玫瑰葡萄的市场供应情况，获得黄河故道地区避雨栽培条件下阳光玫瑰葡萄挂树保鲜的合理采收期和负载量，即留果量为每3个新梢留1串果穗，按照黄河故道地区阳光玫瑰葡萄的合理产量负载量为1 500千克/亩计算，即留果量为500千克/亩，在果实成熟后45天左右（10月中旬）进行采收，此时既能保证果实的外在和内在品质不降低，又有利于枝干的营养贮藏，获得较好的经济效益。另外，挂树保鲜的果实建议套绿色或蓝色果袋，延迟果实成熟。

2020年10月18日拍摄　　　　　　2021年10月22日拍摄

图8-83　阳光玫瑰葡萄延迟采收

（四）冷库贮藏

阳光玫瑰葡萄不易落粒，耐贮藏性好，冷库贮藏配合保鲜剂可使阳光玫瑰葡萄保鲜期达4~5个月，且果实外观品质基本没有变化，掉粒和腐烂现象不明显，果实硬度、香味、可溶性固形物、抗坏血酸含量略有下降，综合商品性状良好。

冷库贮藏保鲜步骤如下：

1. 选果　选择果穗大小、成熟度一致、高糖高香、果面干净、无机械损伤的阳光玫瑰葡萄果穗入贮，一般要求果穗底部果粒可溶性固形物含量达到18%以上，但不能过熟，此时阳光玫瑰葡萄香味充分显现（图8-84）。常用盛放阳光玫瑰葡萄的容器有纸箱和塑料筐，纸箱或塑料筐内衬0.03毫米PE保鲜膜，保鲜膜上放置吸水纸，然后平放果穗，果穗盛放的量根据纸箱或塑料筐的大小而定，要求果穗最好单层放置。

图 8-84 贮藏前挑选果穗

2. 熏蒸 使用二氧化硫熏蒸 24 小时，可以采用帐式气态熏蒸和屋式气态熏蒸两种方法（图 8-85）。

帐式气态熏蒸 屋式气态熏蒸

图 8-85 二氧化硫熏蒸

3. 预冷及贮藏 阳光玫瑰葡萄入库前 2~3 天将冷库温度降至 -2~0℃。熏蒸处理后的阳光玫瑰葡萄应及时移入冷库预冷，预冷时间为 12~24 小时。预冷过程中，纸箱或塑料筐内保鲜袋口敞开，平铺放置，使冷气均匀渗入果实内，当温度降至 -1~0℃时，放入保鲜剂，保鲜剂的用量按照说明书使用；然后果穗上面放置吸水纸，防止贮藏期间因冷库温度反复变化产生结露；最后排净袋内空气，扎口，并进行合理码垛。

如果冷库内没有贮藏架，应在纸箱或塑料筐下面放置垫板。码垛时，保持垛与垛之间及垛与墙壁之间有10~15厘米空隙，保证垛与垛之间、垛与地面和墙体之间的通风。码垛后，在冷库内不同位置放置温度计，随时检测温度，冷库温度控制在 −1.5~−0.5 ℃，相对湿度保持在85%~95%（图8-86）。

注：河南省农业科学院园艺研究所葡萄技术团队使用的阳光玫瑰葡萄保鲜剂为CT2片型保鲜剂，为国家农产品保鲜工程技术研究中心研制，每个塑膜纸袋内装2片，每片0.55克，主要成分为硫代硫酸钠，使用剂量为每500克葡萄一袋CT2。

贮藏架放置纸箱贮藏

地面放垫板

纸箱码垛

塑料筐码垛

图8-86 冷库贮藏保鲜

4. 注意事项

（1）因为随着贮藏期的延长，阳光玫瑰葡萄香味逐步降低，因此，应选择高糖高香葡萄进行贮藏。

（2）二氧化硫保鲜剂一方面会遮蔽葡萄香气，破坏香气成分，另一方面使用过多会对阳光玫瑰葡萄产生漂白伤害（图8-87）。所以，保鲜剂的使用量、使用方法和使用环境控制一定要按照说明书的方法进行。

图8-87　二氧化硫漂白伤害果实

（3）因为冷库温度对阳光玫瑰葡萄贮藏效果的好坏影响很大，因此，使用前应对冷库温度传感器进行校对。具体校对方法：在保温杯内放入冰水混合物（为0℃），把精度为0.1℃的气象水银温度计和冷库温度传感器放入杯内进行控温仪温度校对，此时温度应为0℃。

（4）果实采收前管好"三水"，消除采前雨水、灌水和露水对阳光玫瑰葡萄贮藏不利的影响。因为灌溉或下雨会造成果实含水量偏高，贮藏时易产生二氧化硫伤害；如果造成果实贮藏过程中出现裂果会加重二氧化硫伤害发生。因此，如果采收前遇大雨，应在7~10天后再采收；另外，采收前7~10天禁止灌水，采收当天应在露水干后的冷凉时段进行采收。一般情况下，当贮藏温度为–1.5~0℃，果实温度在1℃以下时进行封袋不会结露，果实温度在3℃左右时封袋容易结小水滴雾，果实温度在5℃左右时封袋容易结大水滴露，因此，应严格把控封袋时的果实温度。

（5）贮藏期越长，阳光玫瑰葡萄香味会变得越淡，商品性会越差。因此，注意不要超期贮藏，根据市场情况和果实品质变化，及时销售。

5. 不同类型冷库温度控制要求　根据用途，可以将冷库分为中温预冷库、冷凉包装车间、低温预冷库和冷藏库，不同类型的冷库温度控制和用途如表8-3所示。

表8-3　不同类型的冷库温度控制和用途

设备类型	控制温度（℃）	降温时间（小时）	处理量（吨）	类型用途
中温预冷库	9~11	3~5	按设计要求	产品初期快速冷却
冷凉包装车间	18~20	边加工边移走	按设计要求	包装所处环境
低温预冷库	0~2	12~15	按设计要求	包装后快速预冷（敞口）
冷藏库	–1.5~0	长期处于该环境	按设计要求	预冷后的冷藏

五、生产中常见问题与解决方法

（一）早期僵苗、长势弱、小苗不长

阳光玫瑰葡萄生长势除受管理水平的影响外，还受苗木、土壤和气候等因素的影响。用生长势强的砧木则长势较旺，用生长势弱的砧木则长势较弱。阳光玫瑰葡萄定植当年，常出现苗木生长不整齐、大小苗现象严重等问题；同时，小而不长的幼苗，还易出现僵化现象，即叶片出现皱缩、卷曲、畸形、褪绿斑驳等症状（图8-88）。

生长缓慢

病毒病造成生长缓慢

生长不整齐

图 8-88　阳光玫瑰葡萄生长缓慢、不整齐的幼苗

解决方法：

1.挖除更新　针对病毒病严重、生长非常缓慢的幼苗，应及时挖除更换。

2.选择合适的砧木品种　阳光玫瑰葡萄苗木有条件的优先选用 SO4、5BB、3309C、夏黑、抗砧 3 号等砧木嫁接苗。

3.加强肥水管理　阳光玫瑰新栽苗木生长旺季在 6~9 月的高温季节，此时期一定要加强肥水管理，特别是追肥。8 月以前以使用高氮水溶肥为主。9~11 月以低氮中磷高钾水溶肥为主，再使用发酵腐熟好的有机肥及钙肥，补充锌、硼、钙、镁等元素。

4.采用两年生大苗建园　如图 8-89 所示。

图 8-89　阳光玫瑰葡萄两年生大苗建园生长整齐

（二）病毒病

阳光玫瑰葡萄对病毒高度敏感，在生产中经常出现病毒症状，表现为嫩叶和嫩梢畸形，生长缓慢。病毒病在幼苗和多年生植株上均会发生，但树势健壮的植株病毒病表现不明显（图 8-90、图 8-91）。

图 8-90　阳光玫瑰葡萄病毒病叶片症状

图 8-91　阳光玫瑰葡萄病毒病新梢症状

解决方法：

（1）采用脱毒苗木建园。

（2）加强肥水管理，培养壮树，控制合理负载量。生产上如果栽培措施不当，如干旱、高温、负载量过大、挂树时间过长等，均会加剧阳光玫瑰葡萄病毒病的发生，因此，生产中应注意加强肥水管理，控制合适负载量，挂树时间和挂树量不可过长或过多。

（3）挖除更新。如果幼苗发生病毒病时，依据症状严重程度可直接挖除苗木，及时进行更换。

（三）大小粒、僵果、果穗弯曲、落粒严重

阳光玫瑰葡萄无核化处理后，果实商品性大幅提高，但是生产上常会出现因植物生长调节剂处理时间和浓度不当，造成大小粒、僵粒、果穗弯曲、落粒严重等问题（图8-92）。如阴雨天的傍晚或空气湿度大时保果，果穗易卷曲；温度过高时保果，易灼伤幼果果皮；植物生长调节剂浓度过高时，易出现空心果、畸形果；植物生长调节剂浓度过低时，易出现果粒小、落果重、有核果等问题；赤霉酸、氯吡脲使用浓度过高时，易出现果梗变粗、木质化严重等问题；不修整花序，树势弱，低温或设施内温度不均衡，枝蔓郁闭，花序不见光，均会造成落蕾落粒严重。

另外，产量过高、果穗过大、病毒感染或树势衰弱、低温、阴雨、缺硼、缺锌等容易产生大小粒。

僵果（1）　　　　　僵果（2）　　　　　落粒严重（1）

落粒严重（2）　　　　穗轴弯曲（1）　　　　穗轴弯曲（2）

<table>
<tr><td>大小粒</td><td>大小粒、僵果</td><td>大小粒、畸形果</td></tr>
</table>

图 8-92　植物生长调节剂处理不当

解决方法：

（1）合适的花果管理。开花前修整花序，留穗尖 6 厘米左右；盛花后 1~3 天进行无核保果处理，使用植物生长调节剂进行无核保果的浓度建议为 25 毫克/升赤霉酸+（3~5）毫克/升氯吡脲，保果处理后及时进行疏果；盛花后 12~15 天用 25 毫克/升赤霉酸+（3~5）毫克/升氯吡脲进行膨大处理。

（2）合理定枝，避免枝蔓密闭，同时注意花前摘心。

（3）加强肥水管理，平衡施肥，同时多次叶面追肥，培养壮树。

（4）合理控制产量。

（5）疏果。多次疏果，并且疏除小粒僵果较多的果穗。

（6）保果。如果遇到花序尚未开花，便出现落蕾现象，可以采用强制保果处理，即在开花前 5 天至始花期使用 1~2 毫克/升氯吡脲或噻苯隆进行花序浸渍处理，此方法建议先进行少批量试验，再进行大面积使用。

（四）果锈

阳光玫瑰葡萄在成熟期容易发生果锈，甚至在个别园区，几乎所有果穗均会发生，在第一年结果的植株上表现更为明显，已成为降低果实商品性的重要生理性病害。该症表现为果实表面形成条状或不规则状黄褐色锈斑，严重时连成片，致使果实表皮形成木栓化组织，形成锈果（图 8-93、图 8-94）。

图 8-93　阳光玫瑰葡萄果锈果粒

图 8-94　阳光玫瑰葡萄果锈果穗

造成阳光玫瑰葡萄果锈形成的因素有很多，常见的防治方法有以下几种：

1. **果袋选择**　使用绿色或蓝色等较深颜色果袋可降低果锈发生。

2. **科学用药**　幼果期禁止使用易使果面形成果锈的有机硫或乳剂型杀虫剂、波尔多液、石硫合剂、含锌或铜制剂等农药；正确使用农药浓度，一般从农药使用下限浓度开始，以后逐渐增加；喷头远离果穗，避免造成机械伤害。使用植物生长调节剂处理可降低果锈发生。

3. **减少机械损伤**　如拆袋套袋应小心，避免造成果皮摩擦。

4. **控产**　适当控产可降低果锈发生。

5. **合理施肥**　增加有机肥和磷、钾肥用量，减少氮肥用量，使果皮发育正常。增施钙肥，提升果皮细胞壁的坚硬程度，减少果锈的发生。

6. **适时采收**　果实采收期越靠后，果锈发生量越多，当阳光玫瑰葡萄达到成熟销售的标准时，及时采收可在一定程度上控制果锈。

7. **培养壮树**　树势越壮，果锈发生越少。因此，培养壮树，是阳光玫瑰葡萄优质生产和降低果锈发生的关键。

总之，阳光玫瑰葡萄成熟期易发生果锈，但果锈并不是阳光玫瑰葡萄的品种特性，通过适当的栽培管理措施，可有效地降低或者避免。

（五）日灼

阳光玫瑰葡萄果皮较薄，易发生日灼病，尤其是在幼果快速膨大期，因为此时期果实内含物主要是水分，如果遇到太阳紫外线及强光直射，表皮组织细胞膜透性增加，水分过度蒸腾，从而造成灼伤（图 8-95）。

图 8-95　阳光玫瑰葡萄日灼

减少日灼的方法：

1. 选择合适架形　如高宽平架式、高宽垂架式或平棚架等，可以用叶片遮挡直射光照射果实，减轻日灼病发生（图 8-96、图 8-97）。

2. 遮挡直射光　保留果穗对面及上、下位置的副梢 2~3 片叶遮挡直射光的照射（图 8-98）。

3. 合理施肥灌水　增施有机肥，合理搭配氮、磷、钾和微量元素肥料。生长季节结合喷药补施钾、钙肥。葡萄浆果膨大期遇到高温干旱天气及时灌水或喷灌降低园内温度（图 8-99）；雨后或灌水后及时中耕松土，保持土壤良好的透气性，保证根系正常生长发育。

4. 生草调节气温和地温　如图 8-100 所示。

5. 安装遮阳网　用遮阳网遮挡边行果穗，尤其是东侧、南侧和西侧（图 8-101）。

6. 避开高温时段疏果　疏果时，避开高温，并应减少疏果人员的手因触碰果穗而造成果皮表面损伤。

7. 果穗套袋　选择透气性好的果袋，推迟套袋时间；套袋时避免在高温、雨后操作；套伞袋（图 8-102）。

图 8-96　高宽平架遮挡果穗　　　　　　　　　　图 8-97　平棚架叶片遮挡果穗

图 8-98　保留副梢叶片遮挡果穗

图 8-99　灌水降温

图 8-100　果园生草降温

图 8-101　安装遮阳网遮挡边行果穗

图 8-102　套伞袋遮挡果穗

（六）果粉厚，果皮不亮

阳光玫瑰葡萄成熟期果皮光亮，果粉少，但生产中常因水分管理不当等因素造成果皮颜色暗淡、无光泽、果粉厚，影响果实商品性。因此，应注意加强水分供给，尤其是软化期后，切不可过度干旱，要根据土壤湿度情况，定期灌水，以保持果实的硬度和果皮光亮（图 8-103）。

图 8-103　阳光玫瑰葡萄果面光亮（左），果粉厚、果皮颜色暗淡（中间、右）

（七）新梢脱落

阳光玫瑰葡萄当年萌发的新梢很容易脱落，尤其是主蔓上萌发的新梢更容易脱落，脱落后便会造成结果部位空缺现象（图 8-104）。因此，冬季修剪时，尽量留 1~2 芽修剪，以利于结果母枝上的冬芽萌发结果。另外，为了降低阳光玫瑰新梢脱落，可适当推迟新梢绑缚时间，待新梢基部半木质化后，先扭梢，再进行绑缚。

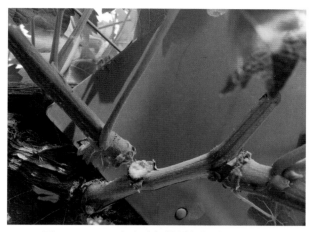

图 8-104　阳光玫瑰新梢基部粗大易脱落

（八）只阳光不玫瑰

糖度高且具有浓郁的玫瑰香味是阳光玫瑰葡萄的品种特性，栽培管理措施到位，品种特性得到发挥，成熟果实香味就会浓郁；若栽培管理措施不当，品种特性不能发挥，则成熟果实就会出现香味很淡，甚至没有玫瑰香味的现象。

一般来说，影响阳光玫瑰葡萄香味的原因主要有以下几点：

1. **产量**　亩产量在 1 500 千克以下时，成熟果实香味较浓，亩产量在 1 500 千克以上时，玫瑰香味变淡，且产量越高，香味越淡，甚至没有香味。

2. **果穗大小**　果穗重量在 800 克以下时，成熟果实香味较浓，果穗重量在 800 克以上时，玫瑰香味变淡，且果穗越大，香味越淡，甚至没有香味。

3. **果粒大小**　果粒重量在 14 克以下时，成熟果实香味浓郁，果粒重量在 14 克以上时，玫瑰香味变淡，且果粒越大，香味越淡，甚至没有香味。

4. **有机肥**　有机肥含氮量占总氮素使用量 50% 以上时，成熟果实香味浓郁，有机肥使用量越少，香味越淡，甚至没有香味。

5. **膨果肥**　膨果肥适氮增钾，成熟果实香味较浓，多氮少钾影响香味，氮素越多香味越淡。

6. **果实成熟度**　果实的可溶性固形物含量在 18% 以上时，香味较浓，且含量越高，香味越浓；可溶性固形物含量低于 18% 时，香味较淡或无香味。

7. **树龄**　随着树龄增大，树势强壮，树体营养积累增加，成熟的阳光玫瑰果实香味也会增加。

（九）裂果

阳光玫瑰葡萄不容易裂果，但在较长时间水淹的情况下也会发生裂果。葡萄裂果症状一般表现为果皮连同果肉纵向开裂，严重时露出种子，裂开的果实被外源微生物侵染之后，容易引起霉变。

葡萄裂果属于生理性病害，没有药物可以进行防治，所以只能通过前期的综合管理措施来降低葡萄裂果发生的概率，裂果一旦产生，不仅影响其外观品质，而且会导致外源微生物从伤口侵染果实，发生腐烂，严重影响经济效益（图8-105）。

图8-105　阳光玫瑰葡萄裂果

1. 主要发病原因

（1）土壤水分含量不均匀或急剧变化。前期干旱，后期遇连续降雨，会使土壤含水量在短期内大幅上升，根系输送到果实的水分猛增，果肉细胞快速膨大，而此时，果皮多已老化，果皮细胞因角质层的限制而膨大较慢，就会出现果肉把果皮胀破的现象，最终导致果实开裂。这类裂果在葡萄成熟期遇到大雨则表现得尤为严重。

（2）果实缺钙。钙是葡萄生长中必需的元素，分布在葡萄的细胞壁中，主要以果胶钙的形态存在，作用是沉积多糖类物质，增加细胞壁的坚硬程度。在葡萄生长过程中，如果缺乏钙元素，则会造成葡萄细胞壁硬度不够，容易破裂产生裂果现象。

（3）叶果比不足或留穗量太大。为了提高经济效益，一般果农都会增加留果量。过多保留果穗及过度摘心均会导致新梢叶片量过少，造成果实营养供应不足，细胞内可溶性固形物含量过低，使细胞中的渗透压大幅低于正常值，增加了葡萄裂果的概率，且发生的程度也更加严重。

2. 发病规律
葡萄裂果现象在我国各地均有发生，无论是避雨栽培还是露地栽培，由于管理不到位，均会出现不同程度的裂果。裂果一般多发于葡萄转色期和成熟期，此时雨水相对较多，尤其是露地栽培或者排水不良的园区，由于土壤含水量在短期内发生较大的变化，所以发生裂果的概率更高，同时病原菌容易通过伤口侵染果实，从而引起其他侵染性病害。

3. 主要防治措施

（1）采用设施栽培。做好避雨和排灌设施建设，如搭棚、开沟、起垄、覆膜等。

（2）加强树体管理。通过疏穗、疏粒、掐穗尖，调整结果量，保持合理的叶果比，正常情况下，叶片和果实的比例应为（15~20）：1。提高树体营养水平，同时抬高架面，使果穗远离地面，有利于减少裂果。另外，及时除萌、绑蔓、摘心和打副梢，能够防止养分无谓的消耗，并且有利于田间的通风透光，减少果穗和枝叶的摩擦。

（3）加强水肥管理。在气候干旱的情况下，及时灌水，保证树体的正常生长，但每次灌水量不宜过多，保持葡萄吸水均衡，防止土壤水分急剧变化。当雨水较多时，及时排水，将土壤含水量维持在65%左右；缺钙、缺钾也会引起裂果，生长期可适量增施钙肥钾肥预防裂果，生长中后期严格控制氮肥使用。由于钙在土壤中的移动能力相当差，所以应在幼果期及时补钙。

（十）果实变软

与其他葡萄品种一样，阳光玫瑰葡萄在成熟期有时会出现软果、掉粒现象，运输性能降低，商品性变差（图8-106）。张守仕等（2017）对夏黑正常果和软果进行了研究，分析了果实和叶片中矿质营养含量，发现正常果与软化果树体叶片各矿质元素含量均无差异，说明叶片矿质营养含量与果实软硬与否关系不大。正常果和软果内的磷、镁含量差异不大，但正常果的钙含量是软果的1倍，说明软果与葡萄果实钙含量不足有明显关系。

钙是构成细胞壁的主要元素，钙离子可以与细胞壁中的果胶类物质结合形成果胶钙，稳固细胞壁，增加果实硬度。果实在成熟以及贮藏期间，硬度逐渐下降，原因主要是在果实成熟和贮藏过程中，果胶类物质降解，钙离子不易与果胶结合。葡萄果实钙主要在幼果期吸收，生长后期则因果柄中草酸钙结晶等原因造成果实钙素积累困难。因此，随着果实膨大，果实钙含量会明显下降。

图8-106 软果

1. 造成葡萄果实软果的原因

（1）产量过高。为了高产，植株负载量过大，叶果比下降，叶片提供的养分不足以使果实转色成熟，果实糖分不足、果肉变软。

（2）连续阴雨天气。

① 连续降雨，土壤含水量高，特别是在黏重土壤里，根系不透气，吸收根坏死，营养供求失衡，果实营养不良，造成软果。

② 连续阴雨天，葡萄光合作用下降。空气湿度越大，蒸腾作用越小，果树吸收的钙量越低。

③ 雨水过多，导致肥料流失严重，缺少足够养分，也会形成软化。

（3）水分管理不当。大水灌溉导致土壤湿度增大，土壤缺墒影响叶片蒸腾，都会影响钙的吸收，造成软果。另外，过度干旱也会造成果实失水软化。

（4）偏施化学肥料。过量使用化肥容易产生肥害，或造成土壤板结盐渍化，烧伤根系，影响养分吸收。氮肥使用过多，抑制葡萄对钙的吸收，造成软果。

（5）枝蔓管理不当。不及时摘心、疏花疏果，枝条生长旺盛，枝叶消耗大量养分，果实因营养元素缺失而发生软果。

2. 减轻软果现象的主要措施

（1）控制产量。及时疏花疏果，合理摘心。

（2）合理的水分管理。雨水或灌水多时及时排水，避免毛细根系受害。阳光玫瑰葡萄从软化期到成熟期需要较长时间，这段时间要保持不断地少量多次灌水，保证果实正常生长和不失水。

（3）合理施肥。防止生长过旺引发缺钙。施适量的硼肥，可以增加对钙的吸收和运输。

（4）补充钙肥。幼果膨大期是补钙的关键时期，喷果穗比喷叶片更能提高果实中钙含量。糖醇钙在葡萄体内移动性好，可选择喷施糖醇钙。秋施基肥适当使用过磷酸钙。

（十一）叶片黄化

造成树体黄化（图 8-107）的因素有很多，主要有以下几种：

（1）缺素，如缺铁。

（2）低温冻害。

（3）春季地温低，根系吸收的营养不能满足地上部枝叶生长的需要，造成叶片黄化。

（4）上年产量过高，果实采收晚，造成树体营养消耗多，积累不够，不能满足当年前期树体生长的需要，造成叶片黄化。

（5）秋施基肥过晚，开沟断根后无法长出新根，第二年春季根系吸收的营养不能满足地上部枝叶生长的需要。生产中，应结合自己园区的问题，分析造成叶片黄化现象的原因，采取相应措施进行防治。

图 8-107　阳光玫瑰葡萄叶片黄化

（十二）花帽不脱落，产生畸形果

目前，关于造成阳光玫瑰葡萄花帽不脱落，产生畸形果的原因还没有定论，有人认为是花前遇到干热风造成的，有人认为是花期低温＋花前使用海藻酸、氨基酸、碧护、芸苔素、羟烯腺嘌呤等引发了内源激素不平衡造成的（图 8-108~ 图 8-110）。

防治方法：

（1）采用设施栽培，增强葡萄抵御自然灾害能力。

（2）避开花期使用调节剂产品，合理使用生物刺激素类产品。

图 8-108　整个花序花帽不脱落

图 8-109　穗尖花帽不脱落

图 8-110　花帽不脱落造成果粒畸形

附录
河南省葡萄病虫害防治

一、河南省葡萄病虫害规范化防控技术

一般情况下，河南省全年葡萄病虫害防治需要使用12次药剂（附图1）。

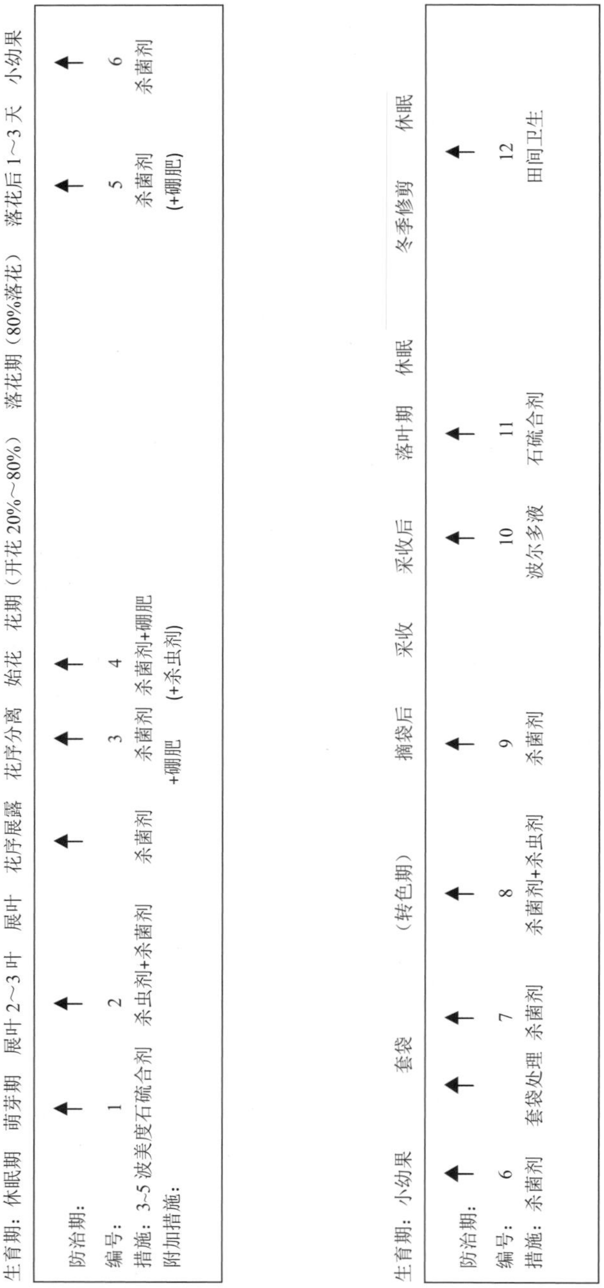

附图1　河南省全年葡萄病虫害防治药剂使用时期

二、河南省葡萄主要病虫害发生关键时期

河南省葡萄主要病虫害发生关键时期如附表 1 所示。

附表 1 河南省葡萄主要病虫害发生关键时期

病虫害	休眠期 （11~12 月）	开花前 （3~4 月）	幼果期 （5 月）	膨大期 （6 月）	成熟采收 （7~8 月）	采收后 （9~10 月）
灰霉病		√	√		√	
穗轴褐枯病		√	√			
黑痘病			√	√		
褐斑病			√	√	√	√
白腐病			√	√	√	
炭疽病					√	
霜霉病			√	√	√	√
蚜虫	√		√			
螨类			√	√	√	√
天蛾				√	√	
透翅蛾				√		

三、河南省葡萄病虫害防控药剂建议

（一）保护性杀菌剂

保护性杀菌剂具有广谱性，是葡萄园使用较普遍的药剂，常用杀菌剂包括：

1. 无机杀菌剂（硫制剂） 如石硫合剂、硫悬浮剂等。

2. 含铜杀菌剂（铜制剂） 如波尔多液、王铜（氧氯化铜）、80% 波尔多液、氢氧化铜等。

3. 有机硫杀菌剂，包括福美类 如福美双（80% 福美双 WDG 等）、福美铁等。

4. 其他 包括针对葡萄园开发的杀菌剂，如 50% 嘧菌酯·福美双等。

（二）防控霜霉病药剂

1. 防控药剂 烯酰吗啉（如 50% 烯酰吗啉等）、吡唑醚菌酯、霜脲氰（80% 霜脲氰 WP 等）、甲霜灵和精甲霜灵（25% 精甲霜灵 WP 等）、银法利（氟吡菌胺和霜霉威盐酸盐复配）、乙磷

铝（80% 疫霜灵等）等。

2. **其他**　包括 40% 金乙霜、缬霉威、霜霉威、双炔酰菌胺、氟吡菌胺等。

（三）防控灰霉病药剂

腐霉利、多菌灵、甲基硫菌灵、嘧霉胺、咯菌腈、乙霉威、啶酰菌胺、氟啶胺等。

（四）防控白腐病药剂

苯醚甲环唑、多菌灵、甲基硫菌灵、氟硅唑、戊菌唑、戊唑醇等。

（五）杀虫剂

啶虫脒（如 25% 噻虫嗪等）、吡虫啉、联苯菊酯（如 10% 联苯菊酯）、溴氰菊酯、高效氯（氟）氰菊酯、噻虫嗪、阿维菌素、苯氧威（如 3% 苯氧威等）等。

（六）其他药剂

5% 甲维盐水分散粒剂、2% 阿维菌素乳油、吡虫啉（如 70% 吡虫啉水分散粒剂）、吡蚜酮、高效氯氰菊酯、敌百虫、辛硫磷等。

四、河南省葡萄病虫害规范化防控技术措施

（一）萌芽期

1. **防治适期**　葡萄芽萌动，从绒球至吐绿期间，芽的鳞片刚破，绒球吐绿前，还未展叶时进行防治。

2. **防控目标**　杀灭、控制越冬后的病菌、虫卵，把越冬后病菌、虫卵的数量压到较低水平，从而降低病虫害对葡萄生长前期的威胁，为后期的病虫害防治打下基础。

3. **防治措施**　揭除老皮；喷施 3~5 波美度的石硫合剂。注意喷洒药剂需细致、周到。

4. **解析**　发芽前是减少或降低病原菌、害虫数量的重要时期，在保持田间卫生（清理果园）的基础上，根据天气和病虫害的发生情况进行防治。此时期防治主要针对叶蝉、介壳虫、绿盲蝽、红蜘蛛类、黑痘病、白腐病等病虫害。一般情况下，通常使用 3~5 波美度的石硫合剂；雨水多、发芽前枝蔓湿润时间长时，可使用硫黄水分散粒剂或铜制剂（80% 波尔多液 300~500 倍液）。

5. **注意事项**　上一个年份白腐病严重的果园，可在喷施石硫合剂前 7 天左右使用一次 50% 福美双 600 倍液；埋土时枝干损伤的果树，可用 37% 苯醚甲环唑 2 000 倍液处理伤口。

6. 其他　可以选取的药剂种类及浓度如波尔多液 + 矿物油乳剂（机油乳剂或柴油乳剂）200 倍液或 50% 嘧菌酯·福美双 1 500 倍液 +3% 苯氧威 1 000 倍液、10% 高效氯氟氰菊酯 2 000~3 000 倍液 +40% 咯菌腈悬浮剂 4 000 倍液等。

（二）发芽后至开花前

一般情况下，在发芽后至开花期，河南省通常使用 3 次杀菌剂和 1 次杀虫剂。多雨年份可在花序展露期增施 1 次保护性杀菌剂（如 30% 代森锰锌 800 倍液），缺锌的葡萄园可使用锌钙氨基酸 300 倍液 2~3 次。

1. 2~3 叶期

（1）防治适期：葡萄展叶后，80% 以上的嫩梢有 2~3 片叶已经展开时进行防治。

（2）防治措施：喷施药剂；根据农业生产方式选择合适药剂种类（即有机食品生产选择有机食品允许使用的药剂，绿色食品生产选择绿色食品可以使用的药剂，下同）。

（3）常用药剂：

① 一般情况，80% 波尔多液 800 倍液 +25% 噻虫嗪 5 000 倍液。

② 干旱少雨年份，10% 联苯菊酯 3 000 倍液或 25% 噻虫嗪水分散粒剂 5 000 倍液。

③ 介壳虫为害的葡萄园，80% 波尔多液 600~800 倍液 +3% 苯氧威 1 000 倍液。

注意事项：一般情况下，使用杀菌剂 + 杀虫杀螨剂。没有虫害和螨类害虫为害的葡萄园，使用波尔多液等保护性杀菌剂；有虫害和螨类害虫为害的葡萄园，使用 80% 波尔多液 600~800 倍液 +25% 噻虫嗪水分散粒剂 5 000 倍液。有机栽培可以选择 80% 波尔多液 500 倍液 + 机油或矿物油乳剂（400~800 倍液）或苦参碱或藜芦碱。

④ 春季多雨的年份，在萌芽后至花序展露期之间，需要增加使用 1 次药剂，可使用 30% 代森锰锌 600 倍液或嘧菌酯·福美双 1 500 倍液或波尔多液 500~600 倍液。有机栽培可使用 80% 波尔多液 500~600 倍液。

注意事项：虫害或螨类为害较严重的葡萄园，可在萌芽后至花序展露期之间，增施 1 次杀虫剂，如 10% 联苯菊酯 3 000 倍液。有机栽培可以选择机油或矿物油乳剂 400~800 倍液或 0.2~0.3 波美度的石硫合剂。

2. 花序分离期

（1）防治适期：葡萄花序开始为"火炬"形态，之后花序轴之间、花梗之间和花蕾之间逐渐分开，待 90% 以上的花序处于花序分离状态时进行防治。

（2）防治措施：喷施药剂，根据农业生产方式选择合适药剂种类。

（3）常用药剂：一般情况下，建议使用 50% 嘧菌酯·福美双 1 500 倍液 +40% 嘧霉胺 1 000 倍液 + 多聚硼酸钠 2 000 倍液 + 锌钙氨基酸 300 倍液。

（4）解析：花序分离期是开花前最重要的防治时间点，是灰霉病、炭疽病、霜霉病、黑痘病、白腐病等病害的防治适期，对全年的防治起决定性作用，同时也是补充硼肥、提高授粉的重要时期。如果在此时期补充锌、钙、氨基酸肥，也可以促进葡萄授粉和坐果。根据葡萄园病虫害种类和农业生产方式选择药剂，如波尔多液、农抗 120、武夷菌素等。

3. 开花前（始花期）

（1）防治适期：始花期是花序上有 1%~5% 的花蕾开花时。葡萄花的花帽被顶起，称为开花，通常葡萄花序的中间偏上花蕾先开花。

（2）防治措施：喷施药剂，根据农业生产方式选择合适药剂种类。

（3）常用药剂：一般情况，建议使用 50% 嘧菌酯·福美双 1 500 倍液 +70% 甲基硫菌灵 800 倍液 + 多聚硼酸钠 3 000 倍液（+ 杀虫剂）。

（4）解析：开花前是防治多种病虫害发生的重要时期，一旦发生病虫害，损失无法弥补，因此，不管是哪个葡萄品种、栽培方式，都要进行防治。此时期防控的重点是灰霉病、穗轴褐枯病。另外，还有霜霉病、白粉病、炭疽病、白腐病、黑痘病等。有虫害的果园，最好把害虫消灭在开花前，可使用 25% 噻虫嗪 500 倍液，兼顾此时的绿盲蝽和蓟马等为害。根据葡萄园病虫害种类和农业生产方式选择合适药剂，如波尔多液、农抗 120、武夷菌素等。

（5）注意事项：灰霉病发生严重的葡萄园，可使用 50% 嘧菌酯·福美双 1 500 倍液 +50% 腐霉利 1 000 倍液 + 多聚硼酸钠 3 000 倍液；虫害较严重的果园，可使用 50% 嘧菌酯·福美双 1 500 倍液 +50% 腐霉利 1 000 倍液 + 多聚硼酸钠 3 000 倍液 +25% 噻虫嗪 5 000 倍液；有机栽培的葡萄园，可使用 1% 武夷菌素水剂 100 倍液 +21% 多聚硼酸钠 3 000 倍液。

（三）谢花后至套袋前

根据葡萄的套袋时间，在谢花后至套袋前一般使用 2~3 次药剂。早套袋，使用 2 次药剂；晚套袋，使用 3 次药剂。若套袋时间推迟，可根据天气情况适当增加药剂使用次数，一般 8 天左右使用 1 次药剂。注意，套袋前必须用药剂处理果穗。

1. 谢花后第 1 次药剂

（1）防治适期：葡萄 80% 的花序落花结束，其余 20% 的花序部分花帽脱落，之后的 1~3 天进行防治。葡萄花帽从柱头上脱落，称为落花。

（2）防治措施：喷施药剂，根据农业生产方式，选择合适药剂。

（3）常用药剂：一般情况下，建议使用 50% 嘧菌酯·福美双 1 500 倍液 +50% 腐霉利 800 倍液。

（4）解析：落花后是防治黑痘病、炭疽病、白腐病等病害的关键时期。对于多雨或湿度大的地块，霜霉病、灰霉病也要进行防治；有透翅蛾的葡萄园，谢花后还要注意透翅蛾的防治；后期有褐斑病为害的园区，此时也是重要防治时期。药剂的种类根据农业生产方式进行选择，如有机农业或其他特殊的农业生产方式可以选择 5 亿活芽孢 / 毫升枯草芽孢杆菌 50 倍液 + 多聚硼酸钠或 80% 波尔多液 400~500 倍液 + 机油或矿物油乳剂（400~800 倍液）（或苦参碱或藜芦碱）或波尔多液、农抗 120、武夷菌素、亚磷酸等。

（5）注意事项：介壳虫或斑衣蜡蝉为害较严重的葡萄园，花后第 1 次药剂可以使用 50%嘧菌酯·福美双 1 500 倍液 +50% 腐霉利 800 倍液 +25% 噻虫嗪 5 000 倍液。

2. 谢花后第 2 次用药

（1）防治适期：谢花后 12 天左右是果实膨大始期，此时期葡萄已经坐稳果，果穗形状已基本定型，距离上次使用农药时间约 10 天。

（2）防治措施：喷施药剂，根据农业生产方式选择合适药剂。

（3）常用药剂：一般情况，使用 30% 代森锰锌 600 倍液 +40% 氟硅唑 8 000 倍液 + 保倍钙 1 000 倍液（＋杀虫剂）。

（4）解析：落花后的第 2 次用药与第 1 次用药相辅相成，重点是防治灰霉病、炭疽病、白腐病、溃疡病等。根据农业生产方式进行药剂种类的选择，如有机农业或其他特殊的农业生产方式可以选择波尔多液、农抗 120、武夷菌素、亚磷酸等。

（5）注意事项：介壳虫或斑衣蜡蝉为害较重的果园，谢花后的第 2 次药剂使用 30% 代森锰锌 600 倍液 +40% 氟硅唑 8 000 倍液 +3% 苯氧威 1 000 倍液。

3. 谢花后第 3 次用药

（1）防治适期：谢花后 22 天左右是果实快速膨大期。一般情况下，坐果已经结束，果穗形状已经形成，距离上次用药 10 天左右。

（2）防治措施：喷施药剂，根据农业生产方式选择合适药剂。

（3）常用药剂：一般情况下，使用 30% 代森锰锌 600 倍液 +70% 甲基硫菌灵 800 倍液（＋保倍钙 1 000 倍液）。

（4）解析：此次是落花后的第 3 次药剂使用，与第 1、第 2 次相辅相成。根据虫害发生种类和严重程度确定是否再加入防治害虫的药剂。药剂种类的选择要根据农业生产方式进行，如有机农业或其他特殊的农业生产方式可以选择波尔多液、农抗 120、武夷菌素、亚磷酸等。

4. 套袋前果穗处理

（1）防治适期：果穗整形后、套袋前进行处理。

（2）防治措施：药剂浸泡果穗。

（3）常用药剂：40% 苯醚甲环唑 3 000 倍液 +22% 抑霉唑 3 000 倍液 +20% 氯虫苯甲酰胺 3 500 倍液。

（4）解析：套袋前的果穗处理是防控套袋后造成果实腐烂相关病害的重要措施之一，要在果穗整形后、套袋前进行。

（四）套袋后至成熟期

河南省葡萄从果实套袋后至成熟前，一般需要 50~90 天，在这期间，需要根据天气和霜霉病的发生情况多次使用药剂。此时期防控病虫害的关键点是套袋后、转色期和摘袋前，其他时期通常不使用药剂。根据病虫害发生情况，一般需要使用 5~6 次药剂。连续几年病虫害防控效果较好的葡萄园，天气条件良好时，套袋后可使用 3~4 次药剂。

1. 套袋后

（1）防治适期：套袋后，由于果穗整形、套袋等田间作业比较多，套袋结束后应立即使用一次杀菌剂（或者套袋完成一块地，就马上喷施药剂）。

（2）防治措施：喷施药剂。

（3）常用药剂：50% 嘧菌酯·福美双 1 500 倍液。

（4）解析：此次用药重点是防控霜霉病和保护伤口。可以选取的其他药剂种类有波尔多液（1∶1∶200）、37% 苯醚甲环唑 3 000 倍液或 30% 代森锰锌 600 倍液等。

（5）注意事项：如果雨季提前，使用药剂可调整为 50% 嘧菌酯·福美双 1 500 倍液 +50% 烯酰吗啉 3 000~4 000 倍液。

2. 转色期

（1）防治适期：5%~10% 果粒开始上色或软化时，为最佳防治时期。

（2）防治措施：喷施药剂，杀菌剂 + 杀虫剂。

（3）常用药剂：一般情况，80% 波尔多液 600 倍液 +10% 联苯菊酯 3 000 倍液 +50% 烯酰吗啉 4 000 倍液。

（4）解析：此时期，开始进入雨季，防控霜霉病、酸腐病并重。7 月下旬，在使用杀菌剂的同时，根据天气情况添加霜霉病内吸性药剂，如 50% 烯酰吗啉 4 000 倍液。

3. 摘袋前

（1）防治适期：根据果实成熟程度、天气或市场需求选择摘袋时间；摘袋前必须使用一次药剂，以保证成熟、采摘期间的安全。

（2）常用药剂：通常使用波尔多液（1∶1∶200）或其他铜制剂等，对于摘袋上色的品种（摘袋后需要经过几天上色再采收），可使用 50% 嘧菌酯·福美双 1 500 倍液或 25% 保倍悬浮剂 1 000 倍液。

（3）解析：部分葡萄品种在果袋内上色较慢，为了增加上色，一般在采摘前进行摘袋。因摘袋后不宜使用农药防治病虫害，且摘袋后至采收期间隔时间较长，因此，建议在摘袋前使用 1 次药剂，减少病虫害的为害概率，保证成熟以及采收期间的果品安全。

4. 其他时期　河南地区，葡萄套袋后即进入雨季，一般情况下，每 10 天左右使用 1 次药剂，药剂以防控霜霉病和黑痘病的杀菌剂为主。此外，除套袋后、转色期和摘袋前的 3 次病虫害防治外，其他时期建议使用保护性杀菌剂，如铜制剂（现配波尔多液、氢氧化铜、氧氯化铜等）或福美双（80% 福美双 WP 等）等，并根据霜霉病发生程度，配合使用霜霉病的内吸性杀菌剂。

（五）摘袋后至采收期

为保证果品安全，建议套袋葡萄在采收前 15 天不使用内吸性药剂，不套袋葡萄在采收前 15 天不使用任何药剂。

（六）采收后

1. **防治适期**　葡萄果实采收后，立即喷施 1~2 次药剂。
2. **防治措施**　喷施药剂。
3. **常用药剂**　波尔多液（＋杀虫剂）。
4. **解析**　葡萄采收后，枝条需要充分老熟，枝蔓和根系需要充分的营养积累以安全越冬，此时期要避免病虫为害造成早期落叶。葡萄采收后的病虫害防治会减少越冬的病菌、虫卵基数，为第二年的病虫害防治打下基础。因此，在葡萄采收后应立即使用 1 次药剂，如果添加杀虫剂，建议使用 80% 波尔多液 600 倍液或 30% 王铜 800 倍液等＋杀虫剂；如果单独使用铜制剂，可使用波尔多液或其他铜制剂。

（七）修剪、埋土防寒与清园

1. **防治适期**　葡萄修剪后，建议立即使用 1 次药剂。药剂使用后 2~3 天进行埋土防寒。
2. **防治措施**　喷施药剂。
3. **常用药剂**　石硫合剂或波尔多液（＋杀虫剂）。
4. **解析**　此时期进行病虫害防治，可减少病菌、虫卵的越冬基数，为第二年的病虫害防治打下基础。

（八）休眠期

1. **防治适期**　葡萄冬季修剪后。
2. **防控目标**　减少病菌、虫卵数量，为第二年的病虫害防治打下基础。
3. **防控措施**　清园。清园措施包括清理田间落叶、枝条、葡萄架上的卷须等杂物，也包括剥除老树皮等。

五、河南省葡萄病虫害规范化防控技术简表

葡萄园可根据具体情况，按照病虫害防控理念，确定全年的葡萄病虫害规范化防控方案。附表 2 是河南省葡萄病虫害规范化防控技术简表，以供参考。

附表 2　河南省葡萄病虫害规范化防控技术简表

时期		措施	备注
萌芽期		3~5 波美度石硫合剂（或铜制剂）	萌芽后展叶前
发芽后至开花前	2~3 叶期	80% 波尔多液 800 倍液 +25% 噻虫嗪 5 000 倍液（或 50% 啶虫脒 3 000 倍液或 10% 联苯菊酯 3 000 倍液）	一般情况下建议使用 3 次杀菌剂、1~2 次杀虫剂。因为发芽后至开花前是病虫害防治最重要的时期之一，是体现规范防治中"前狠后保"关键时期
	花序分离期	50% 嘧菌酯·福美双 1 500 倍液 +40% 嘧霉胺 1 000 倍液 + 多聚硼酸钠 2 000 倍液 + 锌钙氨基酸 300 倍液	
	开花前	50% 嘧菌酯·福美双 1 500 倍液 +70% 甲基硫菌灵 800 倍液 + 多聚硼酸钠 3 000 倍液（+ 杀虫剂）	
谢花后至套袋前	谢花后 1~3 天	50% 嘧菌酯·福美双 1 500 倍液 +50% 腐霉利 800 倍液	在谢花后至套袋前使用 2~3 次药剂；早套袋，使用两次药剂；晚套袋，使用三次药剂。套袋前用药剂处理果穗
	谢花后 12 天左右	30% 代森锰锌 600 倍液 +40% 氟硅唑 8 000 倍液 + 保倍钙 1 000 倍液（+ 杀虫剂）	
	谢花后 22 天左右	30% 代森锰锌 600 倍液 +70% 甲基硫菌灵 800 倍液（+ 保倍钙 1 000 倍液）	
	套袋前果穗处理	40% 苯醚甲环唑 3 000 倍液 +22% 抑霉唑 3 000 倍液 +20% 氯虫苯甲酰胺 3 500 倍液	
套袋后至成熟期	套袋后	50% 嘧菌酯·福美双 1500 倍液	根据天气情况和霜霉病发生情况使用多次药剂；最为重要的防治时期是套袋后、转色期和摘袋前
	转色期	80% 波尔多液 600 倍液 +10% 联苯菊酯 3 000 倍液 +50% 烯酰吗啉 4 000 倍液	
	摘袋前	50% 嘧菌酯·福美双 1 500 倍液或 25% 保倍悬浮剂 1 000 倍液	
采收期			不使用药剂
采收后		波尔多液（+ 杀虫剂）	使用 1~2 次

六、常见农药及其防治病虫害种类和特点

（一）常见农药及其防治病虫害种类

1. 石硫合剂——多种病虫害　石硫合剂的主要成分是多硫化钙，具有渗透和侵蚀病菌及害虫表皮蜡质层的能力，喷洒后在植物体表形成一层药膜，保护植物免受病菌侵害，适合在植株发病前或发病初期喷施。石硫合剂防治谱广，不仅能防治多种果树的白粉病、黑星病、炭疽病、腐烂病、流胶病、锈病、黑斑病，而且对果树红蜘蛛、锈壁虱、介壳虫等病虫防治也有效。在生产中，一般果树进行冬季修剪后，都会用石硫合剂进行全园喷施消毒。

2. 阿维菌素——螨类　阿维菌素是一种高效、广谱的抗生素类杀虫、杀螨剂，对昆虫和螨类具有胃毒和触杀作用，无内吸作用，但在叶片上有很强的渗透性，可杀死叶片表皮下的害虫，

且残效期长。螨类和昆虫幼虫与药剂接触后即出现麻痹症状，不活动不取食，2~4天后死亡，在植物表面残留少，对益虫的损伤小。可用于防治果树、蔬菜、粮食等作物的叶螨、瘿螨、茶黄螨和各种抗性蚜虫，对小菜蛾、菜青虫、潜叶蛾等幼虫也有一定的防治效果。

3. 吡虫啉——刺吸式口器害虫　吡虫啉是烟碱类超高效杀虫剂，具有广谱、高效、低毒、低残留的特点，害虫不易产生抗性，且对人、畜、植物安全，并具有触杀、胃毒和内吸等多重作用，害虫接触药剂后，中枢神经正常传导受阻，麻痹死亡。对刺吸式口器的蚜虫、飞虱、叶蝉、蓟马有较好的防治效果，但对线虫和红蜘蛛无效，对蜜蜂有害，禁止在花期使用。采收前15~20天停止使用。

4. 啶虫脒——半（同）翅目昆虫　啶虫脒具有触杀和胃毒作用，在植物体表面渗透性强。杀虫谱广，活性高、用量少、持效期长，适用于防治果树、蔬菜等多种作物上的半翅目害虫，导致昆虫麻痹，最终死亡。可防治各种半（同）翅目昆虫，蚜虫、叶蝉、粉虱、介壳虫等，还对小菜蛾、潜蛾、小食心虫、天牛、蓟马等有效。用颗粒剂做土壤处理，可防治地下害虫。

5. 螺虫乙酯——刺吸式口器害虫、红蜘蛛　螺虫乙酯是一种新型杀虫、杀螨剂，具有双向内吸传导性，可以在整个植物体内向上、向下移动，抵达叶面和树皮，从而防治如生菜和白菜内叶上及果树皮上的害虫。高效广谱，持效期长，有效防治期可长达8周。可有效防治各种刺吸式口器害虫，如蚜虫、叶蝉、介壳虫、木虱、粉虱等，对重要益虫瓢虫、食蚜蝇和寄生蜂比较安全。常用于柑橘，防治红蜘蛛和介壳虫。

6. 功夫菊酯——鳞翅目昆虫　功夫菊酯又名功夫，为拟除虫菊酯类杀虫剂，具有触杀、胃毒作用，击倒速度快，杀卵活性高。杀虫谱广，可用于防治食心虫、卷叶蛾、刺蛾、夜蛾、毛虫类、茶翅蝽、绿盲蝽、蚜虫等大多数害虫。对人、畜毒性中等，对果树比较安全，但害虫易对该药产生抗药性，不宜连续多次使用，应与螺虫乙酯、吡虫啉等交替使用。高效氯氰菊酯有同样效果。

7. 多菌灵——真菌病害　多菌灵是一种高效、广谱、内吸性杀菌剂，具有保护和治疗作用，对多种作物由真菌引起的病害有防治效果，可用于叶面喷雾、种子处理和土壤处理等。能有效防治果树褐斑病、炭疽病、轮纹病，蔬菜灰霉病、白粉病、菌核病、枯萎病等多种病害。安全间隔期15天，1年最多使用3次。

8. 波尔多液——多种病害　波尔多液是一种应用范围广、历史悠久的铜制杀菌剂，对葡萄霜霉病、黑痘病、炭疽病和褐斑病等多种病害都有良好的防治效果。防治葡萄病害的波尔多液一般采用200倍的石灰半量式，即1（硫酸铜）:0.5:（石灰）:200（水）。也可以采取1:0.7:240的比例配制。波尔多液应现配现用，不能久贮，否则容易变质失效，还容易产生药害。波尔多液是最常见的铜制剂，开花前、鲜食葡萄套袋后、不套袋葡萄采收后，是使用波尔多液的时期。但现配的波尔多液药效稳定性较差、混配性差、易污染叶片和果面（影响光合作用）；在需要与其他药剂混用时，可以选择现成制剂，如80%水胆矾石膏可湿性粉剂。

9. 苯醚甲环唑——多种病害　苯醚甲环唑为广谱内吸性杀菌剂，施药后能被植物迅速吸收，药效持久。对子囊菌、担子菌、半知菌等多种病原真菌有防治效果，广泛应用于果树、蔬菜等作物，主要用作叶面处理剂和种子处理剂，主要用于防治梨黑星病、苹果斑点落叶病、番茄早疫病、西瓜蔓枯病、辣椒炭疽病、草莓白粉病、葡萄炭疽病、黑痘病、柑橘疮痂病等。

10. 嘧菌酯——多种病害　嘧菌酯是一种新型内吸性杀菌剂，能被植物吸收和传导，具有保护、治疗和铲除效果。对几乎所有真菌病害均有良好的活性，且与目前已有杀菌剂无交互抗性，用于谷物、果树及其他作物，且对这些作物安全。

（二）主要保护性杀菌剂及其防治病害种类

附表 3 为主要保护性杀菌剂防治病害简表。

附表 3　主要保护性杀菌剂防治病害简表

杀菌剂	防治病害	使用注意事项
波尔多液	霜霉病、黑痘病、炭疽病、褐斑病等	现配现用
吡唑醚菌酯	霜霉病、白粉病、褐斑病、穗轴褐枯病等	提前使用，复配效果更好
嘧菌酯	白粉病、霜霉病、炭疽病等	不能与乳油、有机硅类增效剂混用
福美双	立枯病、猝倒病、炭疽病、疫病等	不能与铜制剂、含汞的药剂混用
菌毒清	病毒病	不宜与其他农药混用
百菌清	疫病、黑斑病、炭疽病、立枯病、白粉病、猝倒病等	幼果期使用易产生药害，建议套袋后使用
敌克松	疫病、立枯病、猝倒病、根腐病、锈腐病等	不能与碱性农药混用
异菌脲	黑斑病、炭疽病、立枯病、灰霉病等	不能与腐霉利、乙烯菌核利及碱性、强酸农药混用
乙烯菌核利	黑斑病、炭疽病、灰霉病等	4~6 片叶后使用，移苗应在缓苗之后使用；低温、干旱时要慎用
45% 晶体石硫合剂	白粉病、锈病、麻叶斑点病等	不能与有机磷、铜制剂混用
硫黄悬浮剂	白粉病、麻叶斑点病等	气温高效果好，摇动均匀再用
金铜喜	疫病、炭疽病、立枯病、猝倒病、细菌性斑点病等	出苗期不能用，不能与强酸、强碱性农药混用
咯菌腈	灰霉病、立枯病、炭疽病、黑斑病、圆斑病等	现配现用
安泰生	立枯病、炭疽病、霜霉病、疫病等	不能与碱性农药混用
百泰	立枯病、炭疽病、霜霉病、疫病、猝倒病等	不能与碱性农药混用

（三）常用杀虫剂及其特点

1. 甲维盐　本药有胃毒和触杀作用。害虫发生不可逆转麻痹，停止进食，2~4 天后才能死亡，杀虫速度较慢；高浓度甲维盐对于蓟马类有活性，对作物安全。

2. 吡虫啉　本药有触杀、胃毒和内吸作用。害虫麻痹死亡；速效性好，1 天即有较高的防效，温度高时杀虫效果好；对刺吸式口器害虫有效；易被作物吸收，可以从根部吸收。目前主要用来防治蚜虫等。

3. **噻虫嗪**　本药为烟碱类农药，主要用来防治蓟马、蚜虫、木虱等，具有内吸性，可以根施，也可以喷施。

4. **虫酰肼**　本药促进鳞翅目幼虫蜕皮。对高龄和低龄的幼虫均有效。6~8 小时就停止取食（胃毒作用），比蜕皮抑制剂的效果更显著，3~4 天后开始死亡。无药害，对作物安全。

5. **灭幼脲**　本药为初龄幼虫期用药，虫龄越大，防效越差，对天敌安全，对鳞翅目及蚊蝇幼虫活性高，用药后 3 天开始死亡，5 天达死亡高峰；对成虫无效。

6. **氯虫苯甲酰胺**　本药长效、低毒，对于鳞翅目害虫高效，目前主要用来防治水稻上稻纵卷叶螟、钻心虫等。

7. **吡蚜酮**　本药主要用来防治水稻上稻飞虱，速效性差，抗性也越来越大，对于某些蚜虫效果差。

8. **烯啶虫胺**　本药主要用来防治蚜虫、稻飞虱等，速效性好，持效期短，抗性增大。

9. **啶虫脒**　本药有触杀和胃毒作用，可以防治蚜虫、叶蝉、粉虱、介壳虫和鳞翅目的潜叶蛾、小食虫及鞘翅目的天牛等各类害虫，受温度影响大，温度低则效果差。

10. **噻嗪酮**　本药对于介壳虫有效果，原来对于稻飞虱效果较好，由于抗性问题，目前很少使用，不宜直接接触白菜、萝卜等。

11. **异丙威**　本药具有触杀作用，有一定的渗透和传导活性，且速效性强。主要用于水稻，防治水稻飞虱和叶蝉，兼治蓟马。

12. **联苯菊酯**　本药为杀虫、杀螨剂。具有胃毒和触杀作用，效果显著，可以用来做杀螨剂和防治鳞翅目害虫。

13. **毒死蜱**　本药广谱，具有胃毒、触杀和熏蒸作用。对地下害虫效果好，对鳞翅目、螨虫、线虫都有效果，瓜类苗期敏感。

14. **溴氰菊酯**　本药具有触杀作用，兼有胃毒、驱避和拒食作用。对鳞翅目幼虫有效，对螨类无效。穿透性很弱。

15. **三氟氯氰菊酯**　本药对害虫和螨类有强烈的触杀和胃毒作用，敏感人群会感觉奇痒。

16. **百树菊酯**　本药具有触杀和胃毒作用，主要用来杀灭地下害虫。

17. **苏云金杆菌**　本药为生物农药，主要对部分鳞翅目害虫幼虫有较好的防治效果，可用来防治菜青虫、棉铃虫等。

18. **四聚乙醛**　为杀蜗牛剂，春、秋雨季秧苗播种或移植后，低温（1.5℃以下）或高温（35℃以上）因蜗牛活动力弱，影响防治效果。

19. **氟铃脲**　本药具有杀虫和杀卵活性，而且速效，尤其防治棉铃虫、卷叶螟、钻心虫等，现在高剂量用来防治二化螟。

主要参考文献

[1] 孔庆山 . 中国葡萄志 [M]. 北京 : 中国农业科学技术出版社 , 2004.

[2] 尚泓泉 , 娄玉穗 , 王鹏 . 葡萄周年管理技术图谱 [M]. 郑州 : 河南科学技术出版社 , 2021.

[3] 王海波 , 刘凤之 . 中国设施葡萄栽培理论与实践 [M]. 北京 : 中国农业出版社 , 2020.

[4] 娄玉穗 , 尚泓泉 , 王鹏 . 优质阳光玫瑰葡萄高效生产技术 [M]. 郑州 : 中原农民出版社 , 2021.

[5] 王忠跃 . 中国葡萄病虫害与综合防控技术 [M]. 北京 : 中国农业出版社 , 2009.

[6] 王海波 , 刘凤之 . 一本书明白葡萄速丰安全高效生产关键技术 [M]. 郑州 : 中原农民出版社 , 2019.

[7] 石雪晖 , 杨国顺 , 刘昆玉 , 等 . 图解南方葡萄优质高效栽培 [M]. 北京 : 中国农业出版社 , 2019.

[8] 李民 , 刘崇怀 , 申公安 . 葡萄病虫害识别与防治图谱 [M]. 郑州 : 中原农民出版社 , 2013.

[9] 王忠跃 . 葡萄健康栽培与病虫害防控 [M]. 北京 : 中国农业科学技术出版社 , 2017.

[10] 王海波 , 刘凤之 . 鲜食葡萄标准化高效生产技术大全（彩图版）[M]. 北京 : 中国农业出版社 , 2018.

[11] 杨治元 , 陈哲 , 王其松 . 彩图版阳光玫瑰葡萄栽培技术 [M]. 北京 : 中国农业出版社 , 2018.

[12] 蒯传化 , 刘崇怀 . 当代葡萄 [M]. 郑州 : 中原农民出版社 , 2016.

[13] 刘崇怀 , 马小河 , 武岗 . 中国葡萄品种 [M]. 北京 : 中国农业出版社 , 2014.

[14] 刘崇怀 . 葡萄种质资源描述规范和数据标准 [M]. 北京 : 中国农业出版社 , 2006.

[15] 赵胜建 . 葡萄精细管理十二个月 [M]. 北京 : 中国农业出版社 , 2009.

[16] 吕中伟 , 罗文忠 . 葡萄高产栽培与果园管理 [M]. 北京 : 中国农业科学技术出版社 , 2015.

[17] 李莉 , 段长青 . 葡萄高效栽培与病虫害防治彩色图谱 [M]. 北京 : 中国农业出版社 , 2017.

[18] 叶明儿 . 植物生长调节剂在果树上的应用 [M]. 北京 : 化学工业出版社 , 2016.

[19] 孟凡丽 . 设施葡萄优质高效栽培技术 [M]. 北京 : 化学工业出版社 , 2017.

[20] 王志鹏 , 孙培博 . 图说设施葡萄高效生态栽培技术 [M]. 北京 : 化学工业出版社 , 2021.

[21] 刘凤之 . 中国葡萄栽培现状与发展趋势 [J]. 落叶果树 ,2017,49(1):1-4.

[22] 尚泓泉 , 王琰 , 王鹏 , 等 . 河南省阳光玫瑰葡萄优质高效栽培关键技术 [J]. 中国种业 , 2019 (6): 79-81.

[23] 刘俊 , 晁无疾 , 亓桂梅 , 等 . 蓬勃发展的中国葡萄产业 [J]. 中外葡萄与葡萄酒 , 2020 (1): 1-8.

[24] 王琰，尚泓泉，娄玉穗，等. 河南鲜食葡萄产业现状及发展对策 [J]. 中外葡萄与葡萄酒，2021 (4): 95-99.

[25] 赵奎华. 葡萄病虫害原色图鉴 [M]. 北京：中国农业出版社，2016.